序　言

习近平总书记指出，“能源的饭碗必须端在自己手里”。中国石化牢记殷切嘱托，大力实施人才强企战略，聚焦人才布局与业务发展，加快打造能源化工领域重要人才集聚中心和创新高地，以人才大发展支撑引领公司建设世界领先企业。

中原油田作为国有特大型能源企业，自 1975 年发现以来，始终胸怀“国之大者”，坚定扛起保障国家能源安全核心职责，加大油气勘探和增储上产力度，加强复杂断块油田及高含硫气田开发技术研究和难题攻关，形成一批关键核心技术和创新成果。为系统总结各专业领域的核心技术和实践经验，推动技术转化与经验传承，在油田发现 50 周年之际，中原油田组织编写了这套《油田企业强“三基”实战型培训系列教材》。谨以本套丛书向油田献礼！

本套丛书集中了中原油田各专业技术领域多年来的研究成果，是历代专业技术技能人员智慧的结晶，内容涉及油田地质勘探、油藏开发、工程技术，以及高含硫气田开发等领域，围绕科研、生产实际业务和操作项目设置，涵盖技术规范和操作规程，大量引用实例分析，写我所干、干我所写，体现了实战化特点，具有鲜明的中原特色。本套丛书既可以作为岗位工作人员的工具书和操作规范，也可以用作青年人才提升实际工作能力的培训教材。

国以才立、企以才兴。本套丛书是推动产业链、人才链、培训链“三链”融合的重要载体，是人才培养和人才梯队建设的重要基础，是聚力建设“人才支撑型”油田的重要抓手。希望广大读者能够借助本丛书深入掌握油田技术精髓，传承实践经验，在学习与实践中不断探索创新，助力油田在奋进 50 载，取得辉煌成果的基础上，百尺竿头更进一步，启航新征程，推动油田高质量发展行稳致远。

沉淀镌刻匠心，精工擘画宏图。本套丛书要根据油田发展需要在实践中不断丰富完善，为人才职业成长与行业技术发展赋能，为端牢能源饭碗与保障能源安全再立新功、再创佳绩。

张庆生

2025 年 5 月

前　言

中原油田是以构造背景控制下的断块油气藏为主，多套含油层系、多种油气藏类型叠加连片的复杂油气田。具有一小（断块小）、一深（埋藏深）、三低（低渗透率、低黏度、低含硫）、四高（气油比高、地层温度高、原始地层压力高、地层水矿化度高）的地质特点和油气藏特征，给油田开发工程技术配套带来了巨大挑战。投入开发以来，广大工程技术人员，围绕高速开发、高效开发、高质量开发，接续奋斗，勠力攻关，持续开展油气工程技术研究，推进技术迭代升级，取得了大量研究成果，形成了适应中原油田油藏特点的工程技术体系，为油田高质量发展提供了可靠的技术支撑和保障。特别是进入 21 世纪以来，油田在提高采收率、非常规油气资源开发、智能化油田建设等方面取得了显著成就。

恰逢中原油田发现 50 周年之际，油田组织编写《油田企业强“三基”实战型培训系列教材》，旨在固化成果，传承经验，培养人才，推动创新。本书基于中原油田石油工程技术实践的成果和技术集成所得首次编写。从基础理论到应用实践、从计算公式到技术方法等方面，对中原油田多年来在油气工程技术领域取得的成果进行了系统全面的梳理总结。

希望通过本书，能够为技术人员在学习和工作中提供理论指导和实践借鉴，使技术人员掌握油田各项工程技术的基本理论、结构原理、工艺特点、适用范围、标准规范等方面的知识，了解各项技术的缺点和局限，面对复杂的开发对象和变化的工程技术条件，能够对症下药，精准选择最优工程配套技术，确保油田效益开发；面对日益提高的开发要求和新的技术挑战，能够借鉴历史，明确攻关方向、思路和举措，不断攻克技术瓶颈，推进工程技术保障能力进一步提高，从而实现中原油田工程技术的传承与发展，为油田高质量可持续发展提供技术支撑。

本书可作为油田石油工程专业技术人员培训或继续教育的教材使用，也可供相关科研工作者、生产管理人员以及石油院校师生学习参考。由于编写人员水平有限，书中或存错漏，望读者多提意见以完善。

本书编写委员会

2025 年 5 月

目　　录

第一章　井况防治技术……………………………………………………………（1）

第一节　套管损坏预防技术………………………………………………………（1）

一、钻完井过程井况预防技术……………………………………………………（1）

二、固井技术………………………………………………………………………（2）

三、防腐技术………………………………………………………………………（4）

四、射孔优化技术…………………………………………………………………（6）

第二节　落物预防技术……………………………………………………………（7）

一、防卡技术………………………………………………………………………（7）

二、悬挂 4in 套管井采油管柱防落卡技术…………………………………………（8）

三、作业安全管柱与操作规程……………………………………………………（11）

第三节　井况监测技术……………………………………………………………（16）

一、氧活化测井技术………………………………………………………………（16）

二、电磁探伤 + 多臂井径组合测井技术…………………………………………（17）

三、井下电视测井技术……………………………………………………………（17）

四、涡流电磁 + 静态磁聚焦阵列套变监测技术…………………………………（18）

第四节　套损治理技术……………………………………………………………（19）

一、套管整形技术…………………………………………………………………（19）

二、取换套技术……………………………………………………………………（22）

三、膨胀管补贴技术………………………………………………………………（25）

四、长井段套损井二次完井关键技术……………………………………………（28）

五、下 4in 套管加固技术…………………………………………………………（32）

第五节　落物打捞技术……………………………………………………………（35）

一、测卡技术………………………………………………………………………（35）

二、爆炸松扣………………………………………………………………………（39）

三、油管切割技术…………………………………………………………………（41）

四、震击解卡技术…………………………………………………………………（47）

五、高效套磨铣技术………………………………………………………………（53）

第六节　特殊修井技术……………………………………………………………（56）

一、4in 套管井修井技术…………………………………………………………（56）

二、大斜度井及水平井修井技术…………………………（59）
三、电泵机组打捞技术…………………………（60）

第二章　增产增注技术…………………………（64）
第一节　解堵技术…………………………（64）
一、酸化解堵技术…………………………（64）
二、非酸化解堵技术…………………………（69）
三、复合解堵技术…………………………（75）
第二节　压裂技术…………………………（81）
一、低渗油藏压裂工艺技术…………………………（82）
二、特低渗难动用油藏压裂工艺技术…………………………（88）
三、页岩储层压裂技术…………………………（92）
四、压裂液体系…………………………（95）
五、现场实施风险分析与防控措施…………………………（99）
第三节　压驱注水技术…………………………（99）
一、技术体系…………………………（99）
二、压驱数值模拟技术…………………………（103）
三、配套工艺…………………………（104）
四、应用情况…………………………（107）
第四节　注采调控技术…………………………（107）
一、中高渗油藏调剖技术…………………………（107）
二、常压低渗油藏冻胶分散体调驱技术…………………………（113）
三、高压低渗油藏聚合物微球调剖技术…………………………（115）
四、现场实施风险分析与防控措施…………………………（117）
第五节　堵水堵漏技术…………………………（117）
一、非选择性封堵技术…………………………（117）
二、选择性堵水工艺技术…………………………（122）

第三章　井下作业技术…………………………（125）
第一节　小修作业技术…………………………（125）
一、探冲砂…………………………（125）
二、注灰挤堵…………………………（128）
三、钻水泥塞…………………………（131）
四、打捞…………………………（133）
五、找水与堵水…………………………（147）
六、低成本高效作业…………………………（150）

第二节　带压作业技术……………………………………………………………………（154）
一、带压作业井的类型划分……………………………………………………………（154）
二、带压作业装置…………………………………………………………………………（155）
三、带压作业工程参数与计算…………………………………………………………（156）
四、油管内控工具选取原则……………………………………………………………（158）
五、带压作业下井工具要求……………………………………………………………（158）
六、带压起下管柱…………………………………………………………………………（158）
七、带压钻顶塞……………………………………………………………………………（163）
第三节　试油（气）作业技术 ………………………………………………………（164）
一、试油（气）地面测试设备 …………………………………………………………（164）
二、常规试油（气）工艺流程 …………………………………………………………（167）
三、排液……………………………………………………………………………………（171）
四、自喷井油气计量………………………………………………………………………（173）
五、分层试油（气） ………………………………………………………………………（174）
六、求油（气）层产能 ……………………………………………………………………（177）
七、试油（气）油、气、水样的取得及分析方法 ……………………………………（182）
第四节　连续油管作业技术……………………………………………………………（184）
一、连续油管装备简介……………………………………………………………………（184）
二、连续油管输送射孔……………………………………………………………………（189）
三、连续油管解堵…………………………………………………………………………（190）
四、连续油管酸化…………………………………………………………………………（192）
五、连续油管钻塞…………………………………………………………………………（193）
六、连续油管气举排液……………………………………………………………………（195）
七、连续油管测井…………………………………………………………………………（197）
第五节　油管修复技术…………………………………………………………………（198）
一、油管清洗………………………………………………………………………………（198）
二、油管漏磁探伤…………………………………………………………………………（207）
三、油管试压………………………………………………………………………………（210）
四、油管修扣与换接箍……………………………………………………………………（212）
五、油管修复线自动化……………………………………………………………………（217）

后　记……………………………………………………………………………………………（220）

第一章　井况防治技术

第一节　套管损坏预防技术

套管损坏预防是油气田开发中极为重要的一环，对于确保井筒的完整性和延长井筒的使用寿命起到关键作用。随着油田开发的深入，油水井套管损坏问题突出，井况日趋复杂，严重制约油田的发展。通过对钻井、固井、防腐、射孔等重要过程及工艺技术的规范、优化，可有效延缓套管损坏程度，提升井筒使用质量，保障井网完善。

一、钻完井过程井况预防技术

油水井在开发生产过程中，常因盐岩蠕变、泥岩遇水软化和膨胀、复杂断层附近应力集中等地质因素造成地应力异常，叠加油层套管强度低、水泥返深低等问题，导致套管损坏，严重影响油田生产的正常进行。在钻井过程中，通过规范套管下深和水泥返深、优选套管及附件等措施，能够增强套管的抗挤压性和抗腐蚀性，减少地质因素对套管的影响，有效预防套管损坏，从而延长套管的使用寿命，降低油田的生产成本，提高经济效益。

(一)套管下深与水泥返深要求

①表层套管应封上部松软地层。

②技术套管应封易塌、易漏复杂层位。

③表层套管和技术套管固井时水泥均应返至地面。

④井身结构有技术套管的井，固井时油层套管水泥应返至技术套管鞋以上 200m，若技术套管需封盐层，油层套管水泥应返至盐顶以上 200m；井身结构无技术套管的井，油层套管水泥应返至地面；尾管固井时水泥应返至悬挂器位置；有特殊要求的井，水泥返深应满足特殊作业需要。

(二)套管及附件性能要求

①套管柱强度设计方法及安全系数应执行 SY/T 5724《套管柱结构与强度设计》的规定。

②油层套管抗内压设计除满足井口最大压力外，应结合采取增产措施时压力增加值(如压裂等增产措施)及测试要求；盐膏层、岩盐层、塑性泥岩层的井段抗外挤设计管外按上覆岩层压力梯度的平均值 0.0231MPa/m 计算(当量密度 2.31g/cm^3)。

③注、采气井应选择使用气密封扣套管。

④腐蚀性介质注入或产出时套管应选用相应的抗腐蚀管材。

⑤沙1盐、文9盐、卫城盐等盐层井段，应用高抗挤套管封隔(如TP165V等)，且盐层顶、底封隔不少于50m。

⑥严重出砂井应提高油层套管的钢级、壁厚。

⑦套管附件、工具选配应符合SY/T 5724《套管柱结构与强度设计》的规定，并具有不低于套管的性能指标。

二、固井技术

固井作业能够有效地保护井壁与套管结构的完整性，降低套管损坏风险，确保油气井长期高效地运营。中原油田近年来在常规固井技术的优化、小井眼固井技术的革新以及盐膏层固井难题的攻克上取得了显著的进展，构建了一套完整的固井技术体系，不仅显著提升了各类复杂井况下的固井质量，更为延长油气井的使用寿命提供了坚实的技术支撑。

(一)常规固井

1. 水泥浆体系要求

①密度：参考地层孔隙压力、地层破裂压力、地层漏失压力等进行合理设计，一般应比同井使用的钻井液密度高0.24g/cm^3。

②稠化时间：水泥浆稠化时间不小于施工时间与附加安全时间之和。

③水泥浆配方：依据地层流体性质、地层岩性、井底温度、井底压力等确定外加剂、外掺量的类型和加量。

④抗压强度：具体见SY/T 6544《油井水泥浆性能要求》的规定。

⑤游离液：具体见SY/T 6544《油井水泥浆性能要求》的规定。

⑥滤失量：具体见SY/T 6544《油井水泥浆性能要求》的规定。

2. 固井要求

(1)防漏堵漏

对轻微渗漏的井(漏速<3m^3/h)，当钻至漏失层位前在钻井液中预先加入5%～10%以短纤维为主的随钻堵漏剂和2%的井壁封固剂。对于较严重的漏失井则分别采用以脲醛树脂为主的化学法、MTC法以及固结法。对于地层压力系数比较低的井进行堵漏，为防止固井时发生井漏，可在下完套管后洗井时加入3%～5%的随钻堵漏剂并循环2～3周。

(2)坚持静态固井

要求固井后，周围500m内对应层位的注水井必须在测声幅之后方可打开。

(3)缩短稠化、过渡时间

对于未下技术套管，油气水层分散，封固段长的井，下部水泥可设计成快凝水泥浆，同油气水浸抢时间，一般稠化时间为在施工时间基础上附加30min。

(4)采用多凝水泥浆体系

在同一井眼中注入不同稠化时间的水泥浆，使其水泥浆“失重”时间呈阶梯状发展，从而分段压稳不同井深的油、气、水层，达到防窜的目的。

(5)物理封堵、全井防窜

采用裸眼封隔器，对油气水特别活跃层段进行封隔，保证其他封固层段的水泥浆在一个相对平静的环境中候凝，从而达到防止高压油气水窜槽的目的。

(6)平衡压力固井

注替水泥浆过程产生的环空液柱组合的压力(静液柱压力加流动阻力)应小于最薄弱地层的破裂压力，通过逐步优化排量、压力、密度等以达到平衡固井的目的。

(二)小井眼固井

1. 水泥浆体系要求

针对小井眼环空间隙小、流动阻力大、水泥环薄、井斜度大等问题，要求水泥浆在高温高压条件下滤失水量<50mL，稠化时间为施工时间基础上附加1h；倾斜45°条件下水泥浆析水等于0，养护的水泥石上中下密度差<0.02g/cm^3，以保证水泥浆有较好抗沉降稳定性，实现返速≤1m/s条件下的紊流顶替，同时流动度≥22cm，水泥石抗压强度≥14.0MPa/24h。采用“G级水泥+降失水剂+分散剂+缓凝剂(催凝剂)”的水泥浆体系，对于存在高压油、气、水的井还需加入防窜剂，并采用多段水泥浆体系。

2. 固井要求

(1)强化井眼准备

①下钻通井阻卡井段，缩径井段进行短起下划眼。

②通井下钻到底后，用性能较好的钻井液大排量(钻进时的最大排量)循环两周以上。对于有落块、井径较大的井可先用高黏钻井液携带一周，后再大排量循环(大排量循环可以清洗井筒考验井壁)。

③下入尾管的井，采用小胶塞对入井钻具进行通井，确保小胶塞全部通过。

④下完套管后先小排量顶通、循环，再逐渐增大排量(循环最大排量时所产生的泵压应小于通井时最大排量所产生的泵压)。

(2)充分保证套管居中

为了保证小井眼固井质量，必须确保套管的居中度。依据井况合理研究并设计出符合要求的扶正器，正确安装与加放扶正器是小井眼套管固井的关键。

(3)隔离液的选用及使用

此类井环容较小，1~2m^3隔离液便可占环空高度(裸眼井段)200~300m，选用1~2m^3配浆水即可起到较好的冲洗及隔离作用。

(三)盐膏层固井

1. 水泥浆体系要求

抗盐韧性水泥浆体系配方：G级水泥+抗盐降失水剂+增韧防窜剂+阻裂纤维+膨胀早强剂+抗盐缓凝剂。

水泥浆体系常规性能见表1-1-1，水泥石力学性能见表1-1-2。

表1-1-1 水泥浆体系常规性能

项目	水泥浆密度/(g/cm^3)	稠化时间/min	API失水/mL	游离液/%	上下密度差/(g/cm^3)
性能要求	1.90	100~300	≤50	0	≤0.03
实测性能(饱和盐水)	1.88~1.90	80~360	45	0	0

表1-1-2　水泥石力学性能

项目	水泥浆密度/(g/cm^3)	48h 抗压强度/MPa	7d 抗压强度/MPa	7d 抗拉强度/MPa	7d 杨氏模量/GPa	气体渗透率/$10^{-3}\mu m^2$	线性膨胀率/%
SY/T 7451	1.90	≥16	≥28	≥1.9	≤6	≤0.05	0~0.2
实测性能	1.88	25.7	30.22	2.8	5.8	0.0423	0.15

2. 固井要求

(1)合理井身结构设计

沙1盐、文9盐、卫城盐等盐层井段，应用高抗挤套管封隔(如TP165V等)，且盐层顶、底封隔不少于50m。

(2)盐膏层蠕变速率的检测

在下入套管或测井之前，应采取措施对盐膏层的蠕变速率进行检测、计算，以确定安全的下套管作用时间，保证套管顺利下入。

(3)抗盐水泥浆体系应用

水泥浆体系除要满足正常施工所需的稠化时间、失水控制和抗压强度要求外，还要充分考虑水泥浆体的沉降稳定性和较高流动性。

(4)平衡压力固井

注替水泥浆过程产生的环空液柱组合的压力(静液柱压力加流动阻力)应小于最薄弱地层的破裂压力，通过逐步优化排量、压力、密度等以达到平衡固井的目的。

(5)提高套管的居中度和顶替效率

通过加扶正器、旋流发生器等措施，尽可能使套管在井眼内居中，使套管与地层之间形成一个完整的水泥环，以使套管负荷均布，消除点载荷与不均匀载荷对套管的损坏。

(6)提供稳定规则的井眼

采用特殊的钻头和钻具结构，以增大盐膏层井段的井眼直径，易于套管的顺利下入，并使形成的水泥环的厚度更趋合理。同时要采用合适的钻井液体系，维护井壁稳定。

三、防腐技术

腐蚀会引发套管变形、破损泄漏以及管柱落井等井下故障。为了解决这些问题，全井筒防腐技术的运用显得尤为重要。这一技术科学合理地采用液体和固体缓蚀剂、外加电流阴极保护等手段，加强了对套管、生产管柱以及地面系统(包括井口)的腐蚀预防。同时，通过优化生产管柱的组合方式，例如加深尾管的使用，以及配套采用阴极保护器、防腐管材等先进工艺和材料，实现了对全井筒套管和生产管柱在其全生命周期内的有效防护。本小节将重点介绍注水井全井筒防腐工艺，而关于油井全井筒防腐的详细内容，请参见《油气工程技术　钻采工艺》采油技术部分。

(一)注水井全井筒防腐工艺

1. 作业过程防腐要求

(1)洗井要求

在通井、刮削、钻塞、冲砂等最后一趟工序充分洗井，水量不小于井筒容积的2倍，洗井合格后井筒内置换成处理合格的污水。

(2)完井管柱

完井管柱在满足井况及注水要求的情况下尽量满足洗井要求，管脚建议下至油层底界以下10m，不出砂井口袋不小于30m，出砂井口袋不小于50m(油层顶界以上10m)。

(3)卡顶封井

不具备洗井功能的卡顶封注水井作业完井前油套环空替入环空保护液。

(4)环空保护液

环空保护液相关要求执行Q/SH 1025 0937《注水井环空保护液通用技术条件》：缓蚀剂浓度1000μg/g，杀菌剂浓度200μg/g。相关投加周期等要求，可参考油井全井筒防腐工艺。

2. 生产井防腐要求

(1)油套分注井

无法洗井的油套分注井，根据油套分注井生产情况，每季度对停注层实施注水，注入量为死水区域液体环空(油管)容积的1.5倍以上，并考虑油层保护等因素，尽量推向远端。

(2)笼统注水

可洗井的注水井每季度实施洗井。

(3)带封隔器井

带封隔器井每旬分析一次油管、套管压力及注水量变化，并针对异常情况验封，落实封隔器有效性。

(4)管理要求

①单流阀有效性检验常态化，季度全覆盖。

②带反洗阀的井下分注管柱严禁套管注水，管柱失效井严禁带病注水，及时进行作业换封。

③注水井放溢流要求执行Q/SH 1025 0815《注水井放溢流操作规程》。

3. 长停井防腐要求

(1)无开发利用价值注水井

无开发利用价值的注水井建议封井或起出井内带封管柱。

(2)可洗井注水井

可洗井的注水井每半年实施洗井一次，洗井要求执行Q/SH 1025 0502《注水井洗井技术规范》。

(3)无法洗井注水井

无法洗井的注水井，套管(油管)注入环空保护液；建议环空保护液注入量为油套环空(油管)容积的1.5倍；井筒液面不到井口的注水井，按作业过程防腐要求环空保护液的配比加注缓蚀剂和杀菌剂(注入量按封隔器以上油套环空容积计算)，油、套管灌满水，加注周期参考油井全井筒防腐工艺。

(4)入井液水质管理要求

水质标准以及水质分析方法执行Q/SH 1025 1058—2019《油田开发注水水质指标及分析方法》。

(二)二氧化碳驱(吞吐)注入井/采出井防腐工艺

二氧化碳驱(吞吐)注入井/采出井的防腐主要借助耐腐蚀管材的应用、注入气体纯度的控制、固液缓蚀剂的合理投加以及注入工艺的优化等手段。这些措施能够有效减缓因腐蚀而引起的套损问题，进而延长套管的使用寿命，确保井筒的安全可靠。为二氧化碳驱油过程的顺利进行提供有力保障，提升油气田开发的稳定性和可持续性。

四、射孔优化技术

射孔作业对套管和水泥环产生显著影响，可能导致套管严重变形或破裂。这种影响由多种因素决定，包括射孔枪类型、结构、能量及其井眼位置，孔密度、孔眼分布，井筒流体介质的性质与静压，以及套管和水泥环的尺寸、强度和状态。此外，射开地层的物理机械特性也至关重要。因此，准确评估射孔作业对套管损坏的影响，对于确保油气井的安全和长期生产具有重要意义。

(一)射孔后套管强度变化规律

①射孔参数对套管强度的影响规律：孔密和相位相同时，随着孔径的增大，套管内的应力逐渐增大且随孔径近似呈线性规律变化，其抗压强度降低。孔径和相位相同时，随着孔密度的增大，套管内的应力逐渐增大且随孔密度近似呈线性规律变化，其抗压强度降低。孔密度和孔径相同时，当相位在90°～180°时，套管内的应力随着相位的增大而增大；当相位在180°～270°时，套管内的应力随着相位的增大而递减。在180°时套管内的应力具有极大值，其抗压强度降低。

②射孔参数相同时，随地层外压的增大，套管内的应力逐渐增大且随外压呈线性规律变化。$5\frac{1}{2}$in 的 N80×7.72mm 规格套管射孔后与射孔前相比，其孔眼强度影响系数为1.844，即意味着在相同的工况条件下射孔后最大应力是射孔前的1.844倍。$5\frac{1}{2}$in 的 N80×9.17mm 规格套管射孔后与射孔前相比，其孔眼强度影响系数为2.254。$5\frac{1}{2}$in 的 P110×9.17mm 规格套管射孔后与射孔前相比，其孔眼强度影响系数为2.168。$5\frac{1}{2}$in 的 P110×10.54mm 规格套管射孔后与射孔前相比，其孔眼强度影响系数为1.936。

③对 $5\frac{1}{2}$in 的 N80×7.72mm、N80×9.17mm、P110×9.17mm、P110×10.54mm 四种规格的套管进行理论分析计算，射孔后，孔眼周围应力明显加大，且应力变化与外界条件、孔密、孔径、相位有关。与未射孔管柱相比，射孔后强度平均降低3.13%～5.77%。

④对四种规范的 $5\frac{1}{2}$in 套管12件样品做非均匀外载荷试验并与未射孔管柱相比，射孔后抗外挤强度平均降低6.25%～14.29%。重炮补孔后抗外挤强度降低12.5%～28.57%。

(二)射孔优化设计的原则

①产能需求。

②射孔成本。

③井身结构的安全。

④射孔对套管强度的影响。

⑤射孔弹穿透污染区的能力。

(三)射孔段防套损技术措施

①射孔降低套管抗外挤强度，因此在新井套管柱结构设计时应在原套管柱强度设计上

提高套管材质 1 ~2 个钢级。

②已用 89 －1 型射孔弹射过的井不得再补孔(重炮)。

③对于过去用 WS－51 型射孔弹射过的层，可考虑重复补孔，但不得大于 4 孔/m，累计总孔数不得大于 16 孔/m。

④对于挤水泥封串后的井，累计总孔数不得大于 16 孔/m。可考虑采用深穿透射孔弹补孔，但不得大于 8 孔/m。

第二节　落物预防技术

落物预防是确保井筒完整性和管柱安全运行的关键所在。通过对生产管柱防卡工艺技术的应用，结合规范的井下作业操作，可以有效减少因出砂、结盐、结垢而引发的躺井及井下管柱卡阻导致的大修故障井，从而最大限度地保障油水井的正常生产运行，提升整体生产效率和经济效益。

一、防卡技术

目前生产管柱卡阻的类型主要有砂卡、盐卡、垢卡等，做好防卡措施是减少卡阻事故发生的重要手段之一。

(一)防砂卡技术

1. 防砂卡要求

①油井出砂可采用井下机械防砂工具防砂，应在探冲砂或固砂工艺后实施。

②对于上部套管出现漏失的油井，应实施化学堵(漏)水或者机械补贴技术后，再实施防砂。

2. 工艺要求

①油层顶界以上套管试压合格(≥15MPa)。

②下防砂管柱前需实探砂面，砂面离油层底界应不小于 20m，否则需要冲砂。

③防砂装置外径应不大于 ϕ100mm(4in 套管井≤ϕ80mm)，接头位置不允许有台阶，应有 45°倒角。

④抽油泵沉没度大于 150m，管鞋离油层顶界不小于 50m。

⑤泵吸入口至油层顶界之间不允许下入带封或其他大直径工具管柱。

⑥对于出砂卡泵或影响生产的井允许使用反洗井防砂卡措施，洗井初期排量不得超过 $6m^3/h$，最高排量不得超过 $30m^3/h$，洗井压力应小于 10MPa。

⑦定期测动液面，取样测含砂量，结合实际制定洗井周期。出现异常时，应及时起出管柱，采取相应措施，避免因出砂造成卡管柱事故。

油井的化学防砂详见《油气工程技术　钻采工艺》第三部分第六节相关内容。

(二)防盐卡技术

1. 防盐卡要求

①油井出盐可采用下防盐管柱，实施掺水化盐防卡技术(清水化盐或清水 + 化学剂化盐)，做好环空养护，防止环空结盐。

②油井停井前，必须使用井筒容积1.5～2倍的清水实施反洗井后，方可停井。

2. 工艺要求

①油层顶界以上套管试压合格(不低于15MPa)。

②管柱外径ϕ100mm(4in套井≤ϕ80mm)，管鞋离油层顶界10～50m。

③对于出盐卡泵或影响生产的井允许使用反洗井防盐卡，洗井初期排量≤6m^3/h，当油井返出液正常后，逐步加大排量，最高排量≤15m^3/h，洗井压力应<5MPa。

④定期测动液面和含盐量，取样观察出盐情况，结合实际制定洗井周期和日掺水量，掺水量和周期参考Q/SH 1025 0314《结盐油井清防盐技术规范》。

⑤根据含盐量的监测数据，合理计算掺水量。

⑥抽油机井阶段掺水量加上阶段产液量必须小于油井正常生产时阶段排量。电泵井通过掺水化盐装置实施掺水化盐，排量控制在15L/min。

⑦掺水化盐后，每天取样化验含盐量，当含盐量达到结盐临界值时的周期时，该时间段周期确定为该井掺水周期。

⑧掺水水质要求使用清水，推荐使用温度大于80℃的热清水或软化清水。

⑨对于无结盐史，且产液量大于30m^3/d的油井，定期套管环空灌清水做好环空养护，防止油管渗漏造成盐卡。

(三)防垢卡技术

1. 防垢卡要求

①油井结垢可采用定期实施化学除垢技术，日常做好环空养护，防止环空结垢。

②针对垢样进行检测分析，确定垢的类型，并根据分析结果制定除垢方法。

③在井口加药装置内添加与其他药剂配伍的阻垢剂，加药浓度根据结垢情况制定。

2. 工艺要求

①定期测动液面和矿化度(钙、镁等成垢离子含量)，结合实际制定洗井周期。

②对于因垢卡泵或影响生产的井允许采取不动管化学除垢措施，采用反替除垢剂方式，排量为0.15～0.2m^3/min；并用1.5倍井筒容积的活性水反洗井，排量为0.2～0.3m^3/min，泵压不大于5MPa。

③井筒结垢严重时可以结合刮削工序实施动管井筒化学除垢，施工要求同不动管化学除垢。

二、悬挂4in套管井采油管柱防落卡技术

悬挂4in套管井采油管柱配套应用防落卡变扣或防落卡丝堵的管柱，可有效避免悬挂4in套管井悬挂器以上大直径管柱落井、卡于4in套管内，预防井况事故发生，减少因管柱落卡造成的事故井。

(一)推荐配套工具

1. 适用条件一

悬挂4in套管井、采油管柱管脚深度大于悬挂器深度、井况良好。

(1)推荐工具

防落卡变扣(见图1－2－1)。

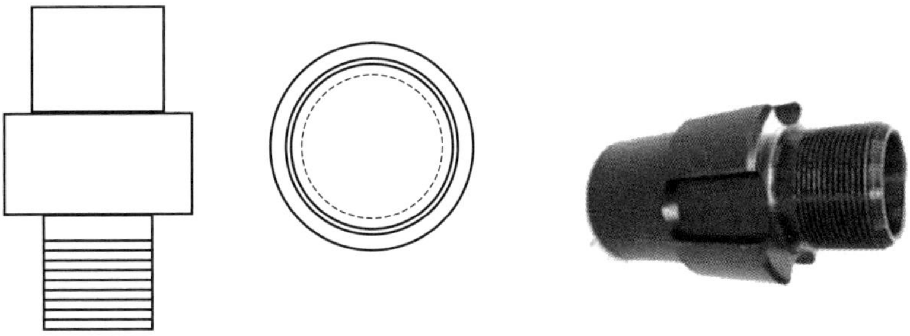

图 1-2-1　防落卡变扣

(2)推荐工具尺寸结构

外径：ϕ108~ϕ112mm。

长度：≥23mm。

上部扣型：ϕ73mm EU(B)外加厚母扣。

下部扣型：ϕ60mm NU(P)平式公扣。

(3)材质要求

防落卡变扣材料材质强度不能低于井内配套油管材质。

(4)管柱设计

①防落卡变扣配套在4in套管悬挂器以上20~50m位置；

②防落卡变扣上部连接ϕ73mm油管，下部连接ϕ60mm油管，如图1-2-2所示。

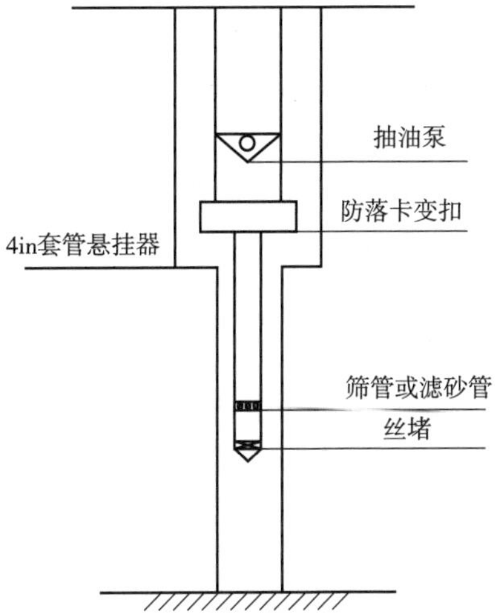

图 1-2-2　4in套管防落卡管柱(变扣)示意图

2. 适用条件二

悬挂4in套管井、采油管柱管脚深度小于悬挂器深度、井况良好。

图 1-2-3　防落卡丝堵

(1)推荐工具

防落卡丝堵(见图1-2-3)及防落卡变扣。

(2)防落卡丝堵推荐工具尺寸结构

外径：ϕ108~ϕ112mm。

长度：≥20mm。

扣型：ϕ73mm EU(B)外加厚母扣。

(3)管柱设计

防落卡丝堵配套在管柱管脚最下方，上部连接 ϕ73mm 油管。其推荐管柱设计如图 1 -2 -4 所示。

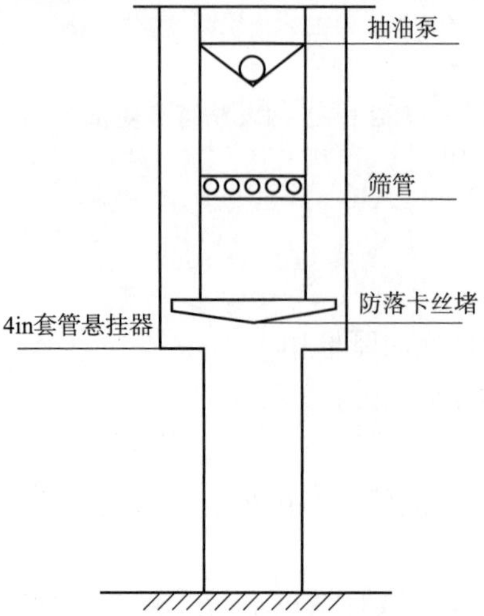

图 1 -2 -4　4in 套管防落卡管柱(丝堵)示意图

(二)推荐做法

通过上述工具尺寸结构、适用条件、管柱设计等综合配套应用，悬挂 4in 套管井采油管柱防落卡推荐做法如下：

①若采油管柱管脚在 4in 套管悬挂器以上，则应使用防落卡丝堵；若采油管柱管脚距离悬挂器深度≥200m，则推荐在采油管柱管脚下方 20m 处安装防落物装置(丢手 + Y441 封隔器组合装置)。

②若采油管柱管脚在 4in 套管悬挂器以下，则应使用防落卡变扣。

③若采油管柱井筒存在套管缩径等特殊井况，则根据 4in 套管悬挂器、管柱设计深度优化使用防落卡变扣或防落卡丝堵，可有效避免悬挂 4in 套管井悬挂器以上大直径管柱落井、卡于 4in 套管内，预防井况事故发生，减少因管柱落卡造成的事故井。

(三)井下作业施工注意事项

①设计下大直径的工具时，通井规长度应大于工具长度，外径不少于工具外径，通过后方可下入工具。

②下入大直径工具时，以及在接近大斜度井段、套变、小套管悬挂器、射孔井段、鱼顶、砂面、灰塞、井底等位置时，严格控制管柱下放速度和加压重量，防止卡钻事故。

③下井油管、套管、抽油杆、井下工具等应检查，不得有裂纹、弯曲等缺陷，施工过程中井口要严防井下落物。

④生产管柱需下入 4in 套管内时，应采用 ϕ60. 3mm 平式油管，避免使用 ϕ60. 3mm 外加厚油管，所接工具最大直径不得超过 ϕ80mm，管柱底部应接圆锥形导引工具，避免磕碰悬挂器；生产管柱的尾管在悬挂器以上的，应在尾管下端接防卡装置，防止落物进入

4in 套管内。

注： 以上工艺也可用于4in 套管光油管水井管柱。

三、作业安全管柱与操作规程

本部分内容适用于中原油田井下作业工艺施工，防止因作业过程中操作不规范导致落物、卡管柱等事故的发生。

(一)管柱配套总体要求

①满足各类施工工序的技术要求，达到施工目的。

②依据井况，合理选择管柱规格、工具型号，及配套组合形式。

③在充分保证安全施工的前提下，最大限度地提升施工效率，减少施工时间。

(二)动力水龙头、转盘钻塞

1. 管柱规范

①钻塞钻头选用外径小于套管内径 6 ~ 8mm。

②钻塞钻头可选刮刀类、磨铣鞋类工具。

③动力水龙头钻塞管柱组合形式，见表 1 – 2 – 1。

表 1 –2 –1　动力水龙头钻塞管柱规范配套表

序号	套管规格/mm	类别	管柱组合规范
1	ϕ101.6	大修	钻头 + 安全接头 + ϕ60mm 非标钻杆短节 ×2m + ϕ60mm 钻杆 + 井口旋塞阀 + ϕ60mm 非标钻杆单根 + 动力水龙头
2		小修	钻头 + 安全接头 + ϕ60mm 加厚油管短节 ×2m + ϕ60mm 加厚油管 + 井口旋塞阀 + ϕ60mm 油管单根 + 动力水龙头
3	ϕ139.7	大修	钻头 + 安全接头 + ϕ73mm 钻杆短节 ×2m + ϕ73mm 钻杆 + 井口旋塞阀 + 方钻杆 + 水龙头
4		小修	钻头 + 安全接头 + ϕ73mm 加厚油管短节 ×2m + ϕ73mm 加厚油管 + 井口旋塞阀 + ϕ73mm 油管单根 + 动力水龙头
5	ϕ177.8	大修	钻头 + 安全接头 + ϕ89mm 钻杆短节 ×2m + ϕ89mm 钻杆 + 井口旋塞阀 + 方钻杆 + 水龙头
6		小修	钻头 + 安全接头 + ϕ89mm 加厚油管短节 ×2m + ϕ89mm 加厚油管 + 井口旋塞阀 + ϕ89mm 油管单根 + 动力水龙头

2. 操作规程

①下油管探灰面(塞面)，加压 10 ~ 20kN，连探两次，记录末根方入，并计算灰面(塞面)深度，起出方入。

②连接泵注设备与进出口管线，对地面管线进行试压。

③开泵正循环冲洗，待循环正常后，启动动力水龙头或转盘，旋转正常后缓慢下放钻具，加压 10 ~ 20kN 开始钻磨，随时观察泵压、排量、扭矩变化情况，动力水龙头控制转速在 60 ~ 80r/min；转盘控制转速在 60 ~ 120r/min。

④每钻进 1 根单根，大排量洗井 15min，停泵起出，倒好单根，再开泵钻进。

⑤钻塞至设计要求深度，充分循环洗井，起出钻塞管柱。

3. 技术质量要求

①钻塞前应通井至设计深度，确认水泥塞上无杂物。

②起下钻具速度均匀、平稳。

③钻塞过程中合理控制钻压，防止损伤套管，出现钻柱蹩钻，应立即上提减小钻压，无进尺时分析原因，采取适当措施，每钻进 3～5m 划眼一次。

④钻塞施工时环空上返速度不小于 0.8m/s，并对出口返出物进行描述。

⑤钻至设计深度洗井 1.5～2 周，出口杂质含量小于 0.2% 为合格。

⑥钻塞过程中注意中途不可停泵，避免钻屑将管柱卡住或堵塞。钻塞施工中途若修井机出故障，必须保持正常循环洗井。

⑦使用螺杆钻时，在循环设备与井口之间的管线应串联过滤器。

(三)震击解卡打捞

1. 管柱规范

①打捞工具根据落鱼合理选择，优选可退可倒式。

②打捞管本体，优选筒类打捞工具，打捞管接箍，优选锥矛类打捞工具。

③震击解卡打捞管柱组合形式，见表 1－2－2。

表 1－2－2 震击解卡打捞管柱规范配套表

序号	套管规格/mm	类别	管柱组合规范
1	ϕ101.6	大修	打捞工具＋安全接头＋震击器＋ϕ60mm 钻杆
2		小修	打捞工具＋安全接头＋震击器＋ϕ60mm 加厚油管
3	ϕ139.7	大修	打捞工具＋安全接头＋震击器＋钻铤 6～8 根＋ϕ73mm 钻杆
4		小修	打捞工具＋安全接头＋震击器＋钻铤 4～6 根＋ϕ73mm 加厚油管
5	ϕ177.8	大修	打捞工具＋安全接头＋震击器＋钻铤 6～8 根＋ϕ89mm 钻杆
6		小修	打捞工具＋安全接头＋震击器＋钻铤 4～6 根＋ϕ89mm 加厚油管

2. 操作规范

①根据落鱼类型、规范、结构、状况选择合适的打捞工具。

②下打捞钻具。打捞管柱组合应捞得住、脱得开，满足后续作业和井控措施等。

③打捞：

鱼顶规则落物打捞。在打捞过程中，若发现套管错断、变形，应修复套损井段恢复通径。套损井段修复后进行通井，修复后套管内径满足打捞井下落鱼要求，按设计要求捞出全部落鱼。

鱼顶不规则落物打捞。下入磨鞋修整鱼顶，磨铣进尺满足打捞要求。根据修整后的鱼顶状况，选择合适的打捞工具，直至捞出全部落鱼。

④判断捞获落鱼方法：

校对打捞方入；观察悬重变化；观察打捞前后排量、泵压变化；核对管柱深度变化。

3. 技术质量要求

①根据落物类型及鱼顶情况选择合适的打捞工具和打捞工艺。

②当连接工具下至鱼顶附近时，应慢转轻放，防止鱼顶变形。

③落物磨铣、套铣完后循环洗井 2 周以上；套铣 3～5m 时应上提管柱活动一次。

④打捞工具切不可猛放重压，必须严格按照慢放轻压、旋转入鱼、逐级加深、多次打捞的操作方法进行，根据选择工具控制好加压负荷。

⑤活动解卡时最大悬重不应超过井内管柱或工具抗拉强度的80%，最大扭矩小于管柱最大扭矩的80%；打捞、起钻时操作应平稳，不应超负荷作业。

⑥磨铣、套铣施工时加压10～25kN，转速在60～80r/min，环空上返速度不小于0.8m/s。

(四)常规打捞

1. 管柱规范

①打捞工具根据落鱼合理选择，优选可退可倒式。

②打捞管本体，优选筒类打捞工具，打捞管接箍，优选锥矛类打捞工具。

③打捞杆类落物，优选抽油杆打捞筒、三球打捞器、活页捞筒等筒类打捞工具。

④打捞绳类落物，应在工具上加装挡环，防止绳类上窜卡钻。

⑤打捞小件落物，应选择一把抓、反循环打捞篮、强磁打捞器等专用工具。

⑥打捞管柱组合形式，见表1－2－3。

表1－2－3　打捞管柱规范配套表

序号	套管规格/mm	类别	管柱组合规范
1	ϕ101.6	大修	打捞工具＋安全接头＋ϕ60mm钻杆
2		小修	打捞工具＋安全接头＋ϕ60mm加厚油管
3	ϕ139.7	大修	打捞工具＋安全接头＋ϕ73mm钻杆
4		小修	打捞工具＋安全接头＋ϕ73mm加厚油管
5	ϕ177.8	大修	打捞工具＋安全接头＋ϕ89mm钻杆
6		小修	打捞工具＋安全接头＋ϕ89mm加厚油管

2. 操作规程

具体操作遵循“(三)震击解卡打捞”。

(五)钻磨铣

1. 管柱规范

①钻磨铣工具根据井下情况合理选择，磨铣工具优选高效工具，应根据井斜情况合理组配扶正器和钻铤，防止套管损伤。

②安全接头必须保证密封，不能出现漏失短路的情况。

③安全接头因卡钻拉开，严禁继续进行施工，起出分析后再进行下步施工。

④管柱组合形式，见表1－2－4。

表1－2－4　钻磨铣管柱规范配套表

序号	套管规格/mm	类别	管柱组合规范
1	ϕ101.6	大修	钻磨铣工具＋安全接头＋ϕ60mm钻杆×10m＋沉淀杯＋ϕ60mm钻杆＋井口旋塞阀＋方钻杆
2		小修	钻磨铣工具＋安全接头＋ϕ60mm加厚油管×10m＋沉淀杯＋ϕ60mm加厚油管＋井口旋塞阀＋井口钻铣单根＋动力水龙头

续表

序号	套管规格/mm	类别	管柱组合规范
3	ϕ139.7	大修	钻磨铣工具+安全接头+ϕ73mm钻杆×10m+沉淀杯+ϕ73mm钻杆+井口旋塞阀+方钻杆
4		小修	钻磨铣工具+安全接头+ϕ73mm加厚油管×10m+沉淀杯+ϕ73mm加厚油管+井口旋塞阀+井口钻铣单根+动力水龙头
5	ϕ177.8	大修	钻磨铣工具+安全接头+ϕ89mm钻杆×10m+沉淀杯+ϕ89mm钻杆+井口旋塞阀+方钻杆
6		小修	钻磨铣工具+安全接头+ϕ89mm加厚油管×10m+沉淀杯+ϕ89mm加厚油管+井口旋塞阀+井口钻铣单根+动力水龙头

2. 操作规程

①根据套管及落鱼性质，选择套铣筒或磨铣组合工具。

②下放管柱，下放速度控制在≤20m/min，当距离设计深度(油层上界、套变深度)100m时，缓慢下放，下放速度控制在≤10m/min。

③下至鱼顶以上5m处，停止下放钻具；开泵循环洗井正常后，下管柱至距离鱼顶0.5～1m时，冲洗鱼顶，校对鱼顶深度；启动动力水龙头，当水龙头转速正常后缓慢下放管柱，轻压慢转将磨铣落鱼。

④钻压10～25kN，排量大于500L/min，转速50～100r/min，中途不得停泵。磨铣根据工具选择合适参数，但钻压不得超过40kN。

⑤套铣或磨铣至设计深度后，要大排量循环洗井2周以上，出口无返出物和铣屑后停泵，起出管柱。

3. 技术质量要求

①套铣或磨铣工具外径一般小于套管内径6～8mm。

②合理控制钻压，不超过40kN，防止损伤套管；出现蹩钻，应立即上提减小钻压，无进尺时分析原因，采取适当措施；每套铣或磨铣3～5m划眼一次。

③套铣或磨铣施工时环空上返速度不小于0.8m/s，并落实返出物。

④套铣或磨铣至设计深度洗井2周以上，出口杂质含量小于0.2%为合格。

⑤每套铣或磨铣完1根要充分洗井，时间不少于20min。

⑥中途不可停泵，避免钻屑将管柱卡住或堵塞。若施工出现异常，停止套铣或磨铣，上提管柱至原鱼顶以上20m，并保持正常循环洗井。

⑦套铣或磨铣时要求送钻均匀，防蹩钻、蹩泵，发现泵压异常及时处理。正常后，则恢复作业。若严重蹩泵，应起出套磨铣管柱，采取措施。

(六)注水泥塞

1. 管柱规范

①注水泥塞管柱必须试压合格，确保无漏失短路。

②笔尖要求无腐蚀，无弯曲变形等情况，保证完好。

③笔尖切口角度不宜过大，应在45°左右，防止在加压时造成笔尖端部变形。

④注水泥塞管柱组合形式，见表1－2－5。

表 1－2－5　注水泥塞规范配套表

序号	套管规格/mm	类别	管柱组合规范
1	ϕ101.6	大修	ϕ60mm 钻杆笔尖 ×1.5m + ϕ60mm 钻杆
2		小修	ϕ60mm 加厚油管笔尖 ×1.5m + ϕ60mm 加厚油管
3	ϕ139.7	大修	ϕ73mm 钻杆笔尖 ×2m + ϕ73mm 钻杆
4		小修	ϕ73mm 加厚油管笔尖 ×2m + ϕ73mm 加厚油管
5	ϕ177.8	大修	ϕ73mm 钻杆笔尖 ×2m + ϕ73mm 钻杆
6		小修	ϕ73mm 加厚油管笔尖 ×2m + ϕ73mm 加厚油管

2. 操作规程

①管柱下至设计深度，卸自封，坐油管悬挂器，装简易井口、管线地面试压。

②用 1.5 ~2 倍清水、凉水洗井降温，脱油脱气，观察地层溢流、漏失情况。

③设计水泥浆量、顶替量满足工艺要求，将水泥浆顶替到预定位置停泵。拆管线、卸简易井口。

④上提管柱，笔尖深度在水泥面以上 1 ~2m 的位置，装好简易井口。

⑤用清水反洗井，洗出多余水泥浆。卸简易井口，上提笔尖至水泥面以上 100m 的位置或油层上界以上 100m 的位置。

⑥装简易井口，关井候凝 24 ~48h。

⑦卸简易井口，加深管柱探灰面，加压 5 ~10kN 复探 2 次，确定灰面合格后，上提管柱 20m，装好井口，对水泥塞试压，合格后起出注灰管柱。

3. 技术质量要求

①注灰前应按设计要求进行通井(刮削)至设计深度，彻底循环洗井。

②对上部套管进行试压，确认套管无漏失。

③如果井内修井液为非清水时，则按油管及油套环空容积比在替入水泥浆前后依次替入前、后隔离液，厚度不低于 100m，井深超过 3500m 的井必须采用优质修井液。

④溢流井注水泥塞前应压稳井后，方可进行常规注水泥塞施工。

⑤如果地层漏失，可根据具体情况，先填砂或使用暂堵剂进行堵漏。

⑥被封堵层顶界到水泥塞面的距离必须大于 5m，注水泥塞后井筒口袋深度应符合地质要求。

⑦水泥浆应搅拌均匀，不得混入杂物，对于深井或地温梯度高的井，加入适量缓凝剂，从配水泥浆开始到反洗井结束或碰压时不能超过水泥初凝时间的 70% 。

⑧对于高压不稳定井或层间干扰大的井应采取加压候凝，一般加压 3.0 ~5.0MPa。

⑨严禁使用大直径工具注水泥塞。

(七)挤堵管柱

1. 管柱规范

①挤堵用封隔器或水泥承留器选用钢体外径小于套管内径 6 ~8mm。

②挤堵用油管应为专用油管，入井前应进行试压合格方可使用。

③采用封隔器或水泥承留器管柱挤堵时，应在封隔器或水泥承留器以上合理位置配套

安全接头及洗井装置。

④挤堵管柱组合规范，见表 1－2－6。

表 1－2－6　挤堵管柱规范配套表

序号	套管规格/mm	挤入方式	管柱组合规范
1	ϕ101.6	光油管	ϕ60mm 平式油管笔尖＋ϕ60mm 平式油管＋油管挂
2		水泥承留器	插管＋ϕ60mm 平式油管×10m＋安全接头＋ϕ60mm 平式油管＋油管挂
3		封隔器	ϕ60mm 平式油管笔尖＋封隔器＋ϕ60mm 平式油管＋安全接头＋ϕ60mm 平式油管＋油管挂
4	ϕ139.7	光油管	ϕ73mm 加厚油管笔尖＋ϕ73mm 加厚油管＋油管挂
5		水泥承留器	插管＋ϕ73mm 加厚油管＋安全接头＋73mm 加厚油管＋油管挂
6		封隔器	ϕ73mm 加厚油管笔尖＋封隔器＋ϕ73mm 加厚油管＋安全接头＋ϕ73mm 加厚油管＋油管挂
7	ϕ177.8	光油管	ϕ73mm 加厚油管笔尖＋ϕ73mm 加厚油管＋油管挂
8		水泥承留器	插管＋ϕ89mm 加厚油管＋安全接头＋89mm 加厚油管＋油管挂
9		封隔器	ϕ73mm 加厚油管笔尖＋封隔器＋ϕ89mm 加厚油管＋安全接头＋ϕ89mm 加厚油管＋油管挂

2. 操作规程

①具体施工参考 SY/T 5587.4《常规修井作业规程　第 4 部分：找窜漏、封窜堵漏》和 Q/SH 1025 0400《油（水）井挤堵技术规范》相关内容。

②采用封隔器或水泥承留器挤堵管柱时，挤堵完成实现正常解封和拔出插管，应及时反洗井，循环 2 周后，起出井内所有管柱。

第三节　井况监测技术

井况监测是评判套管状况的关键手段，同时也是井况预防工作的关键环节之一。氧活化测井、电磁探伤结合多臂井径组合测井等技术能深入井下，精确捕捉套管问题，为预防措施提供科学依据。井下电视技术的普及，增强了监测直观性和精确度。这些技术不仅提升了套管监测效率，更为损伤预防工作提供了技术导向与支撑，显著增强了井况预防的科学性和有效性。

一、氧活化测井技术

氧活化测井技术是一种高效、精准的套管监测手段。该技术通过向井中注入含有放射性氧同位素的流体，随后追踪这些同位素在油管、油套环空及套管内外的流动情况，利用同位素衰变的时间差和流速的关系，精确计算出流体在不同部位的流动速度，从而帮助判断套管是否存在漏窜等潜在损伤。目前该技术在中原油田年平均实施找漏 30 井次以上。

油井找漏测试工艺示意图如图 1－3－1 所示。

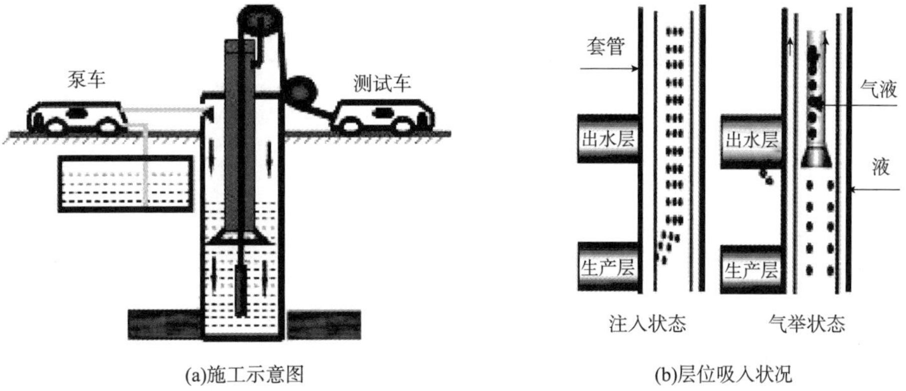

图 1－3－1　油井找漏测试工艺示意图

二、电磁探伤＋多臂井径组合测井技术

电磁探伤＋多臂井径组合测井技术旨在精准评估套管的形变、弯曲、断裂、孔眼、内壁腐蚀程度，有效识别并预防套管损伤的加剧。该技术如同一套全面的“体检”系统，能够及时发现井身结构的变形迹象，从而采取控制措施遏制损害发展，满足绝大多数生产井套管监测的实际需求。多臂井径＋电磁探伤测试仪器如图 1－3－2 所示。

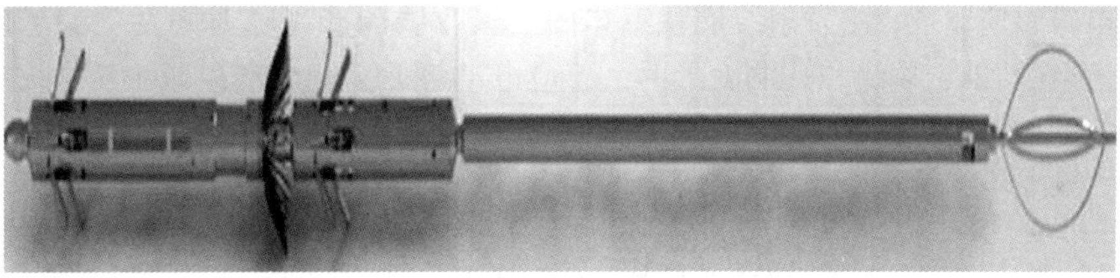

图 1－3－2　多臂井径＋电磁探伤测试仪器

目前该技术在中原油田年平均应用 25 井次以上，是套管评价的主要手段，特别是指导侧钻、换井底以及悬挂 4in 套管措施实施前悬挂器位置的确定。

三、井下电视测井技术

井下电视测井技术通过直接将井下状况进行视觉化展现，带来了直观、高效、信息丰富且可信度极高的监测体验。它极大地减少了传统测井解释中常见的多解性和不确定性，为精确判断提供了强有力的支持。可视化测井技术的这一独特优势，使其能够直观地检测井眼状态、套管完整性以及井内的生产动态，因此在套损井的修复治理和生产井的日常监测中展现出了极为广阔的应用前景。这一技术的推广和应用，无疑将进一步提升石油开采的效率和安全性。

井下电视系统组成示意图如图 1－3－3 所示。

目前该技术已在油田部分重点井的取换套、落物打捞等工作中进行应用，但由于较高的应用价格并未广泛推广。

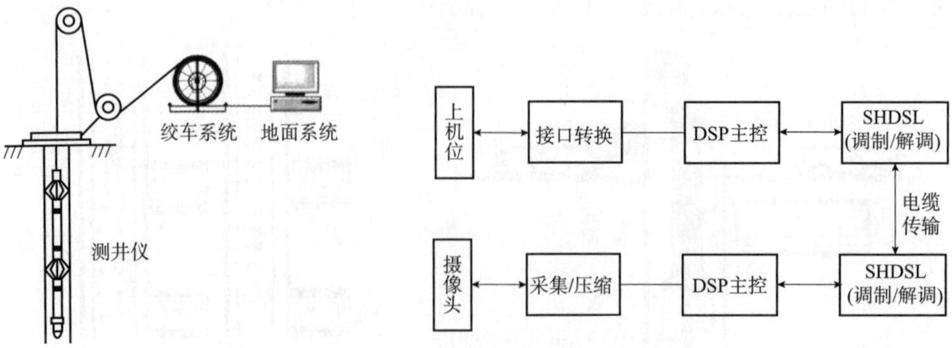

图 1-3-3　井下电视系统组成示意图

四、涡流电磁＋静态磁聚焦阵列套变监测技术

利用涡流电磁、静态磁聚焦阵列套变监测系统与三维成像解释方法，可实现透过油管定量监测套管毫米级三维变形。这一创新技术，无须停产、移除油管，即可迅速且准确地测量油气井的套损、套变情况。它破解了超高深、高压、储气库等多层结构油气井监测的难题，使得这些复杂环境下的油气井也能得到及时、有效的监测。这一技术成果，无疑为油气田的安全生产和高效开发提供了强有力的技术支持，具有重要的实用价值和应用前景。

（一）涡流电磁原理

通过电磁感应原理，给发射线圈供一电流，接收线圈产生随时间变化的感应电动势 ε，当管柱存在腐蚀、裂缝和孔洞变形时，感应电动势 ε 会相应产生减小、增大反应，以此可评价管柱破损变形情况。涡流电磁原理图如图 1-3-4 所示。

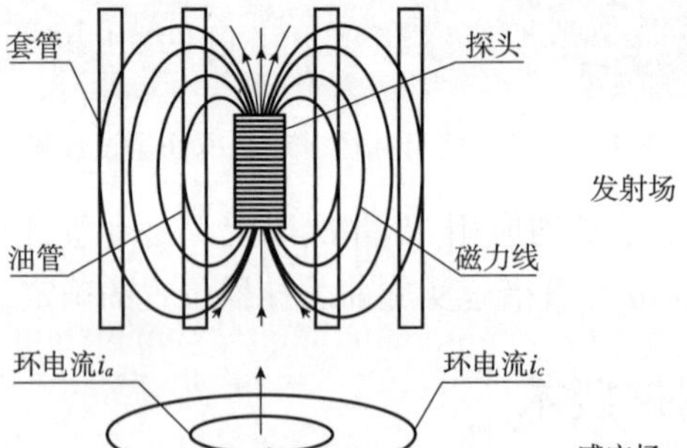

图 1-3-4　涡流电磁原理图

（二）静态磁聚焦原理

静态磁传感器分布结构示意图如图 1-3-5 所示。采用双磁体同轴反向发射方案，使磁场穿透油管后聚焦到套管，圆周上设计了 2 组磁场传感器组成阵列，分别接收油管和套管各方位的磁场响应，角向分辨率 15°，解决小体积磁场透过油管聚焦大尺寸套管难题。

目前在普光油气田已应用 10 井次，测试成功率 100%，打捞管柱验证 2 井次，套变识别准确率在 95% 以上，套变定量计算准确率大于 90%。

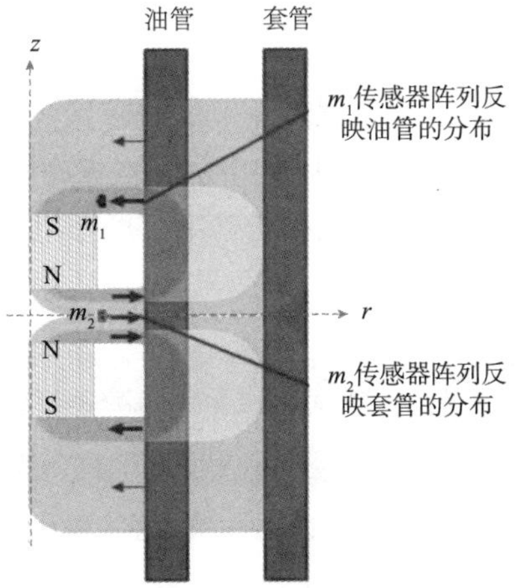

图1-3-5　静态磁传感器分布结构示意图

第四节　套损治理技术

套损治理技术是套管变形、漏失及错断等井况问题得以有效修复的手段。通过科学合理地应用套损治理技术，能够显著减缓套管的损坏程度，从而有效延长油水井的使用寿命。对于轻微套变井，采用套管整形技术，增大井筒通径，满足生产工艺要求。而对于严重套变、套漏或错断井，则运用取换套、膨胀管补贴、4in 套加固及开窗侧钻等综合治理手段，全面提升井筒完整性。

一、套管整形技术

套管整形技术在油田中已得到广泛应用，成为套变事故井整形的关键手段。多年来，石油工程技术研究院的科研人员持续进行技术创新。针对套变井单点缩径变形以及多点变形等问题，成功自主研发出系列整形工具及整形工艺技术。这极大地提高了套变井整形的效率与成功率。与此同时，小修整形技术也逐渐在现场得到应用，实现了以小修代替大修，有效降低了修井成本，为油田高效开发提供了有力支撑。

（一）技术原理

1. 梨形整形器（见图1-4-1）

在钻柱施加的轴向力作用下，整形器锥体工作面与套管变形部位接触的瞬间产生侧向分力，挤胀、冲胀变形部位，使变形套管扩径复位。

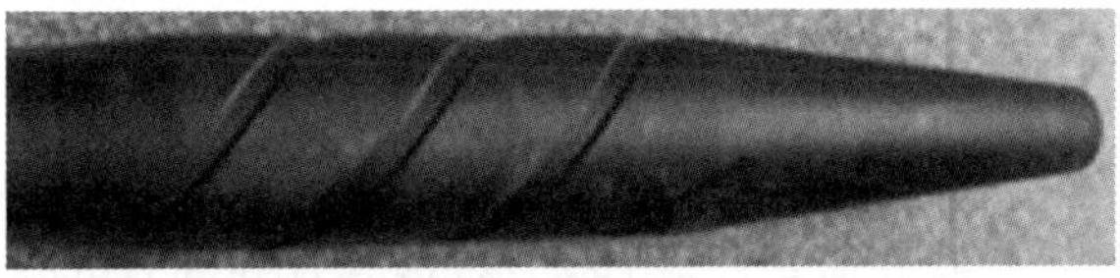

图1-4-1　梨形整形器

2. 滚珠整形器

(1)冲击滚珠整形器(见图1-4-2)

在钻柱施加的轴向力作用下，整形器滚珠锥体与套管变形部位接触瞬间产生纵向滚压力，使变形套管扩径复位；该整形器采用交错分布的滚珠布置方式，使工作段由常规的面、线接触，变为点接触，在同等施工载荷条件下，摩擦阻力小，整形复位力大，提高整形效果。

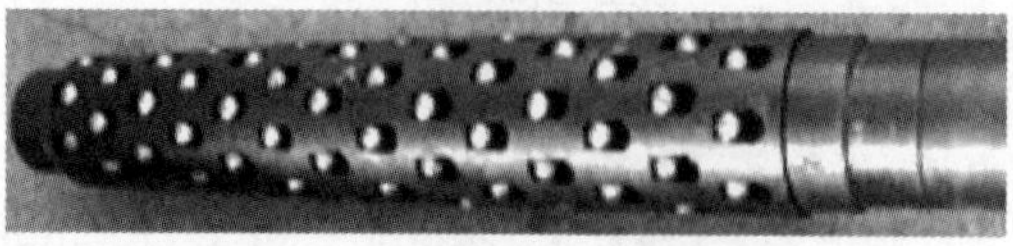

图1-4-2　冲击滚珠整形器

(2)旋转滚珠整形器(见图1-4-3)

采用成排分布的滚珠设计，以旋转方式实现滚珠与变形部位线接触，增加整形复位力；同时在下压载荷和旋转扭矩作用下，对变形套管产生碾压作用，增强套管复位后强度。

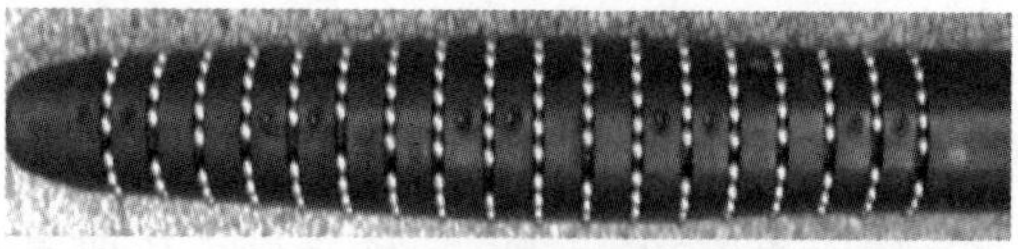

图1-4-3　旋转滚珠整形器

3. 分瓣防卡整形器(见图1-4-4)

整形作业时，首先与芯轴连接的入井管柱下入井内套变点位置上端；利用钻柱传递动力，整形胀头在向下挤压力的作用下，对套管变形点进行整形；整形通过后，套管变形点回弹。上提管柱，芯轴上行，与变形点接触的胀头在外部套管阻力的作用下内表面与芯轴外锥面分开，在提挂中心管和芯轴共同作用下弹簧压缩，套管内压力使胀头收缩、直径减小从而顺利起出管柱，避免卡钻事故发生；在弹簧回弹过程中，能够使胀头复位，整形胀头零部件回到整形前相对位置。

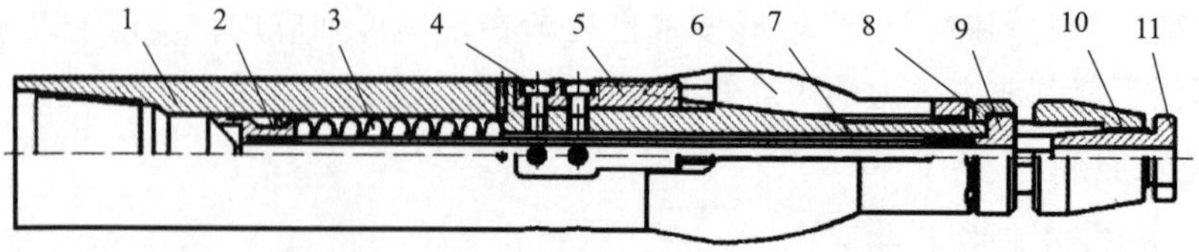

图1-4-4　分瓣防卡整形器结构组成

1—芯轴；2—防砂活塞；3—弹簧；4—螺钉；5—挡块；6—胀头；7—提挂中心管；8—提挂护帽；9—提挂头；10—下堵头；11—锁紧头

(二)不动管柱连续整形工艺

按照管柱设计组装入井，至套管变形位置遇阻，再上提管柱，下击器提供冲击力通过冲击器作用在整形器上，扩胀变形套管。上提管柱因套管夹持力可能会发生卡钻现象，防卡整形器胀头收缩或上击器动作，管柱安全退出，通过如此反复的管柱下放和上提进行套管整形，直至整形器完全通过所有套变井段，达到整形目的。

管柱组合：油管/钻杆 + 钻铤 + 液压下击器 + 分瓣防卡整形器；油管/钻杆 + 钻铤 + 上击器 + 冲击整形器。

（三）技术特点及技术指标

1. 技术特点

单点缩径变形、多点变形整形；可满足小修设备施工作业。

（1）梨形整形器

①梨形整形器整形面锥角 12°，高度适中，整形过程中工具的接触应力大，径向上能产生较大扩胀套管力。

②整形工作面控制在 90 ~ 100mm 以内，以减小钻具提升和下放时套管的夹持阻力，避免卡钻事故。

（2）滚珠整形器

①旋转式滚珠整形器：在下压载荷和旋转扭矩的作用下，对套管产生碾压作用，增强套管复位后强度，提高整形效果。

②冲击式滚珠整形器：加压下冲，高强度钢珠对套管产生挤压复位。

（3）分瓣防卡整形器

防砂活塞外表面与芯轴内腔表面相接触，并且活塞根据外部套管对胀头阻力的大小在内腔移动压缩弹簧，实现胀头的自动式变径回收。

2. 技术指标

（1）整体指标

①外径：$\phi110 \sim \phi120$mm（$5\frac{1}{2}$in 套管）。

②工作范围：$5\frac{1}{2}$in 套管，P110 钢级及以下、10.54mm 壁厚及以下、变形通径大于 $\phi105$mm、套变深度 300m 以下的整形。

（2）单项技术指标

1）梨形整形器

①$\phi110 \sim \phi120$mm。

②材质 40CrNiMoA，表面硬度 HRC 为 55 ~ 58。

2）滚珠整形器

①冲击式滚珠整形器：整形器锥角 14°，本体材质 42CrMo；沟槽表面渗碳、淬火处理，厚度 1mm 以上，HRC = 45 ~ 50。

②旋转式滚珠整形器：整形器上、下段 2°锥角的梨形结构，本体上分布多排 C 形槽轨道，沟槽表面渗碳、淬火处理，厚度 1mm 以上，HRC = 45 ~ 50。

3）分瓣防卡整形器

①钢级、壁厚 P110 × 10.54mm，可整形套变内径 ≥ $\phi105$mm，整形力 ≤ 12t。

②钢级、壁厚 P110、N80 × 9.17mm，可整形套变内径 ≥ $\phi103$mm，整形力 12 ~ 20t。

③钢级、壁厚 N80、J55 × 7.72mm，可整形套变内径 ≥ $\phi100$mm，整形力 > 20t。

（四）应用场景及配套工艺

1. 应用场景

以上整形器不仅可以单独配套钻杆、钻铤实施套管冲击修复，同时可配套一趟管柱多级整形，实现套管安全、高效修复，特别是分瓣防卡整形器组成的连续下击整形，可广泛应用于小修作业，进一步降低修井成本。该工艺及配套主要用于5 $\frac{1}{2}$in 套管，P110 钢级及以下、10. 54mm 壁厚及以下、变形内径大于 ϕ105mm 的整形。

2. 配套工艺

(1)选择原则

铅印打印套管变形的具体情况，按照 P110 × 10. 54mm(钢级、壁厚)、整形极差 2mm，P110、N80 × 9. 17mm(钢级、壁厚)、整形极差 4mm，N80、J55 × 7. 72mm(钢级、壁厚)、整形极差 6mm 标准，选择匹配整形器及配套管柱。

(2)施工工艺

①根据套管变形尺寸、形状等井下技术状况，选用不同整形极差的整形器。

②配套整形管柱。

③工具下至变形井段 1 ~ 2m 时，开泵循环工作液，洗井，记录悬重。

④下放钻柱，预探变形井段顶点。

⑤若单独使用梨形整形器、冲击式滚珠整形器或分瓣防卡整形器，根据钻柱及配重钻铤数量确定计算上提冲胀高度，以一定的下放速度下放钻柱冲击整形；一般正常情况下上提距离不大于 2m，利用钻柱惯性伸长使整形器冲击、挤胀变形井段。反复作业，直至工具顺利通过变形井段、上提无夹持力。

⑥更换下一极差整形器，重复上述动作直至整形完成。

⑦每次使用后，检查工具磨损情况，若严重磨损则应立即更换工具。

⑧若配套下击器或上击器管柱，应根据下击器、上击器释放吨位，上提钻柱，下击整形或上击解卡。

⑨对于旋转滚珠整形，转数不超过 20r/min，当旋转扭矩明显降低或无扭矩时，整形器已通过变形井段，该级别整形已完成。

(五)现场应用

在中原油田东濮老区累计实施整形工艺 125 井次，大幅提高了 7. 72mm 壁厚的变形套管的整形修复成功率，对于 9. 17mm 和 10. 54mm 套管的整形修复实现了零的突破。缩径变形套管的整形修复有效率由 55% 提高至 94% 。

(六)存在不足及改进方向

套管弯曲变形依旧缺少有效的工具和工艺来进行校正处理，虽然完全使弯曲套管校正难度很大，但能够将弯曲变形程度减缓满足一定长度的通井规通过也是一个很大的进步，需要继续立项进行点变形和校正弯曲组合性工艺研究，最大可能解决套变井的“卡脖子”难题。

二、取换套技术

利用套铣钻头、套铣筒、套铣方钻杆等配套钻具，在钻压、转数、循环排量三参数合理匹配的情况下，以优质取套工作液造壁防塌、防喷、防卡、防断脱、防丢(丢鱼头)以及组合切割、适时取套、示踪保鱼(下断口)、修鱼(下断口)找正等措施技术，完成对套管外水泥帽、水泥环、岩壁及管外封隔器等的分级套铣、钻扩、磨铣，取出被套铣套管，下入新套管串补接或对扣，最后固井完井。

(一)套铣工具及套铣工作液

1. 套铣和取套工具

①套铣钻头。

②套铣筒。

③套管切割工具。

④套管补接工具。

2. 套铣工作液

(1)套铣工作液功能

①防喷，确保安全施工。

②携带水泥碎块、岩屑，确保循环通畅不卡钻。

③造壁，防止井壁坍塌。

④冷却、润滑钻头，确保钻进。

⑤清洗、冲刷井壁，使钻头始终刮磨井壁。

⑥保护油层，使油层伤害最小。

防坍塌、防钙侵是套铣工作液最基本的性能要求，其密度、失水、黏度及初、终切力等参数都是非常重要的指标。

(2)工作液现场使用

套铣工作液的配制、调整，应根据被套铣的管外地层构造和水泥环水泥特性来适当调整，并随时根据返出的工作液检测化验情况及时调整其性能，始终保持工作液的最佳状态。

套铣初始密度、黏度、初切力等常规性能参数都相应小些，随着套铣深度增加，密度、黏度、初切力、终切力相应增大，随时添加各种化学药品，以保证工作液的综合性能。

(二)综合处理措施

1. 适时取套

(1)切割打捞取套法

利用机械式内割刀与套管打捞矛组成的标准组合管柱，对被套铣完成一定深度的套管进行切割并同时起出。

管柱组合：钻杆、开式下击器、配重钻铤、套管捞矛、机械式内割刀。

(2)倒扣取套法

套铣到一定深度后，套管内下入反扣钻杆带套管捞矛抓捞住套管后，上提一定负荷，使捞矛紧紧抓咬住套管，然后启动转盘，以较低转数倒扣。

2. 示踪保鱼措施

封隔器示踪管柱：油管柱、正反扣接头、压缩式封隔器 2 级、尾管、丝堵。

套管捞矛示踪管柱：钻杆柱、正反扣接头、钻杆、套管捞矛。

封隔器通过断口到位，管柱内憋压释放坐封封隔器，使示踪管柱稳定。若用套管捞矛，则应将捞矛通过断口以下 2～3m，然后抓捞套管，使捞矛处于抓捞咬紧状态，以使上部管柱稳定。

3. 修鱼找正措施

修鱼找正措施，是当套铣到断口附近(一般2~4m)后，为下一步新套管的补接或对扣而采取的重要技术措施，特别是针对断口通径较小，错断部位又有原井落物卡阻的井况，修鱼找正措施就显得更为重要。一般在修鱼找正后，将断口以下不甚规则的部分割掉，然后修理好切口，以确保补接的顺利进行。

(1)断口通径较大无落物的修鱼找正措施

可用铣锥或梨形整形器修整断口，使断口复位光滑平整。如断口以下弯曲，不能与上部原套管轴线保持重合，则应用整形器修整复位或用铣锥磨铣断口以下套管，裁弯取直，扩大断口通径，将井眼处理通畅、铅直，然后下丢手和示踪管柱示踪。见图1-4-5。

(2)断口通径较小且有原井落物的修鱼找正措施

套铣钻头套铣过下断口2~3m后，循环工作液2~3周，然后处理断口以上套管并将套管全部取出。这种取套用打捞法进行，将套管内的原井部分落物带出，余下落物可在套铣筒内打捞处理。当下断口含在套铣筒内时，务必将原井落物处理干净。若处理不净，则应继续套铣到下断口以下10~20m，然后打捞套管并倒出这部分套管，带出套管内落物。若断口不规则，断口以下有弯曲，则应磨铣处理，裁弯取直，然后修整鱼头，下入示踪管柱示踪。见图1-4-6。

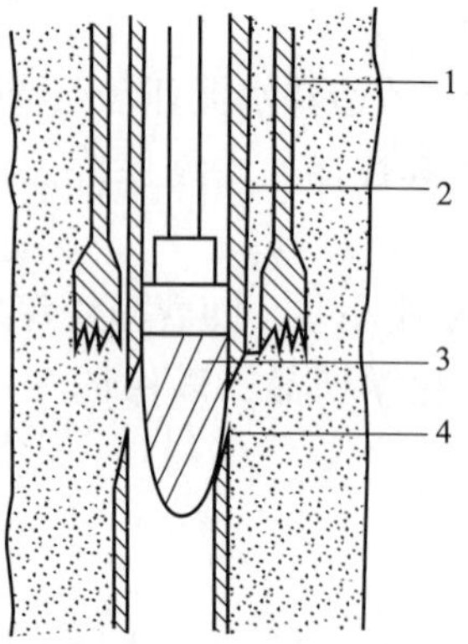

图1-4-5　修整断口示意图

1—套铣钻头；2—套管上断口以上；
3—梨形整形器；4—断口、下断口断面

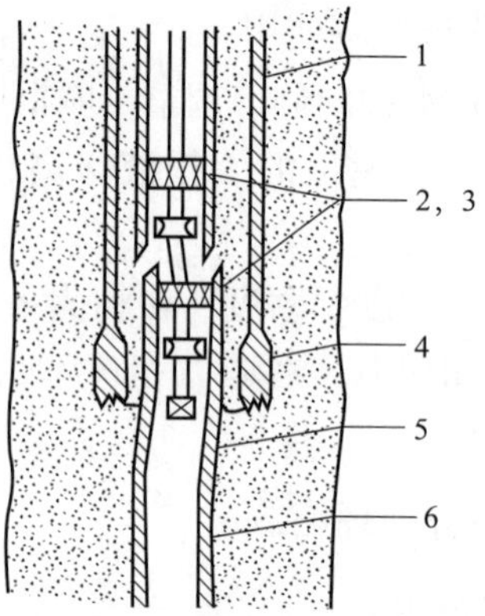

图1-4-6　套铣过断口示意图

1—套铣筒；2，3—原井落物；4—套铣钻头；
5—断口以下偏移套管；6—断口弯曲部位以下

(三)施工工艺

1. 井筒准备

①压井、起出原井管柱。

②确定套损状况及深度：

a. 井下有落鱼，且套损部位处于有落鱼井段，先打捞落鱼；可采用通井、验漏、打印、工程测井等方法确定套管技术状况。

b. 采用冲胀、液压或磨铣等整形扩径方法处理套损部位，以满足工艺要求。

③下丢手和示踪管柱：

a. 下入丢手管柱至射孔顶界以上5~20m。

b. 打压封隔器坐封后倒开丢手接头或桥塞投球，上提下放管柱，确保桥塞无位移，坐封可靠。管柱上提正循环洗井。若填砂，砂柱高不少于10m。

c. 下示踪管柱至套损部位，钻铤示踪稳固套损部位，封隔器坐封避开套管接箍，深度在套损点以上3m。

2. 套铣

①套铣水泥帽。钻压控制在20～30kN，上返速度不低于0.8m/s，转速60～100r/min。

②套铣非封固井段。钻压控制在15～50kN，上返速度不低于0.8m/s，转速80～100r/min。

③套铣水泥封固井段。钻压控制在30～100kN，上返速度不低于0.8m/s，转速80～100r/min。

④套铣套损井段。根据实际情况，套铣至断口位置时，可更换收引断口专用套铣工具，钻压控制在20～30kN，上返速度不低于0.8m/s，转速60r/min以内。

3. 取套

①每套铣80～120m取套一次。套铣至取套深度后，划眼2～3次，选用切割或倒扣法取套。

②套铣至换套深度，根据换套回接方式采取切割或倒扣取出套管。选用切割时，切割点以下预留满足后期补接工具回接长度的套管。

4. 补接、固井与完井

①回接部位处理。切割处理，修整回接部位断口及以下套管外壁，以满足回接工具引入抓牢和密封；倒扣处理，回接部位应保留完好接箍或外螺纹。

②下回接套管串。检查回接工具是否满足要求，下套管作业、套管柱连接等应符合SY/T 5412《下套管作业规程》的规定；回接工具接近回接断口深度以上2～3m时，开泵循环。

③套管回接：

a. 下入封隔器式套管补接器和铅封注水泥套管补接器补接工具回接时，按照工具说明书要求进行操作。

b. 对扣回接时，套管管柱可配套导向扶正工具，方便对扣。下至补接部位以上1.5m，缓慢下放，悬重下降不超过10kN。人工引扣2～3扣后人工旋转上扣10圈，再机械上扣，转速不超过5～10r/min，试提负荷增加，对扣成功。

c. 对扣回接后，试压不低于15MPa，稳压30min，压降不超过0.5MPa。

d. 根据要求注水泥浆至设计返高，上提补接器候凝不少于48h。

e. 安装套管头、井口。

注：详细操作可依据SY/T 6378《油水井取套回接工艺作法》执行。

三、膨胀管补贴技术

膨胀管补贴技术被称为21世纪石油工业发展的核心技术之一，它将较小直径的可膨胀管下入待修井内，在液压和胀头的作用下使膨胀管发生整体塑性膨胀，紧贴在井筒套管内壁上实现锚定与密封，膨胀后膨胀管具有机械强度高、密封性好、坐挂牢、通径大等突出优点，可满足分注、分采、压裂等措施要求。

膨胀管补贴技术由于能够有效加固套损段，同时减小普通套损井加固方式造成的通径损失，降低作业成本，在我国各大油田已经得到较广泛的应用。

(一)技术原理

地面打压，流体通过中心拉杆传递压力至发射室内，推动胀头上行，启动后膨胀管发生膨胀，挤压橡胶密封带，使膨胀管贴在原套管壁上，实现锚定。

膨胀管锚定后，胀头在高压液体作用下，强迫膨胀管连续向上膨胀。膨胀过程可单独液压膨胀，也可液压提拉结合膨胀。实体膨胀管补贴技术原理如图1-4-7所示。

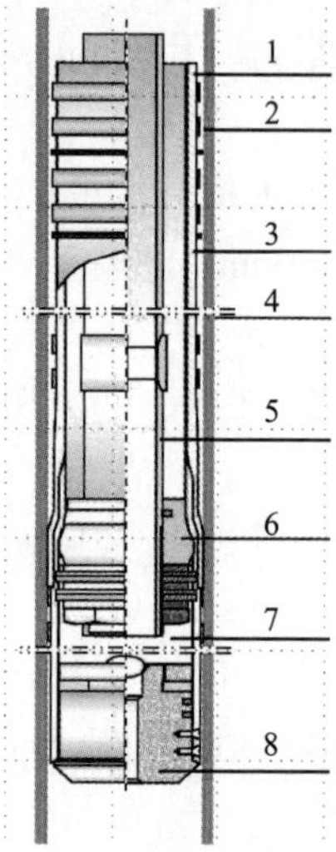

图1-4-7　实体膨胀管补贴技术原理

1—膨胀管；2—密封带；3—接头；4—套管；5—中心拉杆；6—膨胀胀头；7—发射室；8—堵头

(二)技术特点及指标

1. 技术特点

补贴管采用膨胀管，无接箍连接，利用金属和橡胶的组合密封，在大通径补贴的条件下实现了较高的耐温和耐压以及悬挂能力。

采用井下液压增力机构，使用小修设备就能完成补贴施工，费用低；同时，液压力易于控制，可以准确控制膨胀力的大小。

(1)膨胀管连接、胀头及密封

①连接。膨胀管连接方式为无接箍连接，将膨胀管一端胀粗加公母扣，且公母扣材料一致。公扣与胀头运行方向一致，不会出现公扣内翻现象；偏梯扣三面密封，膨胀前密封测试大于25MPa；承重边几乎接近于水平，面仰角1°12′36″，承载力较高；膨胀与径向成角1°12′36″和11°47′24″，膨胀后易于形成紧密勾手连接；螺纹扣与中点胶圈或两侧胶圈组合，形成配套组合密封；接近矩形截面，安全可靠。

②摇摆式胀头(见图1-4-8)。A段为引入稳定段，直径接近膨胀管内径，起导向作用；B段为过渡段，对膨胀管起到微膨胀作用；C段为锥面向弧面、柱面过渡结合，完成对膨胀管的膨胀。

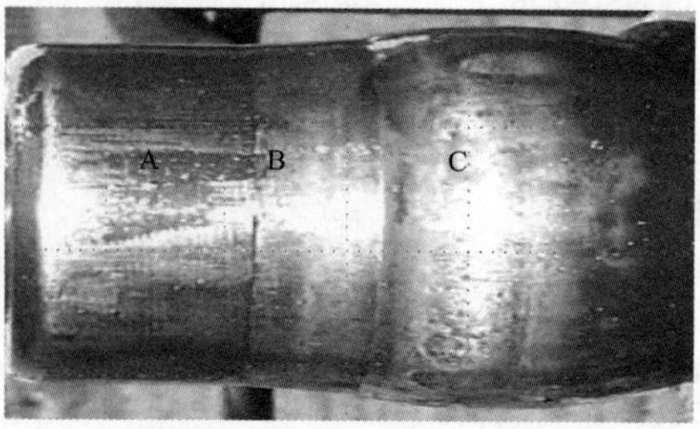

图1-4-8　摇摆式胀头

(2)膨胀管密封胶皮

①特种弹性体复合材料。具有耐高温、耐油、耐腐蚀、高强度、弹性好等特点。以氢化丁腈橡胶为基体材料；采用特种弹性体复合材料。

②热硫化黏接工艺。KMLG205 胶黏剂是丁腈橡胶专用单涂型胶黏剂，与钢、不锈钢、铝、铜、铁、合金黏接性能优良。

2. 技术指标

实体膨胀管可以补贴 50m 以上的套损管，而且补贴后内径相比于原有套管损失极小，最大限度地降低了对作业和生产的影响。工具规格见表 1－4－1。

表 1－4－1　工具规格表

基础套管/mm	通径/mm	实体膨胀管技术规格/mm						膨胀管物理指标/MPa		
		膨胀状态	本体	接头	密封带	发射室	胀头	抗内压	抗外压	抗拉
124.26	116	胀前内径	97	97	110	108	108.25			
		胀前外径	110	112	116	116	108.25			
		胀后内径	108	108	121	108	108.25	50	28	30
		胀后外径	121	123	124.26	116	108.25			
121.36	114	胀前内径	94	94	107	105	105.25			
		胀前外径	107	110	114	114	105.25			
		胀后内径	105	105	118	105	105.25	50	28	30
		胀后外径	118	120	121.36	114	105.25			
118.62	113	胀前内径	93.5	93.5	104.5	104.5	104.75			
		胀前外径	104.5	106.5	111.5	113.0	104.75			
		胀后内径	104.5	103.5	115.5	104.5	104.75	50	28	30
		胀后外径	115.5	117.5	118.62	113.0	104.75			

(三)配套工艺

①井筒准备。通井、卡封找漏，检测落实待补套管内壁情况，若套管存在缩径变形现象，则要实施套管整形，确保井筒状况具备实体膨胀管套管补贴的基本条件。

②膨胀管下井。井口连接膨胀管，必须使用膨胀管专用微牙痕链钳和卡盘，避免咬痕过深导致膨胀过程发生应力集中，缩短膨胀管使用寿命。

③保证入井管柱清洁、密封性能。下井膨胀管内外壁、膨胀工具、钻杆、接头必须清洗干净，严禁带入沙土等杂物。保证钻杆密封和压力的稳压传递，第一次用于膨胀管补贴的管具必须试压检验其密封效果。

④下钻。膨胀管下井速度要适当控制，匀速下放，过套管损坏段、射孔段必须缓慢下放，保障膨胀管安全完整顺利入井到位。

⑤管柱校深。用磁定位测井校深，调整入井管柱深度，保证膨胀管补贴位置准确无误。

⑥循环洗井。用清水正循环洗井，清洁井壁和发射室中残留的脏物，保持油套液柱压力平衡，为膨胀头正常运行和补贴施工提供良好的液体环境。

⑦投球蹩压。洗井正常后，向补贴管柱内投球、蹩压，洗井泵压一般不超过膨胀管启动压力，观察套管返水状况，判断整个膨胀系统的密封能力。

⑧启动高压膨胀补贴。继续提高泵压至膨胀管坐挂压力以上，根据泵压和悬重参数的变化情况，控制膨胀提拉速度，保持提钻速度与膨胀压力形成良好的匹配关系。

⑨膨胀补贴完成。完成膨胀补贴后，泵压突然降低，甚至泵压为0，套管暂停返水，悬重恢复到补贴之前的悬重。

⑩深度检测。缓慢下放补贴钻具，轻压试探膨胀管补贴位置，遇阻深度为补贴管的上顶面。

⑪补贴后试压检测补贴密封效果。关闭井控装置对补贴段及上部套管试压，检测补贴效果，试压15MPa，压降30min小于0.5MPa。

⑫钻堵头。选择合适直径的磨鞋或套铣头，下井钻铣发射器堵头，并反复磨铣修正膨胀管上下端口，修出端口倒角，避免碰挂入井管柱接箍。

⑬通井完井。下小直径通井规进行通井，合格后完井投产。

(四)现场应用

该技术自2005年研究开发以来，经过不断创新优化，技术已逐渐成熟，在中原油田累计应用30井次以上，施工成功率93.3%，下井最大深度3450m，补贴最长井段53m，形成了适应深井，高温高压、高矿化度井的膨胀管补贴技术。

(五)存在不足及改进方向

经过一次补贴后的套管内径变小，当补贴段下部出现套损问题时，使用常规补贴工具无法通过原补贴段。当套损段位置与补贴段下端较近时，使用补贴手段修套很难精确定位，补贴材料易与已补贴段膨胀管下部重叠。

四、长井段套损井二次完井关键技术

长井段套损井二次完井关键技术是一种解决长井段套损问题的手段之一，该技术具有完井内径大(ϕ95～ϕ100mm)、加固井段可靠的特点，可避免因为4in套井内径小为机采、注水、修井等带来不便，是东濮老区长井段套损井治理的一种技术储备手段。通过该技术可在一定程度上提高开采效率，延长正常生产周期。

(一)技术原理

1. 大内径非标套管

以完井后套管内径最大为目标，以管体抗内、外压性能和老井的油层套管内径尺寸(ϕ124.3mm、ϕ121.4mm)为约束条件，设计了ϕ114.3mm和ϕ108mm两种外径规格，钢级为P110，壁厚分别为7.38mm和6.5mm的薄壁大直径非标套管作为二次完井的套管。

在保证非标套管间连接强度的前提下，减小连接的外尺寸，薄壁套管之间采用新型直连套管螺纹连接，如图1－4－9所示。该螺纹牙型为偏梯牙型，齿高仅为1.19mm(0.047″)，与常用螺纹相比齿高降低了20%～33%。加工时需要的套管基体厚度小于2.8mm，无退刀槽，避免了应力集中薄弱点。同时该型号螺纹在薄壁管上均匀受力，金属面过盈配合实现气密封。螺纹抗外挤强度达管体的60%，抗内压达管体的80%，抗拉接近API标准圆螺纹。

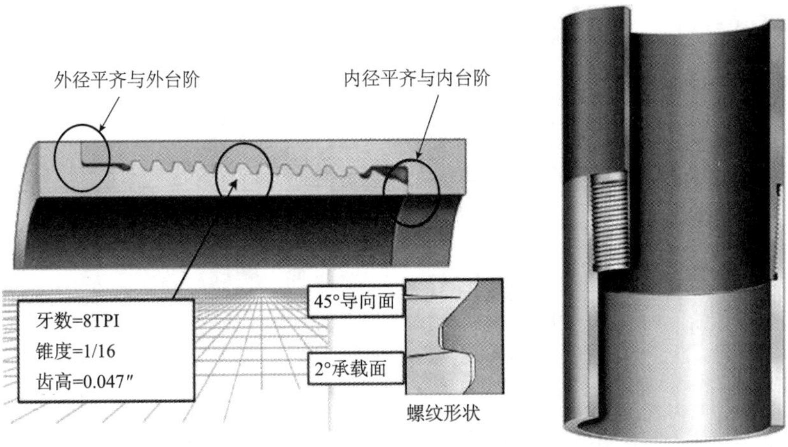

图1－4－9 新型直连套管螺纹图

2. 可膨胀金属悬挂器

配套膨胀头材料为40CrMoV合金结构钢，表面渗氮处理，具有高硬度、高耐磨性、高强度以及良好的延性和冲击韧性。胀头锥角可根据膨胀管进行调整。

(1)膨胀管

膨胀管悬挂器由膨胀管和密封橡胶组成，密封橡胶均匀分布于膨胀管外表面和下端内表面。膨胀管材料为低碳钢或不锈钢，密封橡胶材料为特种弹性体复合材料。通过地面设备打压使配套工具胀头移动，从而挤压膨胀管使其膨胀，外表面橡胶锚定在套管上(见图1－4－10)。下端内表面密封橡胶锚定悬挂小套管实现悬挂。

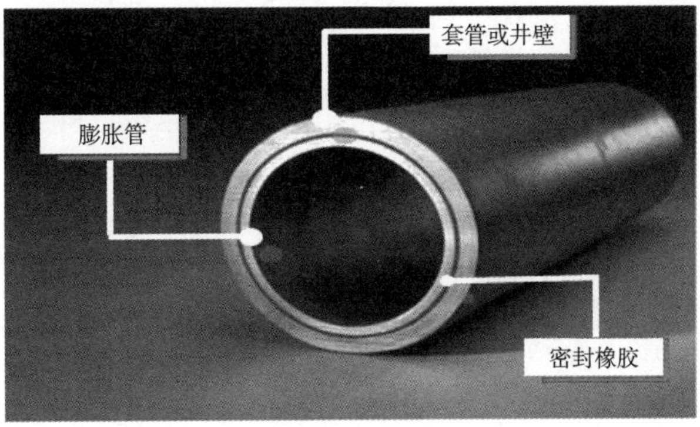

图1－4－10 膨胀管膨胀后贴合在套管壁

(2)多级液缸膨胀管悬挂器

多级液缸膨胀管悬挂器工作原理示意图如图1－4－11所示，采用多级液缸设计，推动胀头下行使管体膨胀，实现悬挂。一趟管柱完成施工，膨胀后，胀头随管柱起出，井筒内不需要后续措施处理。可在任意位置坐挂施工。

3. 旋转固井

小套管二次完井在固井顶替时或结束后，利用顶驱旋转尾管，可避免套管偏心、顶替效率差、环空窜流、水泥浆突进等，有效提高水泥自身和一二界面的胶结质量，并均匀分布在套管环空。若在下尾管过程中遇阻，也可旋转管柱利于其下入。

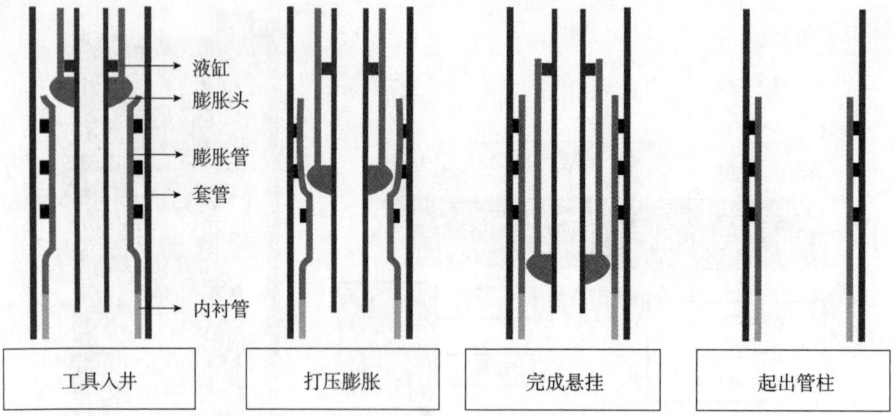

图 1－4－11　多级液缸膨胀管悬挂器工作原理示意图

(二)技术特点及技术指标

1. 技术特点

①完井后井筒内径 ϕ95 ~ ϕ100mm，为机采、注水、增产措施实施奠定了较好的通道基础。

②可大幅降低修井作业难度、成本，有助于延长使用周期。

③一定程度上取代下 4in 套管工艺，具有较大推广价值。

2. 技术指标

(1)整体指标

①完井套管内径，ϕ95 ~ ϕ100mm。

②强度。完井套管抗内压 68MPa。

(2)单项技术指标

①薄壁套管管材参数见表 1－4－2。

表 1－4－2　薄壁套管管材参数对比

序号	管体				抗挤毁压力/MPa		抗内屈服压力/MPa		最大拉伸载荷/kN		理论质量	
	外径/mm	壁厚/mm	内径/mm	墩粗/mm	N80	P110	N80	P110	N80	P110	lb/ft	kg/m
1	108	6.50	95	无	51.72	63.52	46.53	63.97	685.5	942.50	10.9	16.24
2	114.3	7.37	99.56	无	58.90	73.72	49.78	68.44	818.50	1125.40	13.5	20.1

②多级液缸膨胀管悬挂器性能参数见表 1－4－3。

表 1－4－3　多级液缸膨胀管悬挂器性能参数

工具长度/m	5.5
外径/mm	110(2.5m) +116(1m) +103(2m)
通径/mm	102
锚定力/t	>60

续表

膨胀方式	多级液缸驱动
膨胀压力/MPa	15～20
坐挂位置	井内任意部位
起出部分	多级液缸可重复利用
施工后	无须处理

膨胀管悬挂器膨胀前后参数见表1-4-4。

表1-4-4 膨胀管悬挂器膨胀前后参数对比

膨胀管膨胀前数据		膨胀管膨胀后数据	
钢级	相当于*N*80套管	膨胀率	7.2%
外径/mm	108.6	外径/mm	115.6
内径/mm	95.6	内径/mm	103
壁厚/mm	6.5	壁厚/mm	6.3
接箍外径/mm	113.8	接箍外径/mm	120
质量/(kg/m)	16.25	质量/(kg/m)	16.86

③复合低密度水泥浆性能见表1-4-5。

配方：G级水泥+30%漂珠+10%微硅+5.5%降滤失剂+3.0%膨胀剂+0.2%消泡剂+1%纤维+1.5%缓凝剂。

表1-4-5 复合低密度水泥浆性能

序号	密度/(g/cm^3)	滤失量/mL	游离水/mL	24h抗压强度/MPa	72h抗压强度/MPa	六速旋转读数	稠化时间/min
1	1.31	29	0.3	2.6	13	133/65/46/24/7/4	270
2	1.45	36	0	3.5	15.2	147/75/55/39/8/7	314
3	1.60	42	0	6.2	18.2	141/88/77/68/12/9	352

(三)应用场景及配套工艺

1. 应用场景

该工艺技术可应用于东濮老区5 $\frac{1}{2}$in套管补贴加固，套损段大于100m，套损位置在1500～2000m，选择相应的非标套管和悬挂器，完成固井。

2. 配套工艺

(1)二次完井前准备

①刮刀钻头钻冲至人工井底充分洗井，并试压测吸水。

②刮管器刮削至人工井底。

③大尺寸工具通井至悬挂器位置(ϕ112mm、ϕ118mm两次通井)。

④两根套管模拟通井至预定位置。

(2)二次完井施工

①下入4in套管管柱，下放速度要求控制在0.5m/s以内，在下尾管过程中，可以上下活动套管，保持循环，防止管柱卡阻，沉砂口袋要留有3～5m，碰压阻流环距套管鞋≥0.5m。

②尾管下完以后，采用小排量开泵循环，待正常后可以由小到大逐渐增加至设计排量，并调整好钻井液性能，准备固井施工。

③方入设计应控制在1～2m，以便于投塞施工。

④开始注水泥施工，先注入冲洗液、隔离液，总量控制在裸眼段环空200m内的容量。

⑤水泥浆密度控制在1.85g/cm³，注入排量应不大于钻井液循环的最大排量，以保证井下施工安全。在固井施工中，可活动套管，防止套管卡钻。注水泥后，投小胶塞，开始顶替入井液。

⑥顶替过程中应注意井口泵压的升高情况，一般是突然升高10～13MPa，表明小胶塞已经进入大胶塞，此时应继续顶替，当销钉剪断，泵压会突然下降，并恢复正常替压，直至碰压，双胶塞到底。

⑦确定碰压后，缓慢上提管柱距井底1～2m，管内憋压至25～35MPa，膨胀管胀头开始运行时，观察泵压及悬重变化，胀头脱出压力瞬间落零，此时悬重为投送管柱重量，上提不变。

⑧膨胀结束后，使用水泥车冲洗喇叭口处，防止喇叭口处留有水泥塞或混浆出现。待水泥车冲洗循环2～3周，冲洗掉多余的水泥浆后起钻，施工结束。

(四)现场应用

油田已历经四十多年开发，井筒长时间服役，长井段套漏日益突出，严重影响了井网完善，造成产量损失。东濮老区长期以来主要依靠下4in套管二次完井修复，为油田生产起了重要作用，但是因其内径小(ϕ86mm)，为生产和维护带来了麻烦。

针对目前长井段套损井修复技术手段均存在不足的问题和东濮老区长井段套损井治理现场工作量大的需求，研发了一种更大内径完井的新工艺，不断完善长井段套损井现有修复手段。经过实验研究后现场成功应用于卫95－侧203井。

(五)存在不足及改进方向

虽然该工艺在中原油田成功应用，但是配套工具没有实现规模化，应用井例少，工艺成熟度低，并未大规模推广开来，且费用比下4in套管略高。

五、下4in套管加固技术

常规的套管补贴和取换套技术不能解决套管长距离破漏穿孔的难题，为此，采用小套管二次完井工艺，在已损坏套管变薄的ϕ139.7mm油层套管内全井或悬挂下ϕ101.6mm套管二次固井完井，对修复套损井、细分层系、改善吸水剖面、完善注采井网、实施增产增注、恢复储量、提高经济效益具有重要意义。

(一)技术原理

1. 液压尾管悬挂器

液压尾管悬挂器结构示意图如图1－4－12所示。采用液压坐挂、机械丢手的方式。

使用时配合专用的送入工具，将悬挂器及尾管下入到井内设计深度。投球，当球到达球座后憋压，压力通过尾管悬挂器本体上的传压孔传到液缸内，推动液缸上行，剪断液缸剪钉，再推动卡瓦上行，卡瓦沿锥面胀开，楔入悬挂器锥体和上层套管之间的环状间隙里，当钻具下放时，尾管重量被支撑在上层套管上。继续憋压，憋通球座，建立循环。固井前，正转倒扣丢手，按固井要求循环后固井。施工结束后，提出送入工具。

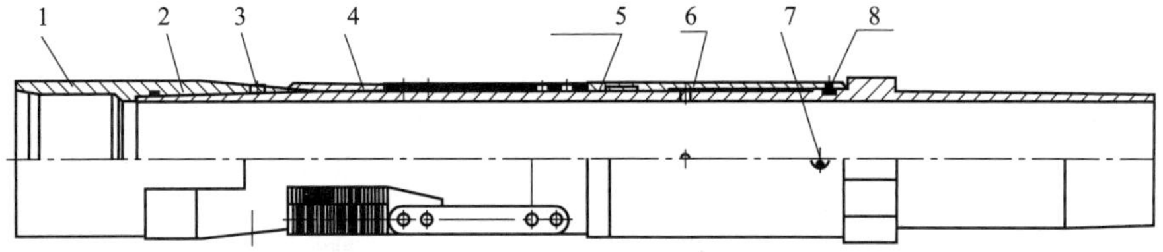

图 1－4－12 液压尾管悬挂器结构示意图

1—锥套；2—本体；3—螺钉；4—卡瓦；5—推杆支撑套；6—液缸；7—导向螺钉；8—剪钉

2. 液压扶正器

液压扶正器结构如图 1－4－13 所示。ϕ101.6mm 套管液压扶正器连接好后，打压 10MPa，活塞推动分瓣扶正体开始向上爬坡，扶正体瓣撑出最大外径达到 125mm，贴到 ϕ139.7mm 套管内壁上，同时扶正体后半部分有步进锯齿锁紧螺纹，与主体上的锯齿螺纹啮合在一起，卸压后整个分瓣扶正体不能退回，从而确保了 ϕ101.6mm 套管在 ϕ139.7mm 套管内居中。

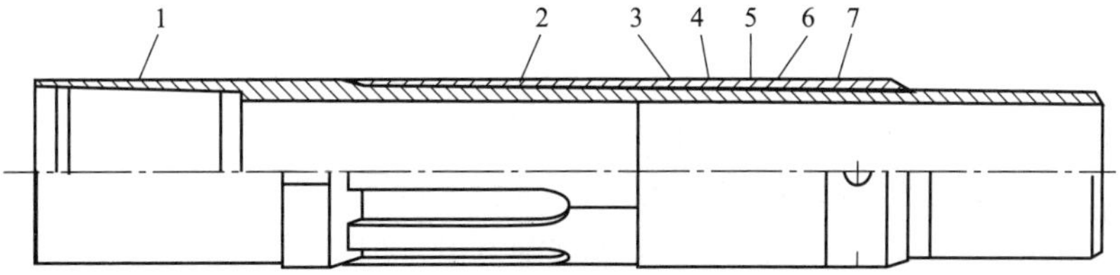

图 1－4－13 液压扶正器结构示意图

1—主体；2—扶正体；3—活塞；4—密封圈；5—挡圈；6—顶环

3. 延迟固井技术

在原 ϕ139.7mm 井筒内下入 ϕ101.6mm 套管，注入缓凝固井水泥浆，使水泥浆液面返至一定高度，待水泥浆液面回落，再将 ϕ101.6mm 套管回插，最后候凝完井。该工艺较好地解决了小间隙、窄环空井眼的固井问题。

（二）技术特点及技术指标

1. 技术特点

①可实现 ϕ139.7mm 井筒小套管二次完井。

②悬挂器可满足延迟固井工艺要求，工序简单、高效、灵活。

③套管扶正器的应用能够保证套管居中和水泥浆均匀分布，避免出现段塞、气塞等情况。

2. 技术指标

（1）液压尾管悬挂器

基本参数见表 1－4－6。

表 1-4-6　基本参数

适用套管的管壁厚/mm	额定载荷/kN	锥体锥度	坐挂后卡瓦张开外径/mm	液缸剪钉剪断泵压/MPa	球座剪钉剪断泵压/MPa	大胶塞剪钉剪断泵压/MPa	投球直径/mm	悬挂器最小通径/mm
9.17、7.72	300	1:5	121.36、124.26	10~12	17~18	12	30	84

(2)液压扶正器

基本参数见表 1-4-7。

表 1-4-7　基本参数

最大外径/mm	最大长度/mm	最大内通径/mm	耐压/MPa
113~114	400	86	25

(3)水泥浆体系

井底静止温度 110℃，井底循环温度 65℃，井底压力 30MPa，水灰比 0.38，密度 1.97g/m^3，析水 0；在 7MPa、90℃条件下，30min 失水小于 43mL。初始稠度为 10Bc 时，稠化时间为 427min。

抗压强度：在 90℃、21MPa 条件下养护，72h 后为 12.1MPa，120h 后为 10.5MPa，168h 后为 26.5MPa，流性指数 n 大于 0.6，稠度系数 K 小于 0.4。

(三)应用场景及配套工艺

1. 应用场景

①套管长井段多处破漏，但未发生错断。

②套管变形、破漏损坏点多、井段较长，修套后可下入。

③投产年限超过或接近十年，井筒虽未破漏变形，但已严重腐蚀，管壁变薄。

④油层层数多，厚度大，非均质严重，水淹程度低，需要进行层间调整。

2. 配套工艺

(1)管柱组合

①悬挂套管组合：浮鞋 + 套管 + 浮箍 + 套管 + 碰压球座 + 无接箍套管(装有扶正块或扶正器) + 磁定位短节 + 无接箍套管(装有扶正块或扶正器) + 悬挂器。

②全井下套管组合：浮鞋 + 套管 + 浮箍 + 套管 + 碰压球座 + 无接箍套管(装有扶正块或扶正器) + 磁定位短节 + 有接箍套管。

(2)施工工艺

①悬挂下套管。打通道，打捞落物：当下部套管破损、变形严重，落物打捞失败时，可采用磨扩铣等处理破损套管及落物，再打捞出井内全部落物；挤堵：下管柱对破漏井段实施化学挤堵，试压 12~15MPa，不漏为合格；下固井及完井管柱：按照要求下组合管柱，要求传输连接的油管(钻杆)密封无渗漏；丢手悬挂器：开泵以小排量泵送投球，憋压至 13~14MPa，稳压 2min 后，缓慢下放。当总悬重下降到送入钻具总重量时，即坐挂成功。下压 3~5t(1t = 1000kgf)，继续憋压剪断球座，并循环泥浆，直至泥浆性能符合固井要求；注水泥：正替前置液、隔离液、水泥浆，下入胶塞后，注顶替液，将胶塞下推至双回压阀短节，使水泥浆全部进入环形空间；起管柱、候凝、投产：起出油管(钻杆)，关井

候凝 72h。测井，固井质量合格后，射孔投产。

②全井下套管。井筒准备：对井筒进行通井、刮削、封窜、堵漏处理，确保井眼畅通，破损段堵漏后试压合格；套管准备：选用合格的 ϕ101.6mm 无接箍套管，用于水泥封固段，封固段以上用有接箍套管；下套管施工：按地质要求设计套管组合，组合应根据井深、套管抗拉、抗挤强度等因素综合考虑设计。全部套管入井后，对管柱吊球试压，合格后进行下一步施工；延迟固井：下 ϕ101.6mm 套管到设计位置，正洗井，正替水泥浆、顶替液并碰阀，上提 ϕ101.6mm 套管，回插上提 ϕ101.6mm 套管，候凝；投产：关井候凝 72h，全井试压合格，进行声幅 - 变密度测井，评价固井质量，后射孔、投产。

（四）现场应用

20 世纪 90 年代之后，随着中原油田开发的深入、套损井的增多，开始逐步引进并推广 5 $\frac{1}{2}$in（外径 ϕ139.7mm）套管侧钻、换井底或原井筒下 4in（外径 ϕ101.6mm）套管，形成了包括延迟固井、套管回插、套管悬挂、套管扶正以及固井质量评价体系等配套技术，下 4in 套管已成为中原油田严重套损井二次完井再利用的主要手段，近五年年平均下 4in 套管（侧钻 + 换井底 + 原井）100 口井以上，有效改善注采井网，实现增产增注和储量恢复。

（五）存在不足及改进方向

4in 套管存在完井内通径小（内通径为 ϕ86mm）、固井质量难以保证等问题，制约了后期生产、措施作业等工作的开展。特别是近几年，4in 套管故障井逐年增多，由于内通径较小，现有修井工具受限，修井周期长、中完率高。

下一步，一方面攻关 4in 套管高效修井技术，包括 4in 套管震击器、小直径高效套磨铣等，提升小套管井修复效率和成功率。另一方面攻关 5 $\frac{1}{2}$in 套管开窗侧钻大通径完井技术，实现 4 $\frac{1}{2}$in 直连套管完井，使完井井筒内径达到 95mm（较 4in 套管增加 9mm），提高完井质量，为后续的生产提供保障，对东濮老区水驱开发提高采收率意义重大。

第五节　落物打捞技术

打捞是针对不同的井下落物，采用相应的打捞工具，将落物捞出的工艺方法。中原油田落物故障井中，以管类落物为主（卡管柱井），对于此类落物井打捞，除公锥、母锥、可退式捞矛等常规打捞工具外，测卡、爆炸松扣、油管切割、震击解卡、高效套磨铣技术的配套应用，能够大幅提升落物打捞效率，是目前油田应用的主要手段；特别是切割 + 复合震击工艺，能够有效解决管类落物小修解卡负荷不足的难题，该工艺已在小修中广泛应用。

一、测卡技术

在油水井解卡打捞作业中，处理井下被卡管柱首先必须测出卡点位置，然后才能实施倒扣或切割作业解除卡钻事故。卡点位置通常采用拉伸公式计算或测卡仪来测量。由于大修井内结构复杂，且受管柱摩阻影响，公式计算法误差较大。而测卡仪则不受影响，可准确确定卡点位置和管柱被卡的松紧程度，同时还可与爆炸松扣、切割工艺组合使用，迅速起出卡点以上管柱，缩短井下事故处理时间。

(一) 测卡仪

1. 技术原理

依据不同材质的管材在弹性极限范围内受拉或受扭时，应变与应力(或力矩)成一定的线性关系的规律，被卡管柱在卡点以上的部分受力时，应变应符合上述关系。而卡点以下部分由于力(或力矩)传递不到则无应变，卡点则位于无应变到有应变的显著变化部位。仪器能精确地测出 2.54×10^{-3}mm 的应变值(油、套管及钻杆在弹性极限内受力时，一般 1.32m 长的管柱最大应变可达到 0.762mm)，二次仪表能准确地接收、放大，显示在仪表盘上，从而测出卡点。

2. 工具结构

测卡仪器结构图如图 1-5-1 所示。

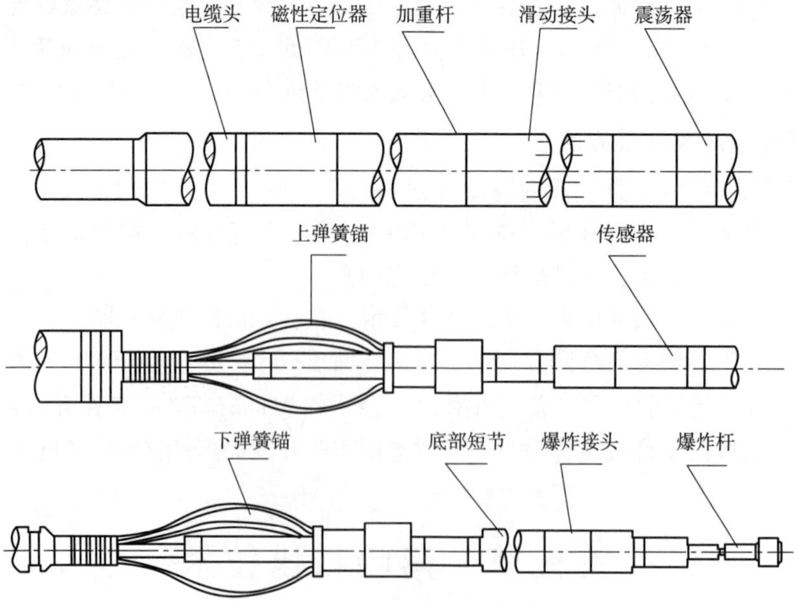

图 1-5-1 测卡仪器结构图

①电缆头。连接电缆和磁定位仪的部件，中间有导线与仪器连接形成一闭合电路。

②磁性定位器。与测卡仪配套使用的是小直径磁性定位器，接在电缆头的下面。

③加重杆。测卡仪的加重杆是空心的，中间有导线，可与仪器接通电路。每根加重杆长 2m，重约 16kg。测卡时通常接 3 根，最多不得超过 5 根。

④滑动接头。内腔是密封的，腔内有双层螺旋形状的导线。内层导线接壳体，外层导线接芯子，将滑动接头与磁定位及传感器连接后即接通电路。

⑤震荡器。该电器件接在滑动接头下部，中间有导线连通。当传感器线圈电感量发生变化时，震荡器频率也发生变化。

⑥弹簧锚。测卡仪有上、下两个弹簧锚，其中间距离是 1.32m。每个弹簧锚是由 4 组弹簧沿圆周均匀分布，每组有两片弹簧，且用螺钉固定在定位座上。用螺旋压簧来调节弹簧的外径，并用中心杆上的定位套与定位环来固定弹簧的外径尺寸。中心杆内有导线。在不同直径的钻具(管柱)内测卡时，应根据钻具(管柱)最小内径选择，使弹簧外径适当，

以保证测试精度。

⑦传感器。传感器接在两个弹簧扶正器之间，当钻柱受拉或受扭时，传感器电阻值变化。

⑧底部短节。接在弹簧支撑体下面。

⑨爆炸接头(配用)。根据实际需要，可配套爆炸切割工具，爆炸接头接在测卡仪的最下部，其下面是爆炸杆，爆炸杆上有导爆索。找准卡点后，通电引爆，可产生震动力。

3. 技术指标

仪器外径：ϕ25mm、ϕ48mm。

待测管柱内径：ϕ60 ~ ϕ298mm。

4. 配套工艺

(1)施工工艺

①调试地面仪表。先将调试装置与地面仪表连接好，再根据被卡管柱的规范，将调试装置上的拉伸应变表调到适当的读数后(应超过预施加给被卡管柱的最大提升力所产生的伸长应变)，把地面仪表的读数调到100，然后把指针拨转归零。同法调试地面仪的扭矩。这样才能保证测卡时既不损伤被卡管柱，又能准确测出正确的数据。

②测卡操作。先用试提管柱等方法估计被卡管柱卡点的大致位置，进而确定卡点以上管柱的重量，并根据管柱的类型，规范确定上提管柱的附加力。

将测卡仪下到预计卡点以上某一位置，然后自上而下逐点分别测拉伸与扭矩应变，一般测5 ~7点即可找到卡点。测试时先测拉伸应变，再测扭转应变。

测拉伸应变：先松电缆使测卡仪滑动接头收缩一半，此时仪器处于自由状态。将表盘读数调整归零，再用确定的上提管柱拉力提管柱，观察仪表读数，并做好记录。

测扭转应变：根据管柱的规范确定应施加于被卡管柱旋转转数(经验数据是自由管柱每300m转3/4圈，一般管径大、壁厚的管柱转的圈数少些)。先松电缆，使测卡仪处于自由状态，然后将地面仪器调整归零，再按已确定的旋转转数缓慢平稳地转动管柱，观察每转一圈时地面仪表读数的变化，直至转完，记下读数值。然后控制管柱缓慢退回(倒转)，观察仪表读数的变化，以了解井中情况。这样逐点测试，直到找准卡点为止。

(2)注意事项

①被测管柱的内壁一定要干净，不得有泥饼、硬蜡等杂质，以免影响测试精度。

②测卡仪的弹簧外径必须合适，以保证仪器正常工作。

③所用加重杆的重量要适当，要求既能保证仪器顺利起下，又能保证仪器处于自由状态，以利于顺利测试。

(二)注磁测卡仪

1. 技术原理

注磁测卡仪是利用机械消磁方法来完成油管、钻杆等管柱的卡点测量。用电缆将注磁测卡仪下入遇卡管柱中，利用注磁线圈给管柱注磁后，再用测量线圈记录注磁曲线。在管柱的弹性范围内反复拉伸管柱，卡点以上管柱会因为机械变形而使注磁点消磁，卡点以下由于管柱无法被拉伸，注磁点不会被消磁，通过再次测量消磁曲线和注磁曲线对比后可确定卡点深度。注磁点越密则测量越准确。

2. 注磁测卡仪结构及组成

注磁测卡仪包括井下仪器和地面控制面板两部分。

①井下仪器整体结构。

井下仪器结构图如图1－5－2所示。

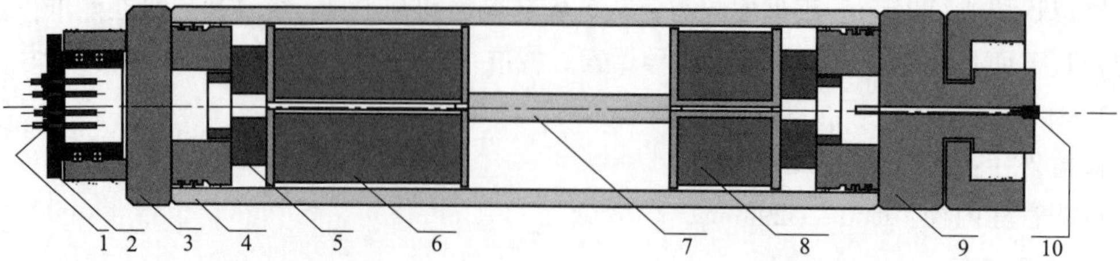

图1－5－2　注磁测卡仪井下仪器结构图

1，10—密封塞；2—密封堵头；3—上接头；4—外壳；5—减震胶块；6—注磁线圈；7—铝制连接杆；8—测磁线圈；9—下接头

②地面控制面板。

地面控制面板主要是控制调节激磁电压的大小，激磁电容充电、放电两种工作状态的转换，充电电量大小等，见图1－5－3。

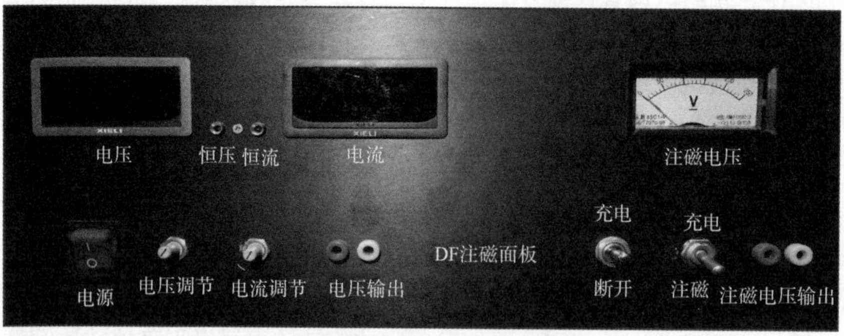

图1－5－3　注磁测卡仪地面控制面板

3. 技术指标

测量仪外壳材质：钛钢；

长度：600mm；

外径：ϕ43mm，ϕ53mm；

注磁线圈阻值：180～200Ω；

测量线圈阻值：3000～8000Ω；

最高工作温度：150℃；

最高工作压力：80MPa。

4. 配套工艺

(1)施工工艺

①以≤1500m/h的测速下至预计卡点以下100m处，同时将所测的节箍曲线与钻井(作业)队提供的管柱结构数据进行对比，确认无误。

②接通注磁测卡仪电源，打开总电源开关。将极性切换开关和注磁开关切换至“充电”位置。

③开始注磁，调整电压调节旋钮，电压到190V以上后，将极性切换开关切换至“注磁”位置。

④注磁完毕。

⑤完成注磁井段内的注磁工作后，将测卡仪下放至第一次注磁深度以下，测量注磁曲线。

⑥注磁成功后起出注磁测卡仪，要求钻井队(作业队)拉伸、扭转遇卡管柱5次以上，进行管柱消磁操作。

⑦再次将注磁测卡仪下放至最深注磁记号位置，测量消磁曲线。

⑧通过注磁与消磁曲线对比，判断确定管柱卡点深度，并与钻井(作业)队技术员协商，确定卡点附近的一个节箍为爆炸松扣的标准接箍或卡点附近避开接箍的切割点位置。

(2)注意事项

①注磁后管柱充分地拉伸、扭转有助于提高卡点测量的准确性。

②注磁电压过高可能会导致管具不易消磁。

③注磁深度点应避开管柱接箍2m以上，最好选在单根管柱的中部，且每根管柱上至少有一个注磁点，且注磁测卡仪每上提到一个注磁深度点后停止注磁，等待3s后方可进行下一步操作。

(三)应用场景

主要应用于钻修井作业过程中卡钻、卡管柱事故的卡点精准测量，为后续爆炸松扣/切割+解卡打捞提供决策依据。

二、爆炸松扣

在修井作业中，爆炸松扣技术被广泛应用。其精准地作用于卡点上方首个接头螺纹，利用爆炸产生的冲击波与强烈震动力，促使接头区域弹性变形，有效实现松扣。面对缺乏反扣钻具或最大上提负荷无法解卡的难题，该技术能一次性取出卡点上方的管柱，尤其在倒扣旋转作业时。爆炸松扣技术定位准确，确保了松扣位置的精确无误，为后续落物顺利打捞提供条件，极大地提升了作业效率与便利性。

(一)技术原理

遇卡管柱经测准卡点后，用电缆连接工具入井至预定接箍深度无误后，引爆雷管、导爆索，爆炸后产生的高速压力波使螺纹牙间的摩擦和自锁性瞬间消失或者大量减弱，迫使接箍处的连接螺纹在预先施加的反扭矩及上提力作用下松扣，爆炸后即可旋转管柱，继续完成倒扣。爆炸松扣产生的关键是测准卡点，并将卡点以上管柱螺纹旋紧。然后施以预提力和反向扭矩，爆炸才能达到预想的效果。爆炸松扣工具基本结构见图1－5－4。

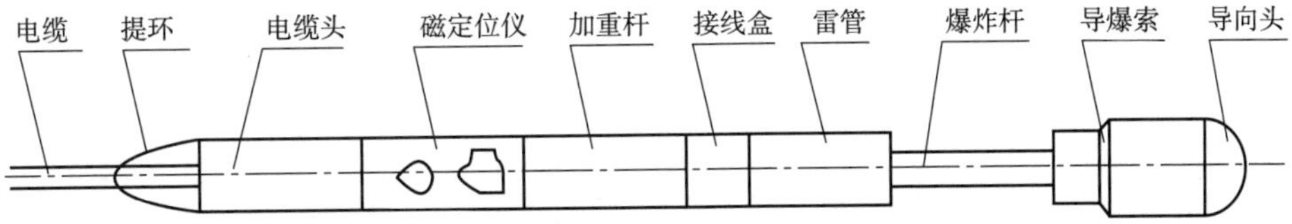

图1－5－4 爆炸松扣工具基本结构示意图

(二)技术指标

①工具最大外径：ϕ45mm；

②耐温：160℃；

③耐压：20MPa；

④导爆索直径：油管 ϕ6 ~ ϕ8mm；

⑤适应井内介质：清水、修井液或原油。

(三)配套工艺

1. 施工工艺

①用磁定位仪找出卡点以上第一个接箍位置。

②将井内遇卡管柱全部紧扣，旋转上扣圈数与反弹回圈数基本相符为止。

③根据管柱内介质情况选择相应的加重杆。

④根据遇卡管柱材质、壁厚、螺纹规格选用爆炸杆及导爆索(直径、药量)。

⑤电缆连接爆炸工具下入井内，至卡点以上第一个接箍。注意爆炸杆应对正接箍，工具下井时，地面所有电源不得接通。

⑥以设计负荷上提管柱，同时施以反扭矩。一般上提负荷为卡点以上管柱悬重增加10%左右，反向扭矩为 $2\frac{1}{2}$in 油管 3 ~ 4 圈/1000m，$2\frac{7}{8}$in 钻杆 8 ~ 10 圈/2000m。

⑦接通地面电源，引爆雷管、导爆索。爆炸后，管柱微微上跳或沿反扭矩方向旋转数圈，说明爆炸松扣成功，然后继续反转，直至全部松倒开。此时，管柱悬重应向下降至预计倒开扣以上管柱悬重，可以起出松扣工具。

⑧现场施工时应注意按操作规范进行，符合技术安全要求。

2. 药量的选择

爆炸松扣应根据卡点深度不同、钻井液密度大小及钻具钢级差别而选用不同的药量。常用钻杆爆炸松扣药量数据见表 1 -5 -1。

表 1 -5 -1 常用钻杆爆炸松扣药量

钻杆规格/mm	钻井液密度/(g/cm³)	炸药量/g										
		0 ~ 300m	300 ~ 600m	600 ~ 900m	900 ~ 1200m	1200 ~ 1500m	1500 ~ 1800m	1800 ~ 2100m	2100 ~ 2400m	2400 ~ 2750m	2750 ~ 3050m	3050 ~ 3350m
60.3	1.20	87	87	87	87	87	87	130	130	130	130	130
	1.68	87	87	87	87	130	130	130	130	130	175	175
	2.16	87	87	87	130	130	130	130	175	175	175	175
73	1.20	87	87	87	130	130	130	130	130	130	175	175
	1.68	87	87	130	130	130	130	130	175	175	175	175
	2.16	87	130	130	130	130	175	175	175	175	220	220
88.9	1.20	130	130	130	130	130	130	175	175	175	175	175
	1.68	130	130	130	130	175	175	175	175	175	220	220
	2.16	130	130	130	130	175	175	175	220	220	220	220

续表

钻杆规格/mm	钻井液密度/(g/cm³)	炸药量/g										
		0～300m	300～600m	600～900m	900～1200m	1200～1500m	1500～1800m	1800～2100m	2100～2400m	2400～2750m	2750～3050m	3050～3350m
101.6	1.20	130	130	130	130	175	175	175	175	175	175	175
	1.68	130	130	130	175	175	175	175	175	220	220	262
	2.16	130	130	175	175	175	175	220	220	220	220	262

(四)应用场景

主要应用于钻修井作业过程中卡钻、卡管柱事故井卡点以上接箍松扣和管柱的快速起出，为后续管柱解卡打捞提供条件。

三、油管切割技术

在处理管类落物导致的故障井时，油管切割技术展现出了卓越的效率，特别是在快速提取卡点上部管柱方面。与传统的倒扣打捞管柱方法相比，该技术大幅缩短了作业周期，从而降低了修井成本。目前，包括爆炸切割、化学切割以及水力机械切割在内的多种成熟技术，已在各大油田得到了广泛应用。同时，电动切割技术在近几年的发展中也日趋成熟，为油管切割作业提供了又一创新且高效的解决方案。

(一)爆炸切割

1. 技术原理

爆炸切割是将聚能切割弹下至卡点以上位置，引爆后将管柱切断的一种工艺方法。爆炸切割工作原理是聚能切割弹利用炸药面的对称聚能效应(聚能效应：炸药爆炸后，爆炸产物在高温高压下基本是沿炸药表面的法线方向向外飞散)，将产生的冲击波、喷射力或是金属热流聚焦在附近的油管上。设计合理的装药结构，将线切割转变为环切割。爆炸切割装置基本结构图如图1-5-5所示。

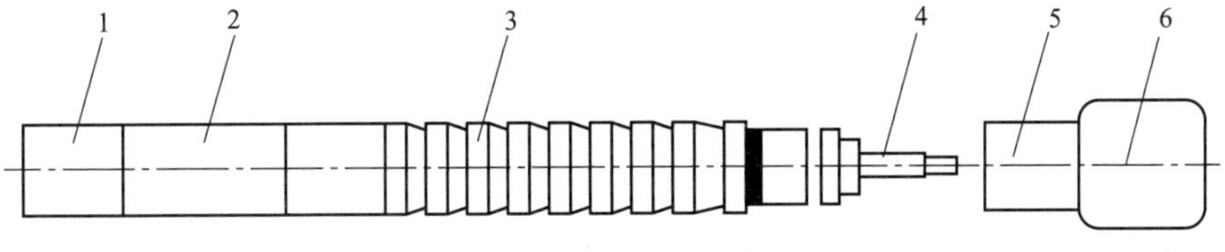

图1-5-5　爆炸切割装置基本结构图

1—上转换接头；2—点火接头；3—延伸杆；4—雷管；5—下转换接头；6—切割弹

2. 技术特点

采用切割弹切割成本低、可靠性高、组装简单，缺点为切割弹为火工品，切面呈喇叭状(见图1-5-6)，后续打捞可能需要修鱼顶。常规爆炸切割解卡需要根据井内遇卡管柱尺寸，通过选择匹配的切割弹进行切割，但若在切割点上部出现管柱变径(缩径)或管柱内腐蚀、结垢堵塞，相应尺寸的切割弹将无法下入，只能采取其他解卡措施。有套管变形情况，建议慎重采用该工艺，避免起油管时喇叭口在变形套管位置遇阻。

图 1－5－6　爆炸切割喇叭状切口

3. 技术指标

工具规格见表 1－5－2。

表 1－5－2　工具规格表

爆炸切割			适用范围			
外径/mm	耐压/MPa	耐温/℃	外径/mm	壁厚/mm	公称质量/(kg/m)	钢级
34.92	140	200	48.26	3.81	4.32	J55、N80、P110
39.69			52.39	3.96	5.06	
42.86			60.32	4.83	6.99	
43.66						
46.04	140	200			6.92	
51.59			73.02	5.51	9.50	
57.15					9.67	
65.88			88.90	6.45	13.84	
68.58						

4. 配套工艺

(1)管柱组合

电缆头＋磁性定位器＋加重杆＋安全接头＋爆炸切割工具。

(2)施工工艺

①连接好管柱组合。

②关闭无线通信设备，切断电源，关掉井场发电机。

③安装雷管，连接导爆索。

④将转换接头和切割弹接到延伸杆下部，并丈量出磁性定位器中部到切割弹切口处长度。

⑤爆炸切割工具下入管柱内，下过井口后，接通仪器电源，工具下放速度不宜超过 3000m/h。

⑥工具下到预定切割深度时，上提至切割深度以上管柱重力多 200～300kN 的载荷，并固定。

⑦利用磁性定位器使切割弹在准确位置点火切割，同时注意观察电缆和管柱是否跳动，做好指重记录。

⑧切割后，工具起出井口前，应切断井场电源及关闭无线电发射设备。

⑨工具起出井口后先拆开电缆头，再拆其余部件。

⑩上提管柱，观察指重表悬重变化，判断管柱是否被切断，若未完全切断，可反复多提拉几次。

(二)化学切割

1. 技术原理

此工具主要包含点火器(引爆装置)、固体推进剂、液体药剂和催化剂等。地面连接好工具串后，电缆下入井内，校深确定切割头所处位置与所需切割管柱设计深度相同，电缆点火后，推进剂燃烧释放出高温高压的气体，推动液体药剂穿越催化剂到达切割头，再从切割头上的一圈小孔射到被切割管柱内壁上，高温高压的气体促进化学反应，管柱被化学反应强烈腐蚀，切断油管。化学切割装置基本结构图如图 1 －5 －7 所示，工作原理图如图 1 －5 －8 所示。

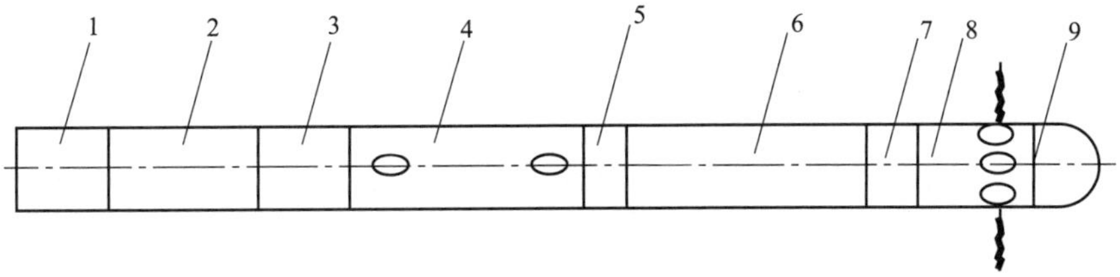

图 1 －5 －7　化学切割装置基本结构图

1—点火室；2—燃烧室；3，5—变扣；4—扶正器；6—火药桶；7—催化剂室；8—切割头；9—尾堵

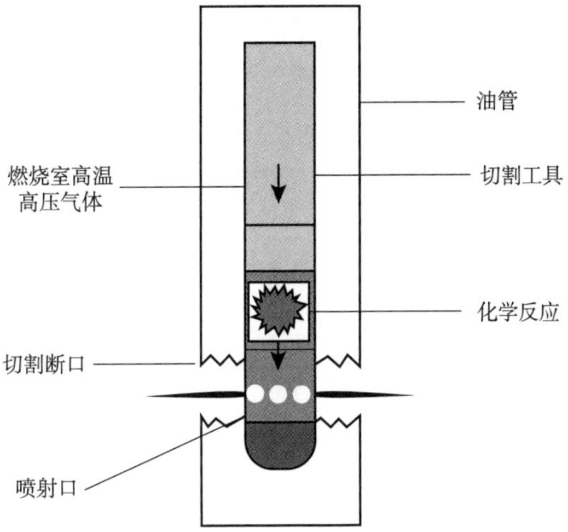

图 1 －5 －8　化学切割工作原理图

2. 技术特点

被卡的油管柱可以在所需要的任意部位割断而不伤害管柱，没有固体残渣。化学切割没有喇叭口(见图 1 －5 －9)，便于以后打捞；切割速度快且成功率高。但化学药剂具有大的危险性、伤害性，无法对空心管柱进行切割，切割时，切割头上部必须充满一定液体。

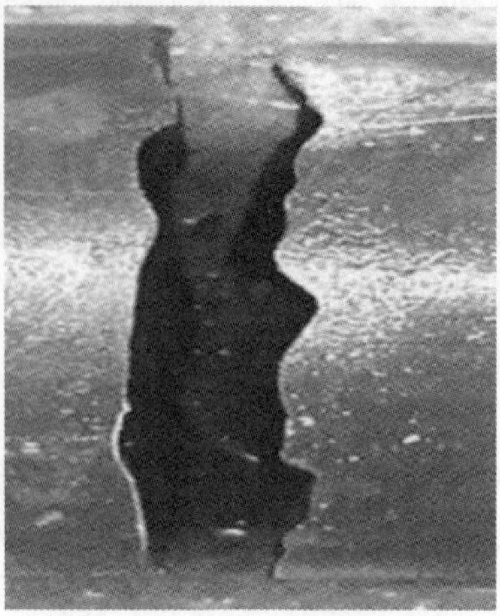

图1－5－9　化学切割切口

3. 技术指标

工具规格见表1－5－3。

表1－5－3　工具规格表

<table>
<tr><th colspan="2">化学切割工具</th><th colspan="3">使用范围</th></tr>
<tr><th>外径/mm</th><th>工具最大开口度/mm</th><th>外径/mm</th><th>内径/mm</th><th>公称质量/(kg/m)</th></tr>
<tr><td>19.05</td><td>26.67</td><td>33.40</td><td>24.31～26.64</td><td>2.68～3.35</td></tr>
<tr><td>28.57</td><td>36.07</td><td>42.16</td><td>32.46～35.81</td><td>3.12～4.49</td></tr>
<tr><td>34.92</td><td>48.26</td><td>48.26</td><td>38.10～41.91</td><td>3.57～5.43</td></tr>
<tr><td rowspan="2">38.10</td><td rowspan="2">51.82</td><td>52.37</td><td>42.42～44.48</td><td>4.84～5.06</td></tr>
<tr><td>60.32</td><td>43.26～50.67</td><td>6.99～11.46</td></tr>
<tr><td>39.69</td><td>53.34</td><td rowspan="2"></td><td>47.07～50.67</td><td>6.99～9.23</td></tr>
<tr><td>42.86</td><td>55.88</td><td>49.25～50.67</td><td>6.99～7.89</td></tr>
<tr><td>44.45</td><td>63.50</td><td rowspan="4">73.02</td><td rowspan="2">52.30～62.00</td><td rowspan="2">9.67～15.92</td></tr>
<tr><td>47.62</td><td>64.77</td></tr>
<tr><td>50.80</td><td>65.53</td><td>55.75～62.00</td><td>9.67～14.14</td></tr>
<tr><td>53.97</td><td>66.04</td><td>56.62～62.00</td><td>9.67～11.75</td></tr>
<tr><td>57.15</td><td>80.01</td><td rowspan="3">88.90</td><td>66.09～74.22</td><td>15.55～23.06</td></tr>
<tr><td>60.32</td><td>82.55</td><td>66.09～77.93</td><td>11.46～23.06</td></tr>
<tr><td>66.67</td><td>80.01</td><td>74.22～76.00</td><td>13.84～15.33</td></tr>
</table>

4. 配套工艺

(1)管柱组合

电缆头＋磁性定位器＋加重杆＋安全接头＋切割工具。

(2)施工工艺

①连接好管柱组合。

②关闭无线通信设备，切断电源，关掉井场发电机。

③将气体发生器与水力锚连接，并通过配合接头连接点火器。

④下入井内工具下放速度不得超过1800m/h，防止顿击、猛冲，以免切割头活塞下移或切割头落井。

⑤接通仪器电源。

⑥当工具下到预定切割深度时，上提至切割深度以上管柱重力多200～300kN的载荷，并固定。利用磁性定位器使切割喷射孔避开管柱接头或接箍，点火切割。

⑦点火后静止等待3～4min，以便化学反应物释放，然后迅速下放电缆，收回锚爪，再上提电缆，起出仪器。

（三）水力机械切割

1. 技术原理

水力机械切割是利用钻杆、油管、连续油管、空心油管等管柱携带切割工具及其他辅助工具下入到井内预定切割位置，用泵注设备使介质（通常为水）获得一定的能量并从管柱内注入，使井下动力工具产生旋转运动，内割刀弹出，从而带动切割工具旋转切割油管。

2. 技术特点

水力机械切割油管本体时工具运行稳定，刀具震动、偏心问题较小，切割断面更为平整，降低了切割事故发生概率。水力机械切割切口如图1－5－10所示。

图1－5－10　水力机械切割切口

3. 技术指标

工具规格见表1－5－4。

表1－5－4　工具规格表

型号	割刀外径/mm	水眼直径/mm	切割管外径/mm
ND—J60	46	12	60.3
ND—J73	57	14	73
ND—J89	67	14	88.9
ND—J102	83	14	101.6

4. 配套工艺

(1)管柱组合

连续油管 + 液压马达 + 定位器 + 扶正器 + 安全接头 + 割刀;

钻杆/油管 + 定位器 + 扶正器 + 安全接头 + 割刀。

(2)施工工艺

①上提被卡管柱，上提载荷应大于切割点以上管柱悬重 10 ~ 15kN，做好吊卡或卡瓦。

②割刀下放速度控制在 0.5 ~ 2.0m/s，平稳操作。

③割刀下到设计位置后，泵注液体，泵压 10MPa，排量 120L/min。

④液压马达或顶驱驱动割刀旋转，割刀在液体压力下张开，卡瓦撑开(连油驱动)，刀片稳定切割。

⑤切割转速控制在 60r/min 以内。

⑥若井口出现震动，且套管有水返出，说明油管、套管已连通，表明油管已被切断，停泵后缓慢降低泵压，直至为 0，起出切割工具。

(四)井下电动切割技术

1. 技术原理

电动切割工具包括地面及井下两部分，通过电缆连接并传递信号，地面系统发出指令控制割刀，地面实时掌握井下切割状态，可完成 $\phi60$ ~ $\phi90$mm 井下管柱切割。切割装置利用直流电机提供轴向和径向运动动力，刀架组件旋转过程中径向出刀，切割完成后，电机反转退刀。锚定装置采用电动液压方式提供锚定动力，断电后液压系统泄压阀自动开启，锚定动力解除，避免硬卡。控制软件能够实现切割动作的控制和过程的可视化。工具结构图如图 1 -5 -11 所示。

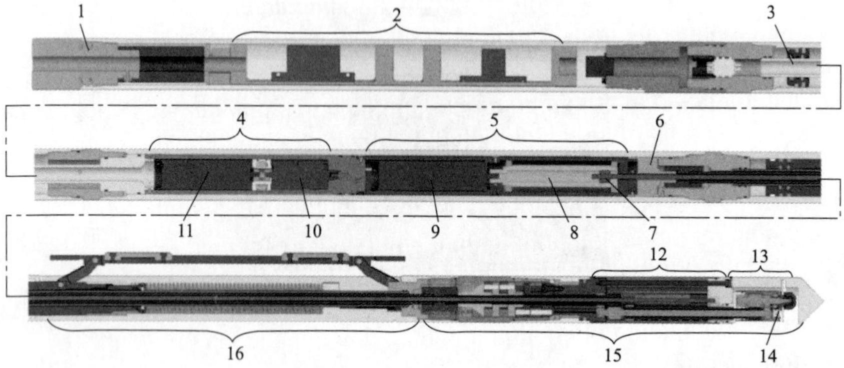

图 1 -5 -11　工具结构图

1—上接头; 2—井下电控及通信单元; 3—补偿油箱; 4—锚定执行系统动力总成; 5—刀头偏转机构动力总成; 6—空心主轴电机; 7—提升螺母; 8—内丝杠; 9—无刷直流伺服电机; 10—油泵; 11—无刷直流电机; 12—刀头基座; 13—刀头; 14—切割片; 15—切割执行系统; 16—锚定执行系统

2. 技术指标

工具规格见表 1 -5 -5。

表 1 -5 -5　工具规格表

最大外径/mm	切割范围/mm	切割速度/(mm/r)	工作电压/V	仪器耐温/℃	仪器耐压/MPa
54	60 ~ 90	0.02	660	150	70

3. 技术特点

仪器直径小，切割可控范围大，配备信号反馈，可在地面实时监测井下切割状态；模块化设计，切割头部位采用快拆设计，可更换多种尺寸刀头；可实现井下单趟多段切割，起下工具时间短。但工具使用和后期维护成本高。

4. 配套工艺

(1)管柱组合

电缆 + 扶正器 + 机械推靠工具 + 扶正器 + 刀头。

(2)施工工艺

①采用电缆将切割工具下到油管内指定位置。

②地面发出指令，锚爪撑开，锚定油管内壁，同时刀具伸出。

③地面发出电机旋转指令，对油管进行切割。

④切割完成后，地面发出电机反向旋转指令，刀具向内收缩，锚爪收缩。

⑤起出切割工具。

(五)应用场景

1. 应用场景

目前油田油管切割主要以爆炸切割为主，但效率和精度较差，在小直径管柱中应用受限；电动切割能够实现准确、高效切割，但应用成本较高。

2. 工艺实施注意事项

①切割工具下入前，测卡确定卡点位置，对无法测卡点的落物，根据落鱼结构及井下情况分析选择合适切割位置。

②切割点应避开接箍。

③对被切割油管进行冲洗，确认有切割通道；对于腐蚀、结垢严重的油管，应使用连续油管处理油管内通道，保证切割工具的顺利下入。

(六)存在不足及改进方向

目前油田大斜度井、水平井数量逐年增加，传统的切割技术采用下钻杆、油管的方法，易出现卡钻事故。连续油管强度高、塑性好，已被广泛应用于钻井、冲砂、打捞、压裂、酸化和测井等作业中。可以利用连续油管固有的强度和柔性，通过自身的下推力将割刀工具输送到切割位置，特别适合大斜度井和水平井。

四、震击解卡技术

震击解卡技术作为卡管柱事故井解卡打捞的重要手段已在油田广泛应用，通过多年来石油工程技术研究院科研人员的不断技术创新，已从传统的单工具震击解卡迭代升级形成针对不同井况的复合解卡技术，大大提升卡管柱井打捞效率和解卡成功率。近年来，随着小修解卡技术应用的稳步提升，进一步降低修井成本，已成为油田解卡打捞的关键支撑技术。

(一)技术原理

1. 震击器(上击器)

当震击器在井内被施以向上的拉力时，卡瓦抱住卡瓦芯轴并阻止卡瓦芯轴向上运动，钻杆同时被拉伸而储存了弹性势能。当向上的拉力达到预调的吨位时，卡瓦芯轴则立即从卡瓦内滑脱出来，钻柱释放出弹性势能，震击垫的上端面将对花键套的下端面产生有力的向上打击。当下放闭合机械式上击器时，卡瓦芯轴推动卡瓦复位。反复重复上述过程，直至达到解卡目的。机械震击器结构图如图 1－5－12 所示。

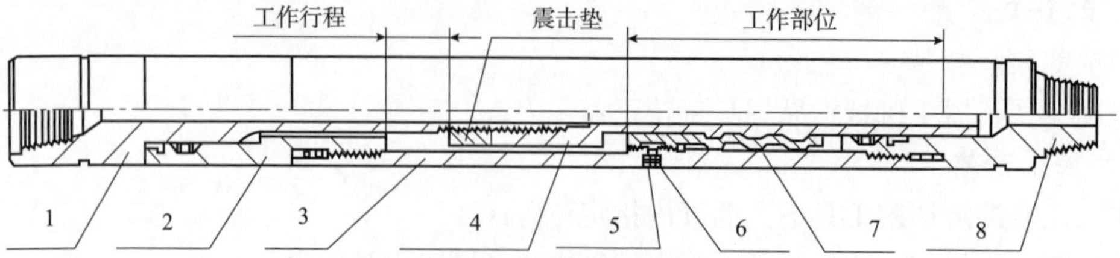

图 1－5－12　机械震击器结构图

1—芯轴；2—花键筒；3—套筒；4—卡瓦芯轴；5—调节环；6—螺堵；7—卡瓦；8—下接头

2. 液压振动下击器

地面泵车泵入流体，液压振动下击器依靠液压驱动工具内部活塞，推动解卡管柱向上运动。当管柱上行至设计冲程后，活塞快速泄压，被举升管柱瞬间下砸。随着地面液体连续泵入，液压振动下击器产生连续上顶和大吨位下击的动作，并作用于卡点，使卡点松动，实现解卡。液压振动下击器原理如图 1－5－13 所示。

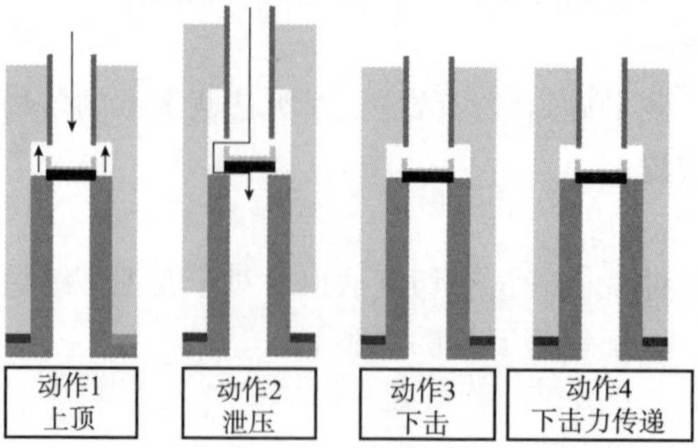

图 1－5－13　液压振动下击器原理

如图 1－5－14 所示，液压振动下击器主要由启动机构、活塞机构和扭矩传递机构 3 部分构成。其中启动机构由分流帽、导向头、弹簧和连接管组成，主要作用是产生压差进而启动工具；活塞机构由球杆、球座、密封组件和活塞管组成，主要作用是推动工具上行；扭矩传递机构主要为花键活塞杆和花键套，主要作用就是传递扭矩。

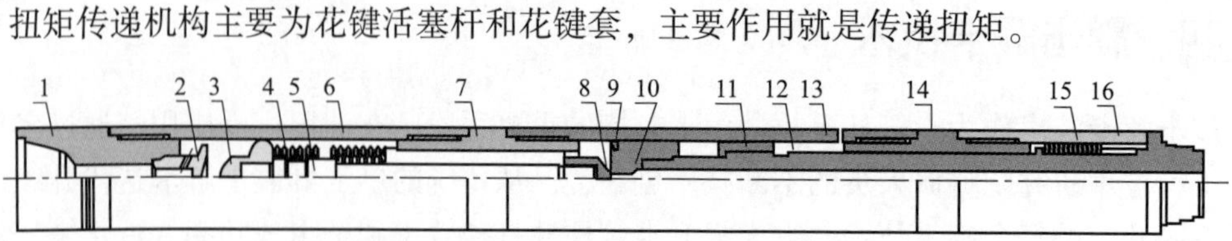

图 1－5－14　液压振动下击器结构组成

1—上接头；2—分流帽；3—导向头；4—弹簧；5—回弹拉杆；6—上连接管；7—导向接箍；8—阀杆；9—刮砂环；10—阀座；11—提拉杆；12—花键杆；13—活塞杆；14—接箍；15—钢珠；16—花键套

3. 液压低频振动解卡器

通过向打捞钻具泵入流体，使工具产生轴向振动，形成 10～20Hz 的强力低频脉冲波，管柱将脉冲能量作用于被卡落物，使落物松动，实现解卡。

如图 1－5－15 所示，该工具主要设计为阀杆弹簧组合和重载弹簧组合两大部分，靠水力冲刷压缩阀杆弹簧组合上的软弹簧，软弹簧推动阀杆下行使阀座关闭，继续依靠水压力压缩阀杆弹簧组合推动重载弹簧压缩，直到阀杆弹簧上的硬弹簧压缩弹力大于阀座口的吸合压力、阀座被硬弹簧迅速回弹，水压力释放，重载弹簧回弹撞击工具内部打击面，完成一个工作周期。持续向工具内泵入液体，则内部产生连续的撞击，形成低频振动效果。

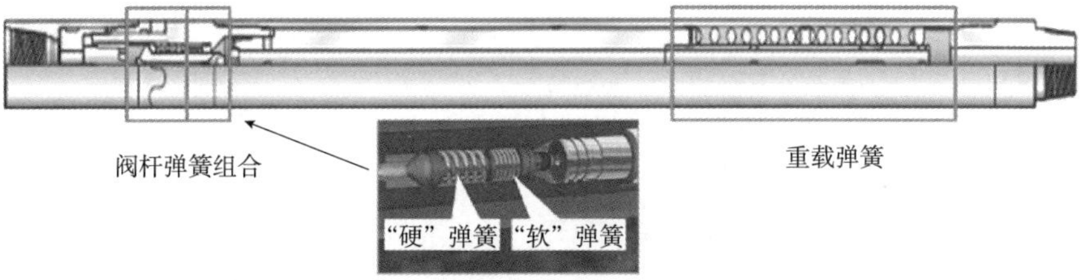

图 1－5－15　液压低频振动解卡器结构组成

4. 组合解卡管柱

鉴于不同井下的技术条件和落物事故的多样性，井内落物的形态各异。为了提升解卡管柱的适用性和解卡作业的成功率，振动解卡工具作为一套辅助工具，在与震击器协同作业时，会根据落物的具体状况灵活组合，形成三套针对性的组合解卡管柱。这些组合能够有效应对各种卡封工具卡阻、砂卡、盐卡、套管变形卡阻等复杂情况，极大地提高处理效率。此外，该工具还具备广泛的应用潜力，可迁移性应用于套管整形配套管柱、通井作业、刮削作业、钻塞作业等安全配套管柱中，展现了其广泛的适用场景和强大的功能性。

(1) 基本配置管柱（见图 1－5－16）

管柱组合：打捞工具＋安全接头＋震击器＋钻铤。

安全接头主要用于在紧急情况下丢手；震击器用于提供向上瞬间打击力作用于卡点；钻铤主要用于震击过程中的管柱配重。解卡时，震击器上击，达到解卡目的。

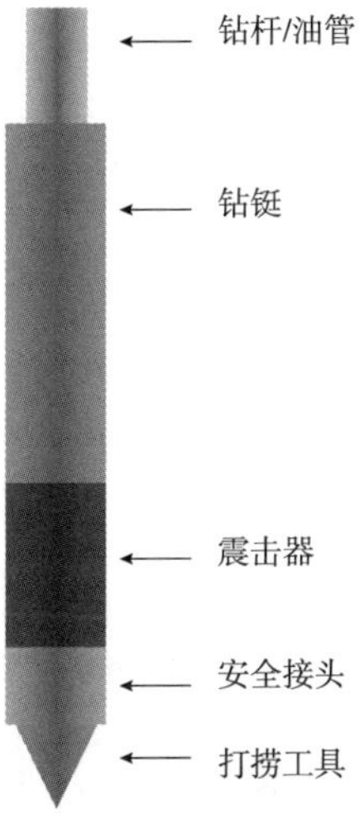

图 1－5－16　基本配置管柱

(2)双向震击配置管柱(见图1-5-17)

管柱组合：打捞工具+安全接头+下击器(液压、开式、闭式)+震击器+钻铤+加速器。

安全接头主要用于在紧急情况下丢手；震击器用于提供向上瞬间打击力作用于卡点；下击器用于在下压管柱的状态下，通过地面泵车启动，将振动波作用于卡点；钻铤主要用于震击过程中的管柱配重。解卡时，震击器和下击器交替工作，达到增加解卡成功率的目的。

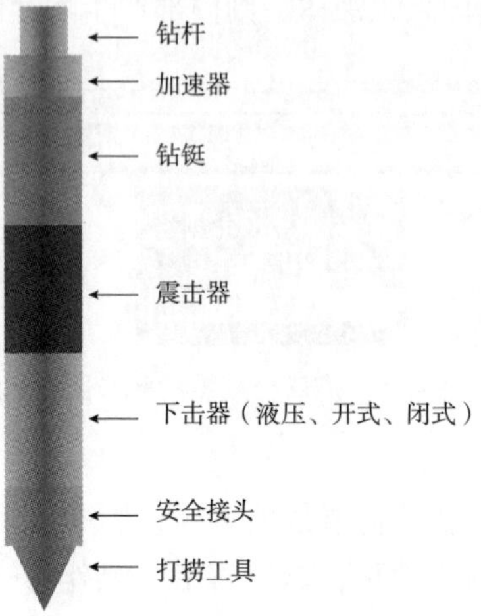

图1-5-17　双向震击配置管柱

(3)多功能震击管柱配置组合解卡管柱(见图1-5-18)

管柱组合：打捞工具+安全接头+下击器(液压、开式、闭式)+震击器+液压低频振动解卡器+钻铤+加速器。

安全接头主要用于在紧急情况下丢手；震击器用于提供向上瞬间打击力作用于卡点；下击器用于在下压管柱的状态下，通过地面泵车启动，将振动波作用于卡点；液压低频振动解卡器用于在上提管柱的状态下，通过地面泵车启动，将振动波作用于卡点；钻铤主要用于震击过程中的管柱配重。解卡时，震击器、液压低频振动解卡器、下击器可交替工作，达到增加解卡成功率的目的。

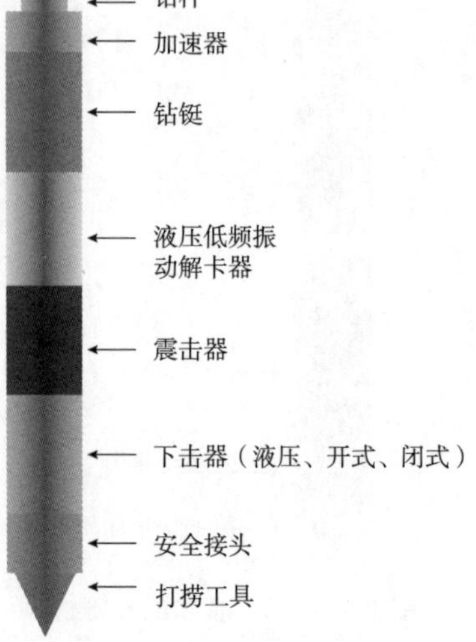

图1-5-18　多功能震击管柱配置组合解卡管柱

(二)技术特点及技术指标

1. 技术特点

①一趟管柱实现多种解卡工艺，丰富解卡工艺手段，提高成功率。

②可满足小修设备施工作业。

③通过工具产生的一定频率的振动，作用于卡点，降低被卡落物与套管壁的摩擦阻力。

2. 技术指标

(1)整体指标

耐温 -40 ~ 180℃；外径 ϕ80 ~ ϕ140mm；工作最大应用井深4066m(国产)、5300m(进口)。

(2)单项技术指标

①机械震击器(上击器)基本参数见表1-5-6。

表1-5-6　机械震击器(上击器)基本参数

型号	JSQ80 ($3\frac{1}{8}$in)	JSQ105 ($4\frac{1}{8}$in)	JSQ108 ($4\frac{1}{4}$in)	JSQ114 Ⅱ ($4\frac{1}{2}$in)	JSQ140 ($5\frac{1}{2}$in)
工具外径/mm	80	105	108	114	140
水眼直径/mm	25	32	32	32	38
工具长度/mm	2000	2128	2128	2128	1886
工作长度/mm	190	250	250	250	180
接头螺纹 API	$2\frac{3}{8}$REG	NC31	NC31	NC31	NC38
密封压力/MPa	20	20	20	20	20

②液压震击器基本参数见表1-5-7。

表1-5-7　液压震击器基本参数

型号	GS80	YSJ102	YSJ108	YSJ114	YSJ46
工具外径/mm	80	102	108	114	121
水眼直径/mm	20	32	38	38	38
工具长度/mm	1724	1804	2041	1986	2114
工作长度/mm	216	229	305	288	290
最大工作扭矩/(kN·m)	3	5	6	7	8
最大震击载荷/kN	120	176	200	240	280
最大抗拉载荷/kN	300	600	700	800	900
密封压力/MPa	20	20	20	20	20

③液压振动下击器基本参数见表1-5-8。

表 1－5－8 液压振动下击器基本参数

项目	外径/mm	长度/m	打击力/t	耐压/MPa	耐温/℃	抗扭/(kN·m)	抗拉/t	套管/mm
参数	105	3.3	80(下击)	35	120	20	120	139.7

④液压低频振动解卡器基本参数见表 1－5－9。

表 1－5－9 液压低频振动解卡器基本参数

项目	外径/mm	长度/m	震击频率/Hz	瞬间撞击力/t	抗扭/(kN·m)	抗拉/t	工作排量/(m^3/h)
参数	112	9.6	10～20	>20	5	>150	10～15

(三)应用场景及配套工艺

1. 应用场景

针对不同类型井下遇卡落物的特点，选择相应的解卡管柱，是提高其解卡成功率和效率的关键环节。不同震击解卡工艺推荐见表 1－5－10。

表 1－5－10 不同震击解卡工艺推荐表

<table>
<tr><th colspan="3" rowspan="2">卡点类型</th><th colspan="3">解卡工艺</th></tr>
<tr><th>下击(开式、闭式、液压)+震击</th><th>震击</th><th>低频振动+震击+下击(开式、闭式、液压)</th></tr>
<tr><td rowspan="3">黏卡</td><td colspan="2">砂、蜡卡</td><td></td><td>√</td><td></td></tr>
<tr><td rowspan="2">水泥、盐卡</td><td>不可循环</td><td></td><td>√</td><td></td></tr>
<tr><td>可循环</td><td>√</td><td>√</td><td>√</td></tr>
<tr><td rowspan="2">点卡</td><td colspan="2">下部有支撑</td><td></td><td>√</td><td></td></tr>
<tr><td colspan="2">下部无支撑</td><td>√</td><td>√</td><td>√</td></tr>
</table>

2. 配套工艺

(1)选择原则

倒出卡点以上管柱后，经打捞抓获落鱼活动管柱法无法实施或效果不明显时，优先考虑震击解卡。此方法除封隔器砂卡、盐卡、垢卡外，在遇有蜡卡、小物件、化学堵剂卡阻的情况下更应优先选用，特别适用于盐卡电泵井。

(2)施工工艺

①向上震击。记录原悬重和原悬重状态下的方入；以最慢速度上提钻柱直到出现初次震击(记录初次震击的提拉力)；缓慢下放钻柱至指重表读数小于原悬重(同时亦应大于方入)，证明机械上击器已被关闭；重复完成多次震击，直至解卡。液压上击：记录原悬重和原悬重状态下的方入；下放钻柱加压 30～100kN，关闭液压上击器；上提钻柱到预定悬重，刹住刹把直到出现初次震击(上击器初次拉开吨位约 15t)；井下震击从较低震击力开始逐渐增大直至解卡，但不允许超过超级上击器规定的最大震击力；重复步骤完成多次震击；其间若配套液压振动器，可通过地面泵车持续泵入流体，保持振动器 15～20 次/s 振动冲击；根据需要可配套加速器。

②向下震击(开式或闭式)。震击前确认基点，在方钻杆上分别做出开式下击器关闭、拉开时标记，即自由行程；记录鱼顶以上钻柱在钻井液中的悬重；上提钻柱至拉开标记，

即打开自由行程；快速下放钻柱至开式下击器关闭标记，砸击卡点；配合上击，重复完成多次下击。

若为液压振动下击器，可通过地面泵车持续泵入流体，保持工具产生连续上顶–下击的振动，降低被卡落物与套管壁的摩擦阻力。

（四）现场应用

20 世纪 90 年代之后，中原油田开始尝试将震击器应用于油水井大修作业解卡，但是因为修井队缺少规范使用和维修保养专业技术支撑，加上当时对于生产管柱震击解卡工艺认识不清，该项技术并未得到规模化应用。

随着东濮老区井况逐渐恶化，常规大修解卡技术（活动解卡、倒扣打捞 + 套磨铣）存在成功率低、施工周期长、费用高的问题，需要对震击解卡技术进行攻关，提高修井的效率，降低修井的费用。

通过研究震击解卡的适用性、自主研发振动解卡配套工具等，形成了以井下震击器为核心、低频振动为补充的遇卡管柱高效解卡技术。国内首创了振动 + 震击复合解卡技术，解卡成功率由 40% 提高至 80%。该技术突破了小修设备（提升负荷小于 60t）解卡的技术瓶颈，单井节省施工成本 43%。“十三五”期间，现场应用 145 井次，成功解卡 123 井次，成功率超过 85%。其中，小修设备修井施工 33 井次，成功率 70%。与常规工艺相比，施工周期缩短约 7d/井次，节约费用 20 万元/井次。

（五）存在不足及改进方向

尽管已形成针对不同井况的配套解卡管柱及工艺，但小修负荷不足问题仍然难以解决，部分小修被迫转为大修完成解卡打捞。

持续开展上击器、下击器等震击解卡工具的结构优化研究和管柱的不同组合设计，以提升小修解卡力，进一步提升修井成功率和效率。

五、高效套磨铣技术

套磨铣工具是修井作业中处理落物磨铣的常用工具。然而，国内市场上的套磨铣工具普遍性能不佳，而国外工具则价格高昂。鉴于这一背景，石油工程技术研究院科研人员深入开展了套磨铣工具的磨铣材料及其制造工艺的研究。通过精心筛选硬质合金、研发新型钎焊材料、应用化学膜工艺，并创新性地开发了磁感应钎焊工艺，成功研制出了高效能的磨铣工具，并形成了一套高效套磨铣技术体系。

（一）技术原理

1. 硬质合金

优选 YT 类超细晶粒硬质合金作为高效套磨铣工具的制作材料，硬质合金化学成分主要为 WC、TiC 和 Co，其中 TiC 使硬质合金材料的硬度和耐磨性得到提高。该种硬质合金材料耐磨性好，纳米级晶粒之间的晶界空隙小，氧化层更致密，抗氧化性优越。高温下元素扩散率低，硬度降低较小，高温硬度高。综合力学性能比普通硬质合金强。

2. 银基钎料

银基钎料以 Ag 为主体合金，其中添加了 Cu、Zn、Ni、Co、Mn、Re、Si、Sn、B 等强化合金元素，塑性较好，可以有效缓解焊接接头处的残余应力，从而使接头处强度较高。熔点低至707℃，高温焊接时银基钎料能较好地润湿铺展在硬质合金和钢体母材上。焊接时在高温的作用下钎料熔化为液态，在毛细作用下液态钎料填充进焊工件间隙从而形成钎焊接头。

3. 复合钎焊工艺

采用炉中钎焊、高频感应钎焊和火焰钎焊复合工艺焊接套磨铣工具，即炉中钎焊预热将工具加热到邻近钎焊温度并充分保温，然后快速出炉放置在感应圈内采用高频感应加热直至整个工具温度升高至钎焊温度，并在钎焊过程中采用火焰钎焊辅助热源，调整整个工具温度场控制的均匀性。炉中钎焊预热能够使被焊工件整体温度迅速均匀升高，降低焊接应力，避免产生焊接裂纹。磁感应钎焊加热效率高、温度可控制，能减轻硬质合金过热和氧化，有利于提高焊接质量。

4. 各类磨鞋

凹底式高效磨鞋如图1－5－19所示，底部硬质合金颗粒在钻压的作用下咬入落物，磨鞋刀板上的硬质合金和刀板背面堆焊的碎硬质合金与落物产生相对转动进行磨铣，磨碎的落物被循环井液带上地面。磨铣钻具组合中应加一定长度钻铤或在钻杆上加稳定器，使磨铣工作平稳。

图1－5－19 凹底式高效磨鞋

扶正式领眼磨鞋如图1－5－20所示，领眼引导磨鞋，领眼部分插入落鱼水眼，刀板硬质合金及刀板背面堆焊的碎硬质合金进行磨铣。磨铣过程类似于车床上的车刀工作，一个刀板就像一把车刀，5个刀翼就像5把车刀，极大地加快了磨铣速度。

图1－5－20 扶正式领眼磨鞋

复合式套铣筒凹底磨鞋如图1－5－21所示，工作时，将复合式套铣筒凹底磨鞋下入井内，井下活动的管、杆类落物被引入套铣筒内，套铣头首先套铣环空中的杂物，处理完环空中的杂物之后，筒内的磨鞋开始工作进行磨铣落物。

图1－5－21 复合式套铣筒凹底磨鞋

(二)技术特点及技术指标

1. 技术特点

①制造的套磨铣工具磨铣效率高，工具使用寿命长。

②能够高效磨铣镍基合金材料 Inconel 718，磨铣效率可达 0.23m/h。

2. 技术指标

①硬质合金和 42CrMo 钢焊缝的剪切强度平均为 260MPa，增加镀膜工艺后达到 293MPa。

②钎料熔化温度为 707℃，熔点比国产磨铣工具使用钎料的熔点降低 80℃。

(三)应用场景及配套工艺

1. 应用场景

通过对套磨铣工具磨铣材料及其制造工艺研究，能够掌握套磨铣工具焊接工艺，同时能够制造出高效、使用寿命长的套磨铣工具，实现高效套磨铣工具磨铣材料的国产化，降低修井作业费用。可应用于井下被卡管柱、封隔器等部件的快速套磨铣作业，满足油气水井井况日益恶化及大修工艺的需要。

2. 配套工艺

(1)施工工艺

①在距落鱼顶部 10m 处，记录悬重后测量 50r/min、60r/min、70r/min 空转扭矩、开泵排量 0.55m^3/min，记录泵压。

②探鱼顶，下放管柱下探鱼顶深度，对末根方入做好标记，遇阻下压不要超过 20kN，记录深度。

③磨铣过程根据钻杆初始、中途、结束方入，判断磨铣进尺和磨铣工作面位置。

④在套磨铣作业过程中，定期测量压井液性能，提高排量，增加携带能力；收集循环出的铁屑，称重、备查。

⑤起出套磨铣工具，检查磨损情况并记录。

(2)施工要求

①套磨铣施工过程中，根据钻压、泵压、排量以及蹩跳钻情况合理调整施工参数，提高套磨铣效率。

②禁止长时间在某一深度进行磨铣，防止磨损套管。若出现磨铣进尺不明显或蹩跳钻严重等异常现象，应起出套磨铣工具，检查原因。

③套磨铣施工中尽量提高循环排量，循环返出套磨铣碎屑。

④在套磨铣过程中可以根据鱼顶明显下移情况判断和识别是否解除卡点。

(四)现场应用

该技术配套工具已在中原油田现场实施 120 余井次，特别是在普光油气田对于永久封隔器磨铣，效果显著。普光油气田永久式合金封隔器为镍合金材料，普通套磨铣工具磨铣效率低、打捞周期长，D405－3 井永久封磨铣后，起出磨鞋如图 1－5－22 所示。

(五)存在不足及改进方向

尽管已制备出高效套磨铣工具进行了室内实验和现场应用，并取得了良好的效果，但是未形成批量化生产规模和低价成熟的制造工艺路线，需要配套相应车间和设备实现批量制造加工。

图 1-5-22　自制磨鞋使用不同次数的照片对比

第六节　特殊修井技术

一、4in 套管井修井技术

随着油田开发步入中后期阶段，地层条件与井况日益复杂，油水井套管受损情况越发严重，包括腐蚀破损、形变及错断等问题层出不穷，各类井下事故呈现逐年递增的趋势。为延长油水井使用寿命并有效控制成本，利用既有井筒套管开窗实施侧钻或在原井筒内下入 4in(ϕ86mm 内径)套管已成为一项行之有效的策略。然而，随着 4in 套管井数量的不断攀升，事故井的数量也随之增加。由于这类井的井筒内径狭小，井下生产管柱与套管之间的间隙极为有限，一旦发生井下事故，常规的修井工具往往难以施展，极大地提升了修井作业的难度。近年来，虽然针对小套管井的修井技术有所发展，但仍难以全面满足当前 4in 套管井的修井需求。

(一) 技术原理

1. 高效套铣筒(见图 1-6-1)

采用内径为 ϕ70mm、外径为 ϕ80mm 的进口管材加工成的高效套铣筒，能够实现对油管的精准套铣，一次性完成整根油管的打捞与套铣作业，成功解决了常规套铣筒无法套铣 ϕ60mm 加大油管加厚部分的难题。

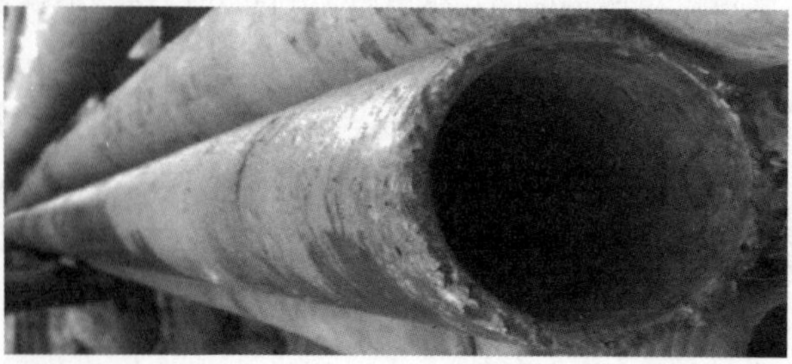

图 1-6-1　高效套铣筒

2. 满眼高效空心磨鞋(见图1－6－2)

采用了四水眼非对称分布的结构，使液流的冲击形成了交变力场，缩小水眼直径，可以增大冲击压力梯度及增大射流。不仅能够充分冷却硬质合金切削刃，而且可以通过射流冲击作用与漫流横推作用，清除携带磨铣的铁屑，有效净化工作面，保证优质高效地冷却合金和冲洗碎屑。上水眼侧焊 YG8 纽扣合金，无水眼侧两钢板之间焊满粒度 YD 合金。

图1－6－2　满眼高效空心磨鞋

3. 小直径沉淀杯

在套管和钻杆环形空间中高速修井液的冲洗作用下，碎屑颗粒或小件落物随修井液一道沉淀在沉淀杯中，小颗粒仍然随修井液上返到地面，以达到将井底固体碎屑颗粒和小件落物携带入沉淀杯的目的。

4. 可捞式安全退扣器(见图1－6－3)

在处理井内遇卡钻杆的施工中，可将该可捞式安全退扣器紧接在工具的上端，一旦发生提不动、倒不开的现象，就快速上提剪断销钉，进行循环，避免砂、垢、碎铁屑沉淀卡钻造成事故复杂化，洗净井筒后从可捞式安全退扣器退出上半部分，再通过下带震击器及安全退扣器退出上半部分对扣震击解卡，或直接进行套铣打捞等工序，将可捞式安全对扣器及落物一起捞出，省去磨铣工序，从而满足了修井施工的需要。

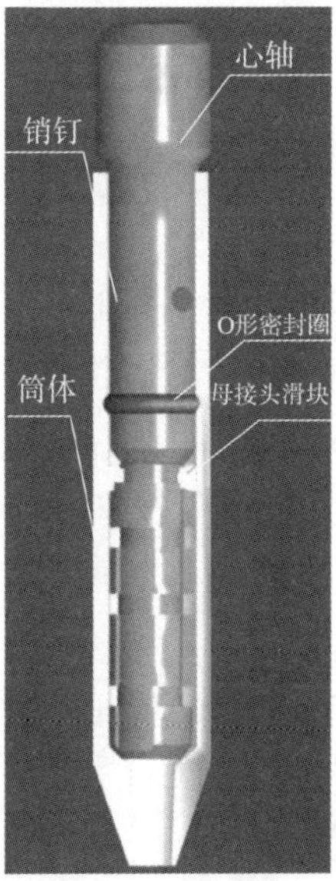

图1－6－3　可捞式安全退扣器结构示意图

(二)技术特点及技术指标

1. 技术特点

①4in 套管内薄壁高效套铣筒、满眼高效磨鞋与高效沉淀杯，三者配套组合运用安全、高效，提高修井打捞效率 20% 以上。

②可捞式安全退扣器可代替普通安全接头的安全装置，既不影响打捞，又不影响洗井工作，性能安全可靠。

2. 技术指标

(1)高效套铣筒

外径 ϕ80mm；内径 ϕ70mm；长度≥9.5m；钢级 P110 以上。

(2)满眼高效空心磨鞋

外径 ϕ78 ~ ϕ82mm，水眼内径为 ϕ8mm，水眼侧焊 YG8 钮扣合金，无水眼侧两钢板之间焊满 YD 合金。

(3)小直径沉淀杯

外径 ϕ80mm、内径 ϕ66mm、钢级 N80，沉淀杯内杆外径 ϕ50.4mm、内径 ϕ32mm、钢级为 N80。

(4)可捞式安全退扣器

外径 ϕ81mm，抗拉载荷可达 700kN，抗扭矩可达 8kN · m，密封压力可达 25MPa。

(三)应用场景及配套工艺

1. 应用场景

以上工具可配套应用于 4in 套管内落物打捞，提升打捞效率。

2. 配套工艺

(1)选择原则

根据井下落物情况，选择套磨铣方式及高效套磨铣工具，有效提升小井筒落物打捞效率。

(2)施工工艺

1)高效套铣筒

管柱配套：高效套磨铣筒 + 可捞式退扣器(或安全接头) + 小直径沉淀杯 + ϕ60mm 非标反扣钻杆 + 变扣 + ϕ73mm 反扣钻杆。

工艺要求：在套铣起始阶段，务必控制低钻压于 3kN 以内，控制转速在 60r/min 左右，先磨合好铣头后，再进入正常套铣；进入正常套铣后，逐渐增加钻压至 10 ~ 30kN，使转速控制在 70r/min 以内，排量≥300L/min；施工泵压预计≥8MPa，才能发挥该套铣头良好的切削性能；使用过程中严禁顿钻和猛提猛放，以免损伤刀片，影响套铣头的切削性能。

2)满眼高效空心磨鞋

管柱配套：高效空心磨鞋 + 可捞式退扣器(或安全接头) + 小直径沉淀杯 + ϕ60mm 非标反扣钻杆 + 变扣 + ϕ73mm 反扣钻杆。

工艺要求：参考高效套铣筒工艺要求。

3)可捞式安全退扣器

若在施工中遇见提不动、倒不开的现象，一般情况下已经无法进行循环冲洗，上提大于钻具悬重200kN剪断退扣器销钉，上部筒体上行一段距离，露出起密封作用的O形密封圈，立即开泵循环，洗出井筒内在打捞前未洗净的砂、垢、铁屑避免再次下沉，卡住打捞钻具；洗净井筒后，下放钻具至悬重后，缓慢上提5～10cm，反转钻具90°上提即可退出可捞式安全退扣器上部筒体，并随钻具带出地面，而留在井内的下部机构外径最大只有 ϕ81mm。

可根据情况采取先套铣再打捞的常规打捞方法，井内剩余部分即可连同落物被一起捞出。也可以套铣完落物，再下入可捞式安全退扣器上部筒体进行对扣，对扣后就地把被套落物倒开，起钻即可把落井工具及落物一起起出地面。

（四）现场应用

2019年以来，4in套管井修井技术逐渐广泛应用于落物打捞，落物打捞效率较之前常规工艺提升30%以上。

（五）存在不足及改进方向

尽管已形成部分针对4in套管井修井技术，效率有所提升，但套磨铣打捞效率远低于震击解卡等工艺，需进一步攻关小井筒修井技术。

下一步将加强4in套管井震击解卡技术研究及快速打捞安全管柱设计，进一步提升落物打捞效率，降低修井成本。

二、大斜度井及水平井修井技术

对于大斜度井或水平井，由于长井段管柱受钟摆力和摩擦面积大的双重作用，易造成卡管柱、落物问题，而常规的震击解卡等手段无法解决大斜度井、水平井修井管柱轴向载荷和扭矩因井斜角过大造成损失，甚至无法传递到水平段的问题，井下增力打捞技术作为中原油田特殊修井储备技术，可有效提升此类特殊井打捞效率和成功率。

（一）技术原理

使用时下接捞矛（捞筒），随管柱入井，捞矛（捞筒）捞住落鱼，上提管柱一定负荷，使该工具呈拉开状态。从管柱内加压，锚定部分在液压力的作用下，将打捞管柱锚定在套管上。该工具的活塞缸相对套管壁固定不动，同时压力通过内部各级活塞上的传压孔推动各级活塞产生向上拉力，该大吨位的拉力直接作用于落鱼。当增力部分通过下接头举升落鱼上提至液缸工作行程后，活塞和活塞缸位置密封处于自动卸压，此时停泵泄压。待锚定部分自动收回后，慢慢上提管柱，使它复位，继续上提管柱一定负荷，如果能将管柱起出，则说明原管柱已解卡，起出全部管柱即可完成打捞作业。液压增力打捞器结构如图1－6－4所示。

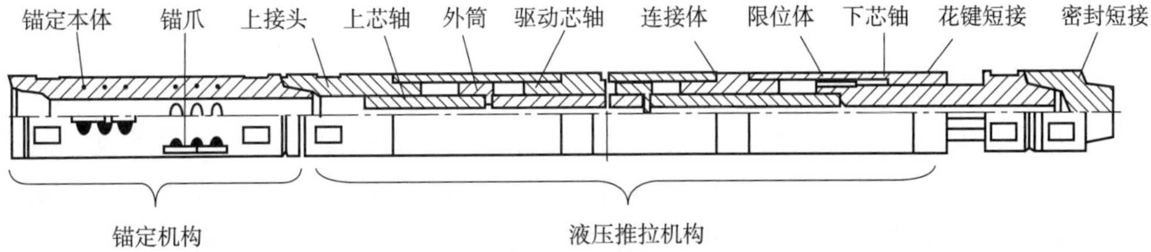

图1－6－4 液压增力打捞器结构图

(二)技术特点及技术指标

1. 技术特点

①速度快、成本低。利用小修设备成本降低1/3，同时修井效率提高50%以上。

②适应性强。小修设备可用，修井力直接作用在鱼顶位置，解决了大修无法实现水平井修井的难题。

③成功率高。利用多级液缸实现增力，最大可实现1000kN的提升载荷，是普通小修设备作业能力的2倍，解卡能力大幅度提升，提高修井成功率。

2. 技术指标

液压增力打捞技术指标见表1-6-1。

表1-6-1 液压增力打捞技术指标

工具外径/mm	水眼直径/mm	液压缸级数	节流嘴直径/mm	总长/mm	液缸行程/mm	最大工作载荷/kN	额定压力/MPa	工作温度/℃	最大扭矩/(kN·m)	抗拉强度/kN
114.3	22	5	16	5000	220	1000	70	150	5.3	1250

(三)应用场景及配套工艺

1. 应用场景

应用于大斜度井、水平井井下落物、被卡管柱的打捞，小修适用。

2. 配套工艺

①下管柱前使用通井规通井，确保套管畅通无变形，并对下井管柱试压至增力器最高承压，以防打压过程中打捞管柱爆裂、漏失。

②配套应用提放式可退打捞工具，以便解卡无效时能顺利起出增力器，防止事故复杂化。

③由低压向高压逐步加压，每个压力值应反复多次加压，严禁一次加压过高且最大加压不得超过增力器最高承压，防止拔断防砂管或损坏增力器。

④打捞斜深不应超过3500m。

(四)现场应用

目前中原油田大斜度井、水平井数量较少，该技术并未在现场进行应用，只作为技术储备。

(五)存在不足及改进方向

大斜度井、水平井增力打捞技术配套还不完善，需加强被卡管柱卡点以上管柱快速打捞技术研究，如水平井倒扣技术、切割技术的研究，进一步缩短修井周期。

三、电泵机组打捞技术

在涉及电泵起下作业的过程中，常会遇到多种复杂井况，如管柱因砂、蜡、小物件、电缆卡子脱落、电缆断脱堆积或套管损坏等因素导致的卡阻现象。这些卡阻不仅会阻碍机泵组的正常运行，还可能因管柱活动空间受限而引发电缆断裂，进一步造成电缆脱落堆积，严重卡阻整个工艺管柱。针对此类复杂井况的处理，通过长期实践和技术探索，逐渐积累并形成了一套系统的处理技术。

(一)电泵故障类型

(1)砂卡埋电泵

由于油层吐砂严重，机泵组与套管的环形空间又比较小，沉砂将机泵组以下的管柱或机泵组砂卡、砂埋，造成整个工艺管柱遇卡阻，不能正常起管柱。

(2)蜡卡阻电泵

一般情况下，电泵处在油井结蜡或稠油凝析深度以下，这些析出的蜡或稠油长时间集聚变成较硬实的结块而阻卡机泵组。

(3)小物件卡阻电泵

掉入环空的螺栓、螺母、电缆卡子等，虽然物件小，但由于电泵外径较大，与套管环形空间间隙很小，特别是电机的侧向凸出与电缆连接处，工作外径更是较大，这种小物件一旦落入环空，将使机泵组严重受卡阻。

(4)电缆脱落堆积卡阻电泵

若在起电泵管柱作业中，电缆不能与管柱同步，或者上提负荷过大，电缆拔脱、拔断，使电缆脱落堆积，造成电缆堆积卡阻电泵。

(5)套管破损卡阻电泵

由于电泵的机组处或机泵组以上某处的套管变形，错断、内凹型破裂等多种形式套损，使机泵组的工艺管柱受卡阻而拔不动。

上述五种卡阻电泵类型中，第4、第5两种类型卡阻复杂，处理起来也较麻烦，施工难度相对较大，施工周期也相对较长。

(二)综合处理措施

对电泵故障井的处理一般需对故障类型进行调查落实，然后根据故障类型、卡阻特点、现有设备、专用工具、工艺技术配套情况等采取综合技术措施。

电泵故障井的一般处理原则是：打捞为主，铣、磨、修为辅，常规和专用工具结合，大段割取油管、电缆，整体处理机泵组。

1. 电缆脱落堆积的处理措施

电缆脱落堆积，一般呈螺旋状沿油管柱盘落在套管内壁上，遇阻后，首先在顶部堆积。井内无油管时，堆积状况也大体相同。对于这种堆积卡埋机泵组的井况应采取以下措施：

(1)有油管柱电缆堆积的处理

循环工作液，确认油管无堵塞时，采取切割油管(或倒开油管)的办法，将油管尽量由泵组以上泄油阀处割断(或倒开)。割断后起出油管柱，打捞电缆。

(2)无油管柱电缆堆积的处理

完全在套管井眼内的电缆脱落堆积，应优先使用专用电缆捞钩打捞，打捞工具的使用原则是：下得去、抓得着、起得出、有退路、不增加新的落物。

打捞相对松散的电缆，首先采用活齿外钩，其次是常规的内钩、内外组合钩、壁钩等钩类工具。

打捞压实的电缆时，应先用螺杆锥钻一长孔，直径应与活齿外钩相近或稍大于外钩1～2mm，然后再下相应的活齿外钩打捞。

2. 电缆和油管均未断脱的处理

电泵机泵组遇卡阻后，油管未拔断脱，电缆尚处于原下井状态时，应采取切割油管、电缆同步起出的措施，然后再打捞处理余下的电缆、泵组。

①卡点检测。

②取出卡点以上管柱和电缆。根据卡阻点深度，切割卡点以上管柱，应首选聚能爆炸切割油管。在切割时，上提管柱，同步起出油管与电缆。

③震击解除油、蜡、砂及小物件卡阻。卡阻点以上油管、电缆同步起出后，下打捞震击组合管柱，对卡阻施以震击，解除砂卡、死油卡、蜡卡、小物件卡阻。

④修整损坏套管。若套损位置在机泵组以上，则打印，修套，然后打捞；若套损位置在机泵组偏下的电机部位，则尝试上击；若套损位置在机泵组部位，则下击、打印、修套，再打捞。

3. 机泵组打捞处理措施

机泵组的处理原则是：以捞为主，铣磨为辅，捞磨结合，解体处理。

4. 铣磨钻措施

以上综合措施无效或效果不明显时，最后采取铣、磨、钻方法，将机泵组磨铣掉。

(三)专用工具

电泵故障比较突出的难题是电缆堆积卡阻和套损卡阻，因此在处理措施上常以打捞电缆，修整套损部位、捞取机泵组的措施为主。为此，专用工具和常规工具则可分成电缆打捞工具、管柱打捞工具、机泵组打捞工具和辅助工具等五种类型。

1. 电缆打捞工具

电缆打捞工具常用钩类打捞工具，而钩类工具中又以活齿外钩为优先选用型，其次为固定齿外钩、内钩、内外组合钩、壁钩(属特殊型)等。

2. 管柱打捞工具

电泵管柱打捞工具一般与常规打捞工具基本相同。包括可退式倒扣捞矛、可退式倒扣捞筒、短鱼头捞筒、接箍打捞筒以及其他可退式打捞工具。

3. 机泵组打捞工具

电泵的电机、泵组外径一般都较大。泵组外径在 $\phi98 \sim \phi101.6$mm，电机最大外径在 $\phi107$mm ~ $\phi115$mm；而 $5\frac{1}{2}$in 套管，特别在油层井段套管内径相对较小，一般为 $\phi124$mm 左右。因此，机泵组的打捞筒筒体应相对薄些，考虑应与套管保留足够的间隙以便起下。一般筒体、接头、卡瓦等应选用特种高强度无缝钢管和高强度硬性材料制造。

(1)泵组卡瓦捞筒

筒体最大外径控制在 $\phi118 \sim \phi120$mm。卡瓦牙内打捞面处理 HRC 硬度不低于 58，牙尖角为 85°。

(2)电机捞筒

捞筒最大外径为 $\phi122$mm，卡瓦 HRC 硬度控制在 52 ~ 58，牙尖角为 60°。

(3)特殊薄壁母锥

外径为 $\phi120 \sim \phi122$mm，打捞造扣螺纹为 8 扣/in，锥度 1 : 16，牙尖角 90°，牙尖工作高度 1.5mm 左右，处理 HRC 硬度在 58 ~ 62，以便造扣打捞。

(4)铣磨钻工具

机泵组打捞无效时，可以最后选用铣磨钻工具，对泵组电机进行磨铣，铣磨钻工具与常规工具相同。

4. 辅助类工具

在处理电缆、打捞管柱、机泵组时，除专用工具、常规工具外，一般常配套使用辅助工具，以加强效果和增强安全性。一般包括聚能切割炸弹、机械式内割刀、震击类工具、安全接头、铅模。

(四)施工工艺

试提原井管柱，测试卡点，处理卡点以上管柱与电缆。

(1)切割

选择合适切割方式切割断卡点以上管柱，正旋管柱 10～20 圈，使电缆尽量多在管柱上缠绕，然后起出卡点以上管柱，电缆与管柱应同步起出。

(2)倒扣取管柱

也可选择倒扣法取出卡点以上管柱，应根据卡点深度，正确选择中和点深度倒扣，一次尽量多取出卡点以上管柱。

(3)卡阻点井段的处理

死油、死蜡卡阻型，切割后用热洗方法化蜡，循环挤入洗井液，一般可使用清水，温度 70～80℃，使死油、死蜡完全溶化，并被冲出，之后同步起出被割断的卡点以上管柱和电缆。

对砂卡、小物件卡、套损卡阻机泵组的井况，同步起出割断的管柱和电缆后，采用冲砂、套铣、修套、震击等手段打捞残余电缆。

第二章　增产增注技术

在油田开发过程中，由于储层物性差，难以获得理想的油气产量。在生产过程中，由于作业措施及其他原因造成储层伤害，使油井产量下降、水井注水效果不佳，从而影响油田整体开发效果，特别是非均质多油层油藏，影响尤为严重。增产增注技术是针对油气田开发过程中，为提高油气产量、改善油水井开发效果而采取的一系列工程技术措施。这些技术旨在克服地层压力下降、油气藏渗透率低、流体流动阻力大等问题，从而实现油田的高效开发和经济效益的最大化。目前，主要的增产增注技术有解堵、压裂改造、压驱注水、注采调控、堵水堵漏等技术。这些技术的选择和应用取决于油藏的具体地质条件和开发阶段。

第一节　解堵技术

中原油田以中低渗油藏为主，在钻井、完井、生产及作业过程中油气层容易受到伤害，针对不同伤害情况，采用不同的解堵工艺技术。油田经过多年科研攻关，解堵技术不断完善，形成一套较为系统的可适应不同油气藏地质特征的解堵工艺技术，主要包括酸化解堵、非酸化解堵和复合解堵技术。

一、酸化解堵技术

酸化解堵技术是一种常用的油田增产增注措施，主要用于解决由于地层中的矿物沉积或基质堵塞而导致的油井产量下降和水井注水压力升高问题。通过向井筒内注入酸液溶蚀地层岩石矿物及钻井、完井、修井、作业过程中的堵塞物质，恢复或提高油气流体的流动性能。

(一) 土酸酸化解堵技术

针对钻完井过程中的泥浆污染和作业过程中的基质堵塞，分析油藏地质特征和伤害状况，从有效解除污染堵塞、避免二次伤害、优化防腐性能出发，采用岩心失重实验、腐蚀静态评价、破乳效果分析等手段，于 1984 年研究形成了土酸酸化技术。在此基础上，针对有机堵塞，优化改进土酸体系，研发了以胶束溶剂 JS841 + 土酸为主要成分的胶束酸。

1. 技术原理

土酸解堵液以盐酸和氢氟酸为主体，主要解除近井地层堵塞，实现油井增产、水井增注。将土酸解堵液直接挤入地层，用盐酸解除钙质、铁质堵塞；用氢氟酸解除砂岩地层硅质矿物堵塞，溶解近井砂粒之间的胶结物和部分砂粒，及孔隙中泥质堵塞物和其他结垢物，恢复和提高井底附近地层的渗流能力，增加油气井的产量和水井的日注水量。

胶束酸中含有表面活性剂、互溶剂和有机溶剂，把覆盖在岩石或无机堵塞物表面的油垢渗透溶解，部分油污可增溶到胶束中去(见图2-1-1)。因此，胶束酸具有胶束和解堵液的叠加效应，既可溶解碳酸盐、泥质等无机堵塞物，又可增溶、渗透溶解重质烃，清除有机堵塞物，还可防止原油乳化，使油层保持水润湿，从而提高解堵效果。

其主要发生的化学反应如下所示。

解除铁、钙质矿物：

$CaCO_3 + 2HCl = CO_2\uparrow + H_2O + CaCl_2$

$CaMg(CO_3)_2 + 4HCl = CaCl_2 + MgCl_2 + 2CO_2\uparrow + 2H_2O$

$FeCO_3 + 2HCl = FeCl_2 + CO_2\uparrow + H_2O$　　$Fe_2O_3 + 6HCl = 2FeCl_3 + 3H_2O$

$FeS + 2HCl = FeCl_2 + H_2S$

解除硅质矿物：

$4HF + SiO_2 = SiF_4 + 2H_2O$

$2HF + SiF_4 = H_2SiF_6$

钠长石：$NaAlSi_3O_8 + 22HF = NaF + AlF_3 + 3H_2SiF_6 + 8H_2O$

钾长石：$KAlSi_3O_8 + 22HF = KF + AlF_3 + 3H_2SiF_6 + 8H_2O$

钙长石：$CaAl_2Si_2O_8 + 20HF = CaF_2 + 2AlF_3 + 2H_2SiF_6 + 8H_2O$

高岭石：$Al_2Si_2O_5(OH)_4 + 18HF = 2AlF_3 + 2H_2SiF_6 + 9H_2O$

蒙脱石：$Al_2O_3 \cdot 4SiO_2 \cdot H_2O + 36HF = 4H_2SiF_6 + 2H_3AlF_6 + 12H_2O$

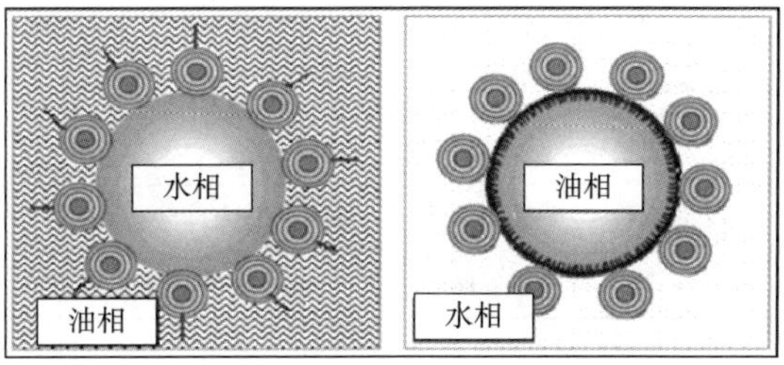

(a)油外相胶束　　(b)水外相胶束

图2-1-1　胶束增溶示意图

2. 技术特点及技术指标

(1)技术特点

①土酸成本低，配制方便、适应性强；

②体系中氢氟酸和盐酸的浓度可根据油层物性及不同岩石矿物组分进行调整；

③胶束酸可解除有机物堵塞；

④施工简单，可应用于不同类型油水井地层。

(2)主要技术指标

①体系耐温140℃，耐盐≤30×10^4mg/L；

②防膨率≤81.3%；

③腐蚀速率2.98g/m^2·h(120℃、N80)；

④胶束酸表面张力≤35.5mN/m，界面张力≤4mN/m。

3. 应用场景及配套工艺

(1)应用场景

①近井地层基质堵塞，需增产增注的注采井；

②新井投产；

③老井转注；

④井筒污染，需洗井的作业井。

(2)配套工艺

①选井原则。井下技术状况完整，无套变、漏失，地层无大孔道、裂缝等，地层酸敏指数小于0.15，无酸敏或弱酸敏。

②土酸的用量和浓度。土酸用量按照式(2－1－1)进行设计。

$$V=\pi\times(R^2-r^2)\times h\times\phi \tag{2-1-1}$$

式中　V——土酸用量，m^3；

h——油层厚度，m；

ϕ——孔隙度，%；

r——井筒半径，m；

R——处理半径，一般为1～1.5m。

土酸中氢氟酸和盐酸的浓度根据渗透率和矿物含量决定，具体见表2－1－1。

表2－1－1　氢氟酸和盐酸的浓度选择依据

矿物	渗透率		
	$>100\times10^{-3}\mu m^2$	$(20\sim100)\times10^{-3}\mu m^2$	$<20\times10^{-3}\mu m^2$
<10%微粒和<10%黏土	12%盐酸+3%氢氟酸	8%盐酸+2%氢氟酸	6%盐酸+1.5%氢氟酸
>10%微粒和>10%黏土	13.5%盐酸+1.5%氢氟酸	9%盐酸+1%氢氟酸	4.5%盐酸+0.5%氢氟酸
>10%微粒和<10%黏土	12%盐酸+2%氢氟酸	9%盐酸+1.5%氢氟酸	6%盐酸+1%氢氟酸
<10%微粒和>10%黏土	12%盐酸+2%氢氟酸	9%盐酸+1.5%氢氟酸	6%盐酸+1%氢氟酸

③注入参数。酸液以没有压开地层的最大排量注入。

④返排工艺。将氮气从油管或环空注入，将反应后的液体返出地面。

4. 应用情况

现场应用土酸酸化解堵1086井次(油井856井次，水井230井次)，胶束酸酸化解堵112井次，累计增油10.59×10^4t。

5. 存在不足及改进方向

(1)不足

土酸作用距离小，穿透能力差；深井返排困难，极易造成地层的二次堵塞。

(2)改进方向

加强土酸综合性能研究，开发低伤害高效酸液体系。

6. 现场实施风险分析与防控措施

(1)风险分析

①施工区域压力高，存在刺漏风险；

②酸液具有腐蚀性，接触皮肤会造成灼伤。

(2)防控措施

①压力过高即停止施工，关井扩散压力，人员远离施工区域并及时汇报；

②如发现井口和管线刺漏，马上停止施工，将溢流导入溢流池中或泵入罐车中，酸液落地及时用烧碱中和；

③操作人员应佩戴护目镜和防护面罩，防止酸液溅到身上，若溅到身上，使用大量清水冲洗，情况严重者立即送到医院医治。

(二)缓速酸酸化解堵技术

由于酸敏性储层采用土酸酸化会产生氟化钙、氢氧化铁等二次沉淀，致使酸化解堵效果不佳。在总结土酸、胶束酸研究经验的基础上，将酸液配方迭代升级，研制了反应速度慢、解堵半径大、二次伤害低的浓缩酸、低伤害酸、多氢酸等缓速酸系列酸化解堵技术。

1. 技术原理

浓缩酸由多元酸和适量的添加剂组成。该酸液反应速度慢，常温下是盐酸反应速度的1/40，与地层流体配伍性好、不乳化、无酸渣，可以达到深部解堵的目的。该技术可以实现不动管柱酸化解堵，降低酸化解堵成本，是钙质砂岩油层的优良酸化解堵处理剂。

低伤害酸液是针对灰质和泥质含量较高的砂岩储层容易产生二次沉淀的问题而研究的一种新型酸液体系，由强弱酸结合的多组分酸和多功能酸化添加剂组成。主体酸是磷酸/氢氟酸体系，在硅酸盐表面形成覆盖膜从而避免 CaF_2 的生成(见图2-1-2)。整个酸液体系在地层条件下 pH 值 ≤ 2，可以有效预防氢氧化物沉淀，多功能添加剂则具备防乳化、防黏土膨胀、助排等作用，是一种理想的油水井增产增注的低伤害解堵液。在解除污染的同时，又能使酸化副产物得到抑制，减少二次污染，提高解堵效果。

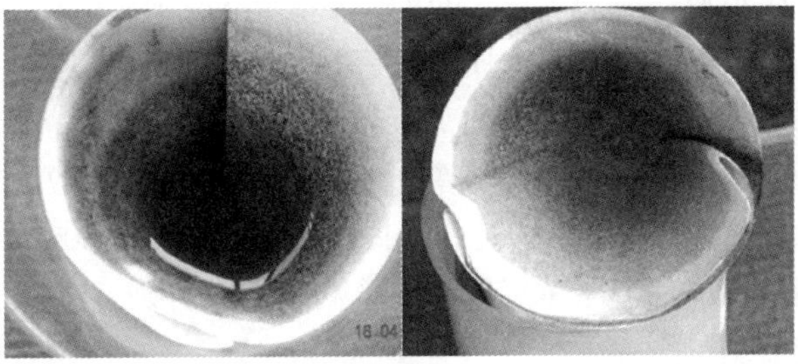

(a)低伤害酸

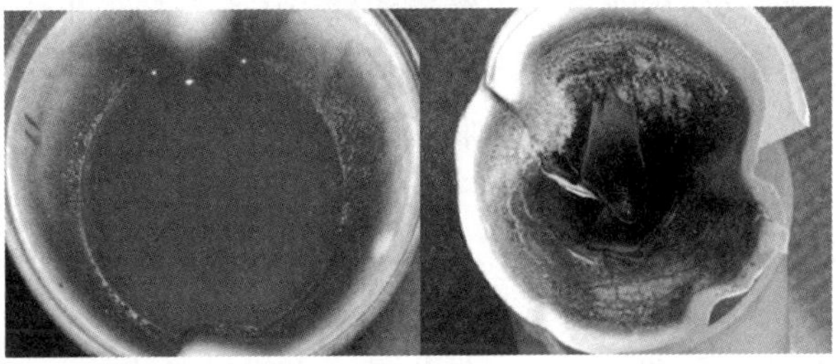

(b)土酸

图2-1-2 低伤害酸与土酸防垢分散性能对比

浓缩酸和低伤害酸的主体酸液为磷酸，可以解除硫化物、腐蚀产物及碳酸岩之类的堵塞物。其主要反应是：

$$MCO_3 + 2H_3PO_4 \longrightarrow M(H_2PO_4)_2 + CO_2\uparrow + H_2O$$

$$MS + 2H_3PO_4 \longrightarrow M(H_2PO_4)_2 + H_2S\uparrow$$

$$FeO + 2H_3PO_4 \longrightarrow Fe(H_2PO_4)_2 + H_2O$$

$$Fe_2O_3 + 6H_3PO_4 \longrightarrow 2Fe(H_2PO_4)_3 + 3H_2O$$

(M 为二价金属离子)

由于磷酸为三元中强酸，在水中发生三级电离，电离过程如下列方程所示：

$$H_3PO_4 \rightleftharpoons H^+ + H_2PO_4^- \qquad pK_1 = 2.12$$

$$H_2PO_4^- \rightleftharpoons H^+ + HPO_4^{2-} \qquad pK_2 = 7.21$$

$$HPO_4^{2-} \rightleftharpoons H^+ + PO_4^{3-} \qquad pK_3 = 12.67$$

磷酸的电离常数远小于盐酸的电离常数，因此，磷酸酸化可以降低酸岩反应速度，达到深部解堵的目的。

多氢酸体系用复合膦酸与氟盐反应生成 HF，这种新型复合膦酸含有多个氢离子，可以在不同酸度条件下逐级电离出 H^+，因此被称为“多氢酸”。

电离过程如下列方程所示：

$$H_5R \rightleftharpoons H^+ + H_4R^- \qquad pK_1 = 1$$

$$H_4R^- \rightleftharpoons H^+ + H_3R^{2-} \qquad pK_2 = 2.5$$

$$H_3R^{2-} \rightleftharpoons H^+ + H_2R^{3-} \qquad pK_3 = 7$$

$$H_2R^{3-} \rightleftharpoons H^+ + HR^{4-} \qquad pK_4 = 11.4$$

$$HR^{4-} \rightleftharpoons H^+ + R^{5-} \qquad pK_5 = 12$$

其中，H_5R 表示多氢酸，R 代表膦酸根基团。从上述电离方程式可知，多氢酸有三个氢离子容易被电离出来，而最后的两个氢离子较难电离。多氢酸与氟盐反应的实质是电离出的氢离子与氟盐发生反应，生成 HF。反应方程式如下所示：

$$H_5R + NH_4HF_2 \longrightarrow 2HF + NH_4RH_4$$

其中，NH_4RH_4表示膦酸盐。HF 的生成需要氢离子与氟离子结合，氟盐为溶液提供足够多的氟离子。由于多氢酸逐步电离出氢离子，可控制与氟盐反应生成 HF 的速度。在低 pH 值环境下，HF 的浓度保持较低水平。同时，多氢酸和氟盐形成缓冲调节体系，当 HF 与岩石矿物反应，溶液中的氢离子浓度降低，电离平衡被打破，多氢酸将释放出部分氢离子，直到溶液重新建立新的平衡。

浓缩酸、低伤害酸、多氢酸等低伤害缓速酸酸液体系反应速度缓慢，作用距离远，可以解除多种有机物、无机物对地层的堵塞和泥浆对地层的污染，疏通渗流通道，减少 CaF_2、K_2SiF_6及难溶氢氧化物生成，不破坏储层骨架，是钙质含量高、酸敏、水敏性油层解堵的优良解堵液。

2. 技术特点及技术指标

(1)技术特点

①低伤害缓速酸属多元弱酸体系，在酸化过程中能逐级释放出 H^+，可以保持溶液体系的 pH 值变化较小；

②体系是一种缓冲酸液体系，有利于扩大酸液的作用距离；

③对多价金属离子具有很强的络合能力，避免产生二次沉淀；

④施工方便，可以不动管柱酸化。

(2)主要技术指标

①体系对石英的溶蚀率为土酸的2～2.6倍；

②反应速度为土酸的23%；

③表面张力≤33mN/m，界面张力≤0.5mN/m。

3. 应用场景及配套工艺

(1)应用场景

①可用于解除碳酸盐、铁腐蚀、钻井泥浆等造成的堵塞；

②可以作为压裂前预处理液使用；

③用于储层碳酸盐含量较高，泥质含量较低的新井投产和水井增注；

④用于常规地层油水井解堵。

(2)配套工艺

1)用量设计

酸液用量依据不同井的情况而异，一般情况下，每米油层酸液用量0.5～1.5m^3。

2)注入参数

注入压力和排量可参照土酸酸化解堵技术。

3)注入工序

油井动管柱酸化，连接油管与水泥车管线，将解堵液由油管挤入或替入；不动管柱酸化，则连接套管与水泥车管线，将解堵液由油套环空挤入或替入，然后关井反应6～8h后，开泵启抽。

水井施工，需先放溢流，待排出机杂量稳定并洗井合格后，连接油管与水泥车管线，将酸液注入地层，关井反应6～8h后，即可投注(对施工及设计有特殊要求的井除外)。

4. 应用情况

浓缩酸酸化技术应用170口井，其中油井53口，水井117口，增油2.2×10^4t，增加注水量$48\times10^4m^3$。

低伤害酸应用181井次，其中油井64井次，水井117井次，成功率90%，增产原油8.1×10^4t，增加注水量$113\times10^4m^3$。

多氢酸应用40井次，工艺成功率100%，见到增产增注效果38井次，有效率95%，平均单井降压6.0MPa，累计增注$10\times10^4m^3$，累计增油0.4×10^4t。

5. 存在不足及改进方向

(1)不足

酸化解堵可以有效处理近井地带无机物污染，满足中低渗油藏基本解堵需要，但对有机物堵塞和水锁伤害等解堵效果有限，同时对远距离污染及亲水地层长期注水后存在水膜所造成的注水压力高等问题无法解决。

(2)改进方向

开发针对有机物堵塞和水锁伤害的长效解堵技术。

6. 现场实施风险分析与防控措施

现场实施风险分析与防控措施与土酸酸化解堵技术相同。

二、非酸化解堵技术

非酸化解堵技术主要是通过对有机物的溶解降黏、改变岩石表面润湿性来改善储层渗流条件，从而实现解堵提高采收率的目的。非酸化解堵工艺对施工设备要求低、施工材料无腐蚀、施工程序简单。现场应用较多的非酸化解堵技术有纳米材料增注技术、非酸解堵技术、在线降压增注技术等。

(一)纳米材料增注技术

中原油田低渗油藏致密，孔喉微细，孔隙结构复杂。随着注水时间的延长，地下油气水运移日趋复杂，大量注水井达不到配注要求，甚至注不进水。针对低渗油藏高压欠注问题，利用纳米材料具有改善岩石润湿性和降低界面张力的特点，研究形成了纳米材料增注技术。

1. 技术原理

纳米材料吸附到亲水砂岩表面后，使得岩石表面润湿反转，提高水油两相流中水相渗透率，从而降低注入水的流动阻力，同时可以有效扩大孔径，避免水化现象的发生。但纳米聚硅材料在分散过程中易发生团聚，通过技术迭代，在纳米聚硅材料的基础上研究形成纳米乳液增注体系，该体系是热力学稳定体系，不会发生聚结。

首先，纳米乳液可以将岩石润湿性由亲水性往中性润湿方向改变，减弱水与岩石表面之间的物理化学作用，降低水的流动阻力；其次，纳米乳液具有较好的洗油功能(见图2-1-3)，可以将油膜从岩石表面剥离，增大有效注水通道，使水相更容易流动；最后，纳米乳液体系具有较低界面张力，不但能降低毛细管阻力，还能将剥离的油膜分散成小的油滴，顺利通过孔喉，避免大的乳化油滴形成贾敏效应而造成孔道的堵塞，达到提高储层渗透率，降低注水压力的目的。

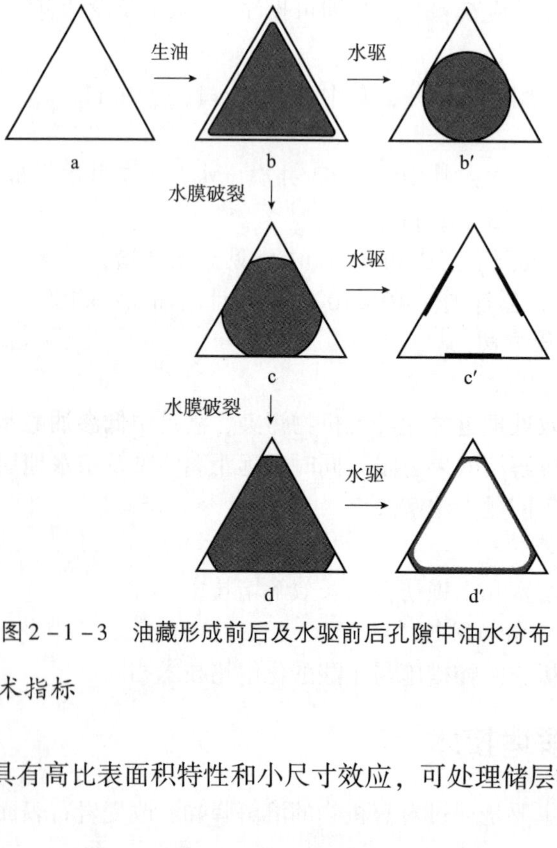

图2-1-3 油藏形成前后及水驱前后孔隙中油水分布

2. 技术特点及技术指标

(1)技术特点

①纳米乳液体系具有高比表面积特性和小尺寸效应，可处理储层深部孔道；

②纳米乳液体系稳定，现场施工便利；

③体系中性，对井下管柱无腐蚀。

(2)主要技术指标

①纳米乳液胶束大小：30～100nm，平均粒径<70nm；

②纳米乳液耐矿化度：25×10^4mg/L，二价钙镁离子浓度5000mg/L；

③纳米乳液耐温：≥120℃。

3. 应用场景及配套工艺

(1)应用场景

注水启动压力逐渐上升，吸水指数逐渐降低的注水井降压增注。

(2)配套工艺

1)选井原则

地层渗透率大于$10\times10^{-3}\mu m^2$；井底温度<120℃；注入水水质达标，pH值<8；注水管柱清洁、无腐蚀。

2)施工工艺设计

注入排量：注入排量在不压开地层和设备允许的条件下，尽量提高注入处理液的速度，一般要求为0.2～0.5m^3/min。

注入压力：最大挤入压力按破裂压力与静液柱压力之差估算，注液初期可以适当提高泵压，一旦挤注成功，应该降低排量以控制泵压。

预处理液类型：根据不同的地层情况以及堵塞类型选取不同的预处理液，对于高温井采用盐酸与有机酸的混合酸体系；对于高渗层或者具有天然裂缝地层，采用乳化酸；对于有机物堵塞的地层可以采用碱或强氧化剂。

注入方式：原则上采用连续注入方式，对于需要扩大有效作用距离的地层可以采用段塞注入的方式。

4. 应用情况

该技术于2014年在中原油田现场试验两井次，采取措施后单井平均日增注15m^3，累计增注3100m^3，注水压力平均下降2MPa，对应油井平均日增油0.6t，阶段累计增油107.2t。

5. 存在不足及改进方向

(1)不足

纳米体系存在成本过高、制备工艺复杂难以大规模生产、作业手续烦琐等问题，现场应用受限。

(2)改进方向

开发低成本纳米乳液，扩大现场应用范围。

6. 现场实施风险分析与防控措施

(1)风险分析

施工区压力高，存在刺漏风险。

(2)防控措施

①压力过高即停止施工，关井扩散压力，人员远离施工区域并及时汇报；

②如发现井口流程和注入管线刺漏，停止施工，将溢流导入溢流池中或泵入罐车中。

(二)非酸解堵技术

针对老油井、注水井存在的严重有机垢污染，细菌产物堵塞，无机垢、聚合物、水泥浆等造成的油层堵塞伤害，研制了以皂化剂、酸不溶垢转化剂、高效活性剂以及特种螯合剂等多种化学品配制成的 SW－A 主体解堵剂和 SW－B 辅助解堵剂，通过皂化、乳化、氧化、溶蚀、螯合等方式进行综合解堵，达到提高地层渗透率的目的。

1. 技术原理

SW－A 油垢清洗剂主要由复合碱、多种添加剂组成，它具有较低的界面张力($<0.1mN/m$)，能够有效清洗有机污垢，可与胶质沥青等发生皂化反应，使之转化为水溶性物质进入水相，同砂岩与黏土表面发生部分化学反应转化成可溶性硅酸盐；分散、剥离、转化无机垢，解除阳离子表面活性剂(如阳离子型缓蚀剂等)对砂岩表面的吸附，恢复砂岩表面润湿性，使堵塞在孔喉内的微粒排出，恢复和提高近井地层渗透率。其化学反应示意式如下：

$$\text{胶质、沥青}\left\{\begin{array}{l}-COOH\\-SH\\-OH\end{array}\right. + SW\text{-}A \longrightarrow \text{皂化物}\left\{\begin{array}{l}-COO^-\\-S^-\\-O^-\end{array}\right.$$

$$\text{缓蚀剂 } R_3N^+H + SW-A \longrightarrow R_3N\text{(脱附)}$$

$$CaSO_4,\ BaSO_4,\ SrSO_4 + SW-A \longrightarrow CaCO_3,\ BaCO_3,\ SrCO_3\text{(可用 SW－B 剂除去)}$$

$$SiO_2,\ AlO_3 \cdot XSiO_2 \cdot NH_2O + SW-A \longrightarrow H_3SiO_4 + [Al(OH)_4]^-$$

$$\text{(砂岩)(黏土)} \longrightarrow \text{(可溶性硅铝酸盐)}$$

SW－B 解堵剂是 SW－A 剂的后处理剂，进一步溶解近井区域的无机垢等，扩大渗流通道，提高油层岩石的有效渗透率，它同时具有溶蚀、阻垢和螯合多种阳离子的功能。防止溶蚀残液和地层流体可能发生的多种沉淀物堵塞地层情况，针对酸敏地层有特殊的效果。其化学反应示意式如下：

$$CaCO_3,\ BaCO_3,\ SrCO_3 + SW-B \longrightarrow (Ca,\ Fe,\ Mg)-\text{螯合物 } FeCO_3,\ Fe(OH)_3,\ MgCO_3$$

2. 技术特点及技术指标

(1)技术特点

①SW－A 主体解堵剂可解除有机垢污染，转化难溶 $BaSO_4$ 等无机垢为可溶性盐；

②SW－B 剂进一步螯合溶解无机垢，扩大渗流通道；

③该技术对有机垢及混合垢污染严重的采油井和注水井均有较好的解堵效果，弥补了普通酸化对解除有机垢污染效果不佳的缺点。

(2)主要技术指标

①洗油蜡、胶质和沥青效率≥90%；

②砂岩岩心解堵有效率≥85%；

③岩心及黏土溶蚀率>5%；

④除垢率>60%。

3. 应用场景及配套工艺

(1)应用场景

①由原油重烃组分和无机物组成的混合垢引起污染的油井和转注井；

②有一定潜能、产油量下降到初产量的40%以下、油井压力系数 >0.4 的油井；

③注水井近区污染结垢严重和注水量下降至初注水量50%以下的注水井。

(2)配套工艺

1)选井原则

各类作业后储层堵塞，出液差的油井；连通水井注入正常的，泵况正常、产液量突然下降的油井；生产正常，平时油样未见砂，发生产量突降的油井。

2)油井解堵施工程序

动管柱施工：根据地质方案下施工管柱至解堵层中部，然后按解堵设计依次进行洗井、挤注 SW－A、隔离液、SW－B、顶替液及关井反应2h。

不动管柱套管注入施工：首先用热活性剂水返洗井；由套管挤注 SW－A、隔离液、SW－B、顶替液，关井反应4h后开井生产。

3)注水井解堵施工程序

不返排施工：首先挤注前置液 10～20m^3；然后依次挤注隔离液、SW－A、隔离液、SW－B、顶替液，关井反应4h后开始注水。

残液返排施工：先用活性剂水洗井；然后依次挤注前置液 10～20m^3、隔离液、SW－A、隔离液、SW－B、顶替液；关井反应4h，开井返排残液；返排完毕后注水。

4)施工参数设计

工作液种类：根据油水井的作业史、生产史和受污染主要因素确定使用的解堵工作液的种类及辅助工作液的种类；

解堵剂用量：根据解堵井段的长度与解堵半径设计解堵剂的用量；

施工排量和压力：根据施工方式、地层压力、套管完好情况确定施工排量和压力控制范围。

4. 应用情况

2003—2004年现场共应用18口井，其中油井11口、水井7口。平均单井累计增油 >300t，单井累计增注5800m^3，濮城采油厂4口注水井解堵后所对应的10口油井增产原油1870t。

5. 存在不足及改进方向

(1)不足

对岩心溶蚀率偏低，适用地层条件范围相对较窄。

(2)改进方向

研制针对不同污染状况及不同地层条件的系列解堵剂。

6. 现场实施风险分析与防控措施

现场实施风险分析与防控措施与纳米材料增注技术相同。

(三)在线降压增注技术

随着注水开发的深入，注水井压力居高不下，高压欠注井逐年增加，部分注水井注入压力升高，达不到地质配注要求，停注、放喷泄压造成地层能量损失严重，油田稳产难度越来越大。针对常规酸化体系段塞多、施工工艺复杂、需动用大量酸化辅助设备、施工周期长、成本高，部分区块酸化前吸水压力达45MPa，常规酸化无法实施的问题，研究了在线降压增注技术，实现注水井不停井、不泄压、不动管柱、不返排情况下的降压增注。

1. 技术原理

在线降压增注技术是使用单一高效解堵体系代替传统的多段酸液体系，与注入水按一定比例注入注水流程，解堵液在管线中稀释并注入地层，溶蚀地层堵塞物和部分地层矿物，扩大、延伸、沟通地层孔隙喉道，恢复和提高地层渗透性，减小注入水流动阻力，提高注水井注入能力，达到在线降压增注的目的。该技术可避免措施停注、放喷泄压造成地层能量损失和废液对环境的污染，成本较常规酸化低。

2. 技术特点及技术指标

(1)技术特点

①在线解堵体系具有优良的螯合分散性能和缓速性能，可以随注入水推进储层深部，达到深部解堵的目的；

②现场将浓缩解堵液通过注水管线在线注入地层，注水井不停井、不泄压、不动管柱、不返排；

③施工工艺灵活，可根据注水量的大小调节解堵液注入速度；

④在线降压增注技术简化了作业程序，施工过程不需要动用酸化辅助车辆及设备，施工工艺简单，施工便利度高，大大降低了作业费用。

(2)主要技术指标

①在线解堵体系与储层岩石反应无二次沉淀；

②溶垢量≥0.09g/mL，防膨率≥83%，耐温140℃；

③常温下5天对N80钢片的腐蚀速率≤0.04g/(m^2·h)。

3. 应用场景及配套工艺

(1)应用场景

①可用于注水流程管线无刺漏、穿孔，日注水量≥5m^3，注水压力<40MPa注水井的降压增注；

②可用于多层、多井次集中降压增注作业，规模化施工。

(2)配套工艺

1)用量及浓度设计

用量：按照公式2-1-1进行用量计算，处理半径R一般为3~5m。

浓度：解堵液以浓缩液形式注入，与注入水比例为(1∶20)~(1∶5)。

2)注入工艺

注入速度：泵注排量以0.1~0.2m^3/h为宜。

施工过程：采用运输车辆将在线解堵液浓缩液运送至注水站点，加入储液罐中，施工时将硬管接口通过考克接入注水管线，采用增压计量泵将解堵液泵入注水流程(见图2-1-4)，与注入水按比例混合进入注水井，实现在线注入。

4. 应用情况

在线解堵技术在文留和濮东采油厂共实施43井次，平均单井油压降低3.5MPa，工艺成功率100%，措施有效率93%，累计增注121731m^3，平均单井降压2.88MPa，平均日增注16m^3，达到了在线降压增注的效果。

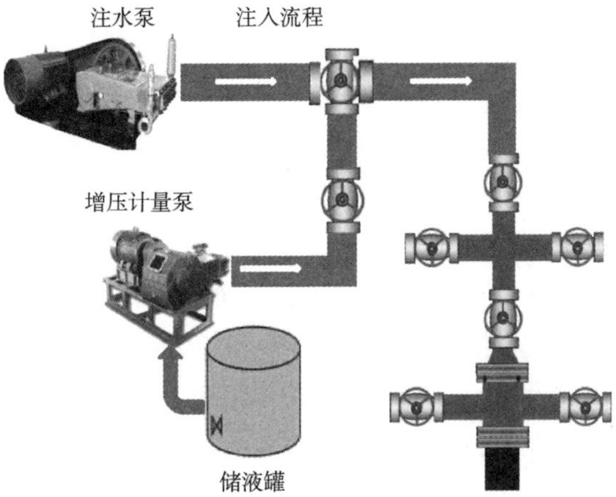

图 2－1－4　在线解堵工艺流程

5. 存在不足及改进方向

(1)不足

在线解堵效果评价相对滞后，不能及时有效指导注入参数设计、调整。

(2)改进方向

开发在线解堵智能监测系统，对注入过程中的速度与强度实行实时监控，并实时在线记录表皮系数，评判在线解堵效果，进而实时调整施工参数，达到预期值时即刻停止注入解堵液，实现最佳解堵效果的同时还能有效避免液体浪费。

6. 现场实施风险分析与防控措施

现场实施风险分析与防控措施与纳米材料增注技术相同。

三、复合解堵技术

中原油田大部分主力开发区块进入高含水开发期，挖潜重点向二、三类低渗、特低渗储层转变。由于储层物性差，油水井污染因素越来越复杂，重复酸化效果差，有效期短。为实现油田的持续高效开发，提高解堵效果，解堵技术向复合型转变，研究形成了非均质油藏调－解联作工艺技术、弱敏感酸化降压增注技术、清洁型复合解堵技术等复合型解堵技术。

(一)非均质油藏调－解联作工艺技术

中原油田属非均质油藏，在经过长期注水开发之后，层间矛盾进一步加剧，开发难度增加。主力油层严重水淹，低渗透油层还没得到充分动用。鉴于此，研究开发了非均质油藏调堵解综合技术，实现了调堵和酸化解堵的优势互补，解决了非均质储层层间矛盾问题。

1. 技术原理

非均质油藏调－解联作技术是在同一口井，用调堵剂对高渗透油层进行封堵调剖，然后用耐酸封口剂对调堵层进行封口处理，同时用低伤害深穿透解堵液对低渗透潜力层进行解堵，把调堵和酸化解堵两种不同的工艺有机结合起来，充分发挥两种工艺的综合协同作用，更好地动用低渗潜力层，达到改善注水开发效果，提高水驱采收率的目的。

2. 技术特点及技术指标

(1)技术特点

①实现调堵和酸化解堵的优势互补；

②改善层间矛盾。

(2)主要技术指标

①调堵剂适用温度60～130℃，对矿化度不敏感；

②耐酸封口剂抗压强度≤22MPa，突破压力≥30MPa/0.4m；

③解堵作用距离可达3.0m；

④调堵层产液量(相对吸水)下降幅度50%～100%；

⑤解堵层产液量(相对吸水)增加20%～30%或启动新层1～3个。

3. 应用场景及配套工艺

(1)应用场景

①井下技术状况完整，无明显套变和套漏；

②调堵层出水(吸水)严重，影响低渗层的动用；

③调堵层层位准确、可靠，调堵层开发潜力低；

④解堵层具有潜在的生产能力。

(2)配套工艺

为满足不同储层调－解需求，设计四种联作工艺：调上－解下联作工艺、调下－解上联作工艺、调堵中部－增注上下层联作工艺、笼统调剖－全井段酸化联作工艺(见图2－1－5)。针对不同油藏需求，使用不同性质的调堵剂和解堵剂，保护低渗透层免受污染伤害。

4. 应用情况

该技术现场应用36井次。油井17井次，工艺成功率100%，施工井有效率93.75%。有效期最长的一口井达708d，单井增油最高达3055t，平均有效期258d，平均单井增油690t，累计增油10348t。水井19井次，工艺成功率100%，施工井有效率94.73%，措施后吸水剖面都有很好的改善，注水状况良好，调堵层的相对吸水平均下降幅度达65%，解堵层的相对吸水平均提高了1.2倍，平均单井启动新吸水层超过2个。

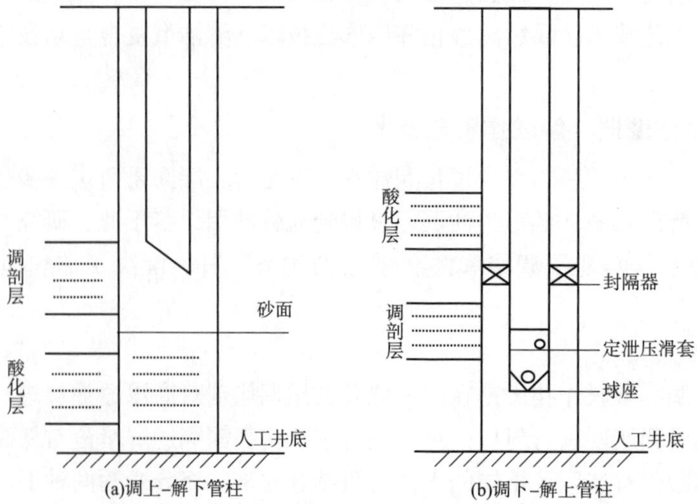

图2－1－5　调－解联作工艺技术管柱

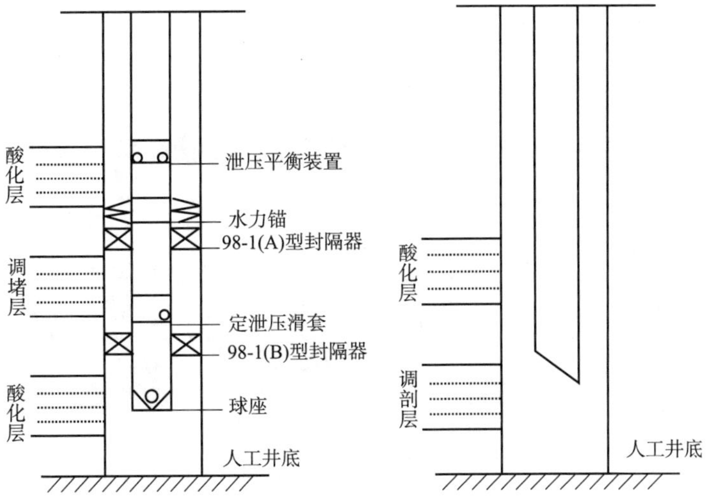

(c)调堵中部-增注上下层管柱　(d)笼统调剖-全井段酸化管柱

图 2-1-5 调-解联作工艺技术管柱(续)

5. 存在不足及改进方向

(1)不足

调堵剂成本高，现场应用受限。

(2)改进方向

开发低成本调堵剂，扩大现场应用范围。

6. 现场实施风险分析与防控措施

现场实施风险分析与防控措施与土酸酸化解堵技术相同。

(二)弱敏感酸化降压增注技术

针对敏感性油藏注水压力高、欠注井次多，常规酸化有效期短的问题，通过二次沉淀定量评价，将弱酸敏的无机酸与有机酸复配，形成弱酸敏解堵体系；采用界面修饰剂将储层润湿性由亲水向中性润湿方向改变，从而减小注水阻力，实现降低油藏注水压力、延长酸化解堵有效期的目的。

1. 技术原理

(1)弱敏感酸液基质解堵机理

弱敏感解堵体系主酸液以盐酸、低浓度氢氟酸、有机酸为主要成分，同时复配氟硼酸 HBF_4、硼酸 H_3BO_3 或氟化铵 NH_4F 等潜在酸。潜在酸可使氟硅酸盐和氟铝酸盐沉淀转化为可溶的氟硼酸盐，减少二次沉淀的生成；当氢氟酸耗尽时，潜在酸水化分解生成新的氢氟酸补给，起到缓速的作用。主酸液中添加黏土稳定剂，可抑制岩石中黏土矿物水化膨胀，防止水敏伤害储层；为避免酸化中产生 $Fe(OH)_3$ 二次沉淀，除了加入有机酸以控制 pH 值外，在酸液中添加铁离子稳定剂，防止三价铁沉淀；添加表面活性剂降低酸液表、界面张力，使酸液易于返排。弱敏感解堵体系在相同反应时间内比常规土酸的溶蚀率小，处理半径大，二次伤害小，可解除近井污染与敏感性伤害，提高基质渗透率。

(2)界面修饰改性减阻机理

注水井长期注水开发后，岩石表面存在水膜，导致水相渗流阻力增大。界面修饰剂通过与微通道壁面之间的范德华力和氢键的作用吸附于油藏孔隙表面，赶走孔隙表面的水化层，以减小水膜厚度，扩大孔隙的有效孔径(见图 2－1－6)，同时将储层润湿性由亲水向中性润湿方向改变，从而减小低渗油藏渗流阻力，达到降压增注的效果。

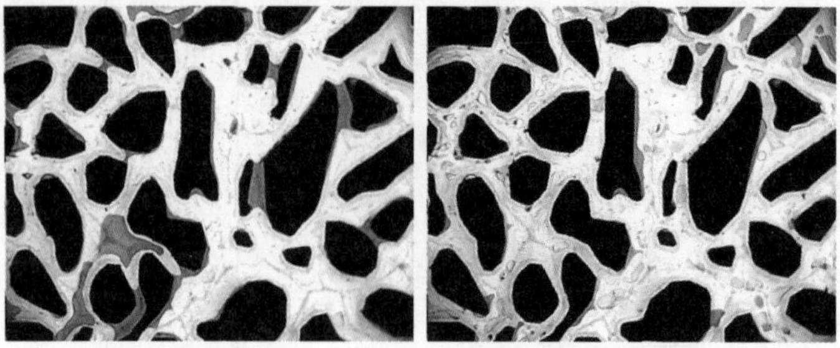

(a)界面修饰前　　(b)界面修饰后

图 2－1－6　界面修饰前后水膜变化

2. 技术特点及技术指标

(1)技术特点

①弱敏感酸液体系二次沉淀量为常规土酸的 1/12，避免了二次沉淀对油藏造成的二次伤害，可对敏感性油藏储层起到保护作用；

②弱敏感酸液体系具有缓速和深穿透的作用，可用于厚度大的油层进行大型酸化；

③界面修饰剂可使水膜厚度减小 61.32%，扩大地层孔隙的有效孔径，降低渗流阻力。

(2)主要技术指标

①弱敏感解堵体系垢物溶解率 >98%；

②防膨率≥81.3%；

③腐蚀速率≤2.98g/(m^2·h)(120℃、N80)；

④界面修饰剂耐温 120℃，抗盐 25×10^4mg/L。

3. 应用场景及配套工艺

(1)应用场景

①适用于敏感性矿物含量多、多种敏感性共存的低渗储层降压增注；

②可适用于厚度大的油层大型酸化。

(2)配套工艺

1)选井条件

油藏温度 <140℃，油水井对应关系清晰，井下无套变、无漏失，无大孔道、无裂缝的储层。

2)主酸液的用量和浓度

用量：按照公式 2－1－1 进行用量计算，处理半径 R 一般为 1～1.5m。

浓度：根据室内研究结果及不同储层渗透率和矿物含量，得出主酸液最佳使用浓度，详见表 2－1－2。

表 2－1－2　主酸液最佳使用浓度

名称	最佳使用浓度/%
盐酸	8～10

续表

名称	最佳使用浓度/%
氢氟酸	0.2～0.7
氟硼酸	0.3～0.6
有机缓速酸	3～6

3)界面修饰剂的用量和浓度

用量：结合油藏方案设计，按照井组控制面积计算所需界面修饰剂用量。

$$Q = S \times h \times \beta \times \phi \tag{2-1-2}$$

式中　Q——用量，m^3；

S——井组控制含油面积，km^2；

h——有效厚度，m；

ϕ——孔隙度，%；

β——方向系数。

浓度：通过界面修饰剂耐盐性能、耐温性能、接触角测定等实验结果，确定界面修饰剂的最佳使用浓度为0.2%。

4)注入参数

注入排量：酸液在低于破裂压力的条件下以最大排量注入。

注入程序：弱敏感解堵体系—返排—缩膨剂—界面修饰剂，现场采取高浓度小段塞的注入方式，缩短注入时间，施工过程采用1～2台泵车，以排量6～10m^3/h快速泵注。

4. 应用情况

2017—2018年在文留采油厂现场实施13井次。水井现场应用7井次，油井现场应用6井次。水井单井注水压力平均下降3.8MPa，累计增加注水量48455m^3，单井平均增加注水量6922m^3，平均有效期283d；油井累计增油1075t，平均含水下降4.67%，平均有效期216d。

5. 存在不足及改进方向

(1)不足

界面修饰剂成本高，现场应用受限。

(2)改进方向

开发低成本界面修饰化学剂，扩大现场应用范围。

6. 现场实施风险分析与防控措施

现场实施风险分析与防控措施与土酸酸化解堵技术相同。

(三)清洁型复合解堵技术

中原油田低渗储量占总储量的40.8%，多为高温高盐、低孔低渗储层，采出程度不高，具有进一步挖潜增效的空间。针对不同的储层流体、物性特征、岩石矿物组分，酸液体系适用性不强，常规酸化后部分油井有机氯超标，影响原油外输的问题，研究形成了清洁型复合解堵技术，实现低渗储层提产增效。

1. 技术原理

清洁型复合解堵技术是清洁酸+相渗改善剂复合的解堵技术。清洁酸以低浓度盐酸、多元弱酸、有机酸为主，溶解井底及其附近油气层的无机堵塞物，恢复油气层原有渗透率；或者溶解砂岩储层岩石颗粒间的碳酸盐岩、钙质胶结物和垢物堵塞，改善岩石内部孔道的连通性，增加流体渗流通道，提高储层绝对渗透率。相渗改善剂表、界面张力低，粒径小，利于进入低渗孔隙，吸附于岩石表面，改善岩石润湿性，解除水锁伤害，达到增油控水的效果。

2. 技术特点及技术指标

(1)技术特点

①清洁酸中盐酸浓度低，应用于油井酸化不会引起原油有机氯超标；

②清洁酸具有优良的抗酸渣和螯合分散性能，破碎率低，对储层的二次伤害小(见图2－1－7、图2－1－8)；

③主酸液为多元弱酸和有机酸，具有深部解堵的效果；

④相渗改善剂可解除水锁伤害，具有控水效果，可与酸液一同注入，简化作业程序。

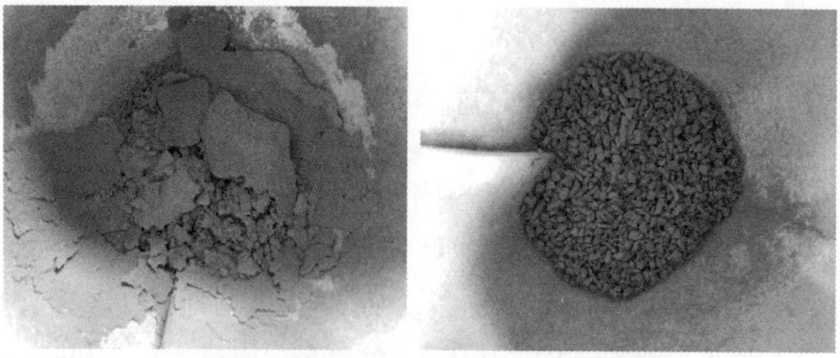

(a)土酸　　(b)清洁酸

图2－1－7　静态溶蚀后土酸和清洁酸与岩心反应的二次沉淀对比

(a)土酸　　(b)清洁酸

图2－1－8　动态驱替土酸和清洁酸后岩心端面对比

(2)主要技术指标

①抗酸渣率≥94.19%，二次沉淀量≤0.2%，破碎率≤9.45%；

②溶垢率≥96.5%，防膨率≥83%；

③腐蚀速率为2.19g/(m^2·h)(120℃、N80)；

④表面张力≤22.14mN/m，界面张力≤0.5mN/m。

3. 应用场景及配套工艺

(1)应用场景

①原油硫含量较高、常规酸化液酸化后原油有机氯超标的油井；

②存在基质污染堵塞的低渗油藏油气井；

③热洗后产油量大幅下降、存在水锁伤害的油井；

④亦可用于低渗油藏水井降压增注。

(2)配套工艺

①用量设计。按照式(2－1－1)进行用量计算，处理半径 R 一般为 1～2m。

②浓度。根据室内研究结果及不同储层物性和流体性质，得出酸液最佳使用浓度，详见表 2－1－3。

表 2－1－3　酸液最佳使用浓度

名称	最佳使用浓度/%
盐酸	2～5
磷酸	4～7
氢氟酸	0.4～1
氟硼酸	0.3～0.6
有机缓速酸	3～6
相渗改善剂	1～5

(3)注入工艺

①挤酸压力。挤酸压力小于地层破裂压力，同时不超过井口设备及井控装置额定工作压力的 80%。

②注入排量。酸液以没有压开地层的最大排量注入，一般要求排量控制在 0.2～0.5m^3/min。

③注入程序。清洁型酸液与高浓度相渗改善剂一同注入，缩短施工时间。

4. 应用情况

2020—2022 年在中原油田共实施 119 井次，措施有效率为 94.9%。其中，油井 57 井次，累计增油 9360t，单井平均日增油 0.2～3.2t，采取措施后有机氯检测均合格；水井 62 井次，累计增注 234584m^3，达到增产增注的效果。

5. 存在不足及改进方向

(1)不足

施工过程需动用大量酸化辅助设备，对于压力较高的水井，需要先放溢流泄压，再实施酸化。

(2)改进方向

开发注水井在线降压增注技术，简化作业程序，提高施工便利度。

6. 现场实施风险分析与防控措施

现场实施风险分析与防控措施与土酸酸化解堵技术相同。

第二节　压裂技术

中原油田低渗油藏地质储量丰富，分布范围广，受埋藏深、断块发育等因素影响，动用难度大。压裂通过在地层构建人工裂缝，从而增大与储层的接触面积，有效提升储层渗流能力，增加单井产量，成为低渗油藏开发的必要措施手段。针对油田不同类型低渗油藏储层特征、井况特点，不同勘探、开发阶段面临的技术难题，不断攻关，形成了适应深层低渗断块油气藏储层特征的系列特色压裂工艺技术，研发了系列压裂工具、压裂材料；同时，难动用油藏、页岩油藏等非常规油藏储层改造技术也逐步形成并不断完善。储层改造技术的持续迭代升级，支撑了油田勘探开发的全过程，实现低渗油藏的有效动用，为油田的可持续发展打下了坚实的基础。

一、低渗油藏压裂工艺技术

中原油田低渗油藏地质储量 2.72×10^8t，占总储量的 48.1%，低渗油藏单元 103 个，标定采收率 21.6%。埋藏深、井段长，纵向分布多套砂组，含油小层 60～150 个，薄差层比重大，单砂层厚 <2m 的占 68.8%，非均质严重。随着开发的逐渐深入，低渗油藏进入高含水阶段，潜力层、强水淹层交互，Ⅱ、Ⅲ类层动用差，井型、井况条件复杂都制约了开发效果提升。为实现油田开发后期层间剩余储量有效挖潜、复杂井况导致的井损储量的有效动用，攻关了薄互层多层压裂技术、复杂井况压裂技术等特色压裂工艺技术，在一定程度上缓解了层间矛盾，提升了老油田开发效果。

（一）多层压裂技术

1. 技术原理

针对储层井段长、油层多，开展多层薄层精细改造，提高压裂针对性。研制逐级解封分层压裂管柱及配套工具系列（见图 2-2-1），形成薄互层多层压裂技术，提高储层改造精细程度，有效挖潜Ⅱ、Ⅲ类、薄互层剩余储量，基本解决多层压裂压后卡管柱问题。

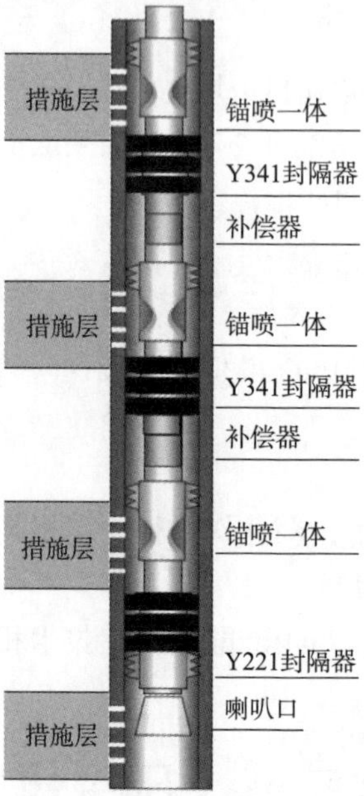

图 2-2-1　逐级解封多层压裂管柱

2. 技术特点及技术指标

(1)技术特点

一趟管柱可以压裂多层，对目的层改造针对性强，管柱实现逐级解封功能，降低起管载荷；喷锚一体设计，减小沉砂口袋，降低沉砂卡管柱风险；配置喷锚丢手总成，遇卡后可实现分段打捞。

(2)技术指标

用于 5 $\frac{1}{2}$in 套管，耐温 140℃、耐压差 70MPa，最多可分 6 层，解封、起管成功率 100%。

3. 应用场景及配套工艺

(1)应用场景

应用于水层多、跨度大的油气井。

(2)配套技术

①注入排量，需综合考虑压裂管柱、井口承压能力、设备能力、压裂液摩阻、施工规模、缝高延伸等因素，模拟不同排量下的井口压力，以优化最佳的注入排量范围。

②支撑缝长和导流能力优化。应用油藏模拟软件，在生产动态历史拟合的基础上，模拟不同支撑缝长和导流能力下的压后生产动态；之后应用拟三维或全三维压裂设计软件，模拟上述支撑缝长和导流能力条件下的加砂量及支撑剂浓度，绘制出不同支撑缝长和导流能力下的收益目标值曲线，并优化支撑缝长和导流能力。

③前置液量。根据裂缝模拟结果确定，确保施工安全及经济最优。

④支撑剂浓度。根据优化的支撑缝长和导流能力，并考虑设备能力综合确定。

⑤顶替液量。顶替液量以注入管柱体积、压裂储层底部至注入管柱底部间的套管体积、混砂车漏斗及地面注入管线的容积之和确定。

4. 应用情况

“十二五”以来，现场累计应用 70 余口井，最大卡封深度 4707m，最大井斜 61.3°，最多 4 级封隔器分压 3 层，管柱起出率 95%，有效率 95%，累增油 58275t。

5. 存在不足及改进方向

(1)不足

该技术主要应用于 5 $\frac{1}{2}$in 套管，4in 套管内分层压裂难度大，制约着低渗油藏的精细开发。

(2)改进方向

配套悬挂 4in 套管井分层压裂工具，建立 4in 套管井精细分层压裂技术选井应用条件，实现 4in 套管井分层压裂技术突破。

(二)水力喷射压裂技术

1. 技术原理

水力喷射分段压裂(HJF)是集射孔、压裂、隔离为一体的增产措施，施工过程中，喷嘴将高压能量转换为水的动能，形成具有强大冲击力的射流，射穿套管和水泥环，破碎地层岩石，形成具有一定直径和深度的孔道，完成水力射孔。在射流的冲击作用下，孔道顶端形成了微裂缝(见图 2-2-2)，从而降低了地层岩石的起裂压力。射流继续冲击岩石，在孔道中形成增压；与此同时，向环空中泵入流体增加环空压力，射流的增压和环空压力大于岩石破裂压力，就将地层岩石压破。喷嘴射流和环空流体不断进入孔道和微裂缝中，使得微裂缝能够扩展成为较大的裂缝。形成裂缝的过程类似于水力喷射泵作用，每个孔道就成了“射流泵”。

该技术基于伯努利方程，喷嘴出口附近射流的速度最高，其压力最低，故流体不会流向其他地方，而是继续流入裂缝中，环空流体在压差作用下，被吸入地层，使得裂缝持续扩展。因此，水力喷射压裂技术不需要其他机械装置进行封隔，而且还可以进行重复作业，减少施工周期。

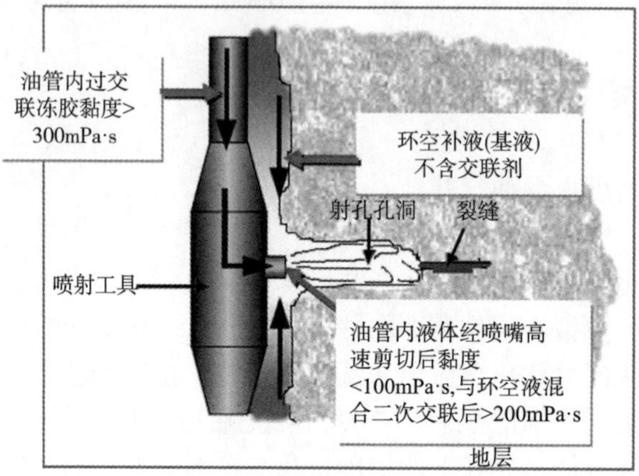

图 2-2-2 水力喷射原理示意图

2. 技术特点及技术指标

(1)技术特点

①集射孔、压裂、隔离于一体，无需封隔器和桥塞即可有效实施分段/层压裂；

②卡管柱风险小；

③施工排量相对较小，控缝高效果较好；

④缝内净压力高，复杂岩性、难压储层压裂施工成功率较高；

⑤需喷砂射孔、环空补液，相比较常规压裂工艺施工用液量大。

(2)技术指标

具备 2~8 段分层能力，喷枪过砂能力大于 50m³(见表 2-2-1)。

表 2-2-1 喷射工具参数表

最大外径/mm	80	89	98	108
喷嘴个数/个	4~8			
最大压裂级数/级	2	4	7	8
适用井眼/in	4	4½	5	5½

3. 应用场景及配套工艺

(1)应用场景

①悬挂 4in 套管井，悬挂器距喷枪距离控制在 1000m 以内，且满足井口限压条件下喷嘴最低流速及裂缝扩展需要的施工排量；

②老井套管超过 15 年及多次进行过修井作业的井暂不考虑实施，对 15 年以内的老套管进行试压 35MPa，合格后允许实施；

③水平井(套管、筛管、套管+筛管完井);

④固井质量差、隔层较差,无法实施常规分层压裂的井;

⑤井斜大,常规压裂无法卡封分层的井;

⑥套管轻微变形,因分层工具受限、无法分层压裂的井;

⑦纵向上目的层离水层较近,无法有效控制缝高的井;

⑧常规水力压裂无法有效改造的井。

(2)配套技术

①喷嘴选择。综合考虑目的层厚度、管柱情况确定喷嘴尺寸。

②压力、流速。目前油田常用的套管钢级主要有:N80、P110,常用的套管壁厚有:9.17mm、10.54mm。若要射穿上述套管,需要有160~220m/s的出口流速。

③环空排量。水力喷射压裂的总排量=油管排量+油套环空的排量。确保有效封隔的条件是环空排量不超过油管排量的36%;当井底环空的压力等于储层中射孔孔道微裂缝的延伸压力时,得到油套环空排量的最大值,具体油套环空排量在不超过其最大值的情况下,根据实际井况确定。

④油管排量。尽可能在满足井口不超压的条件下达到最高的泵注排量。在需要控制缝高的情况下,保障排量不低于最低喷射流速。

4. 应用情况

2022—2023年应用16井次,压后初期平均单井日增油4.4t,平均单井当年累计增油257.9t。

5. 存在不足及改进方向

(1)不足

受老套管变形损坏、钢级低等影响,水力喷射适应性逐渐变差,施工风险高。

(2)改进方向

做好选井选层,老套管井严格压前井筒试压,确保井筒安全;强化选井选层、精细参数设计,提升水力喷射压裂工艺改造效果。

(三)投球压裂技术

1. 技术原理

利用多层段压裂井中,层间破裂压力或渗透率不同的特点,通过一次或多次投球暂堵(见图2-2-3),利用投入的高强度的暂堵球封堵已压开层射孔孔眼,迫使高压的压裂液转向未压开层,实现不同层段均匀开启,达到分层精细改造的目的。

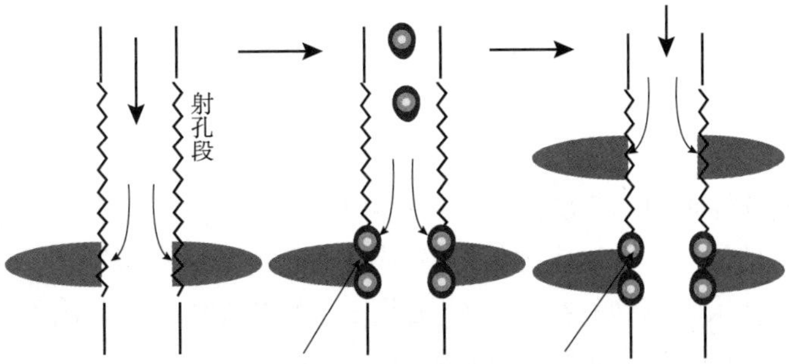

图2-2-3 投球压裂工艺示意图

2. 技术特点及技术指标

(1)技术特点

针对层分散，层间物性、应力差异大且无法机械分层改造等情况，应用投球压裂工艺，可提升精细改造程度。

(2)技术指标

①堵球耐压 70MPa，耐温 140℃，密度 0.92～1.7g/cm³。

②堵球直径≥1.25 倍孔眼直径；

③堵球数量一般为 1.1～1.2 倍欲封堵孔眼数。

3. 应用场景及配套工艺

(1)应用场景

悬挂 4in 套管井或 5½in 套管管井且不具备工具分层压裂条件；多套储层，层间物性、应力存在差异。

(2)配套工艺

堵球直径选择经验公式：

$$D \geq 1.25D_{\mathrm{P}} \tag{2-2-1}$$

式中　D——堵球直径，cm；

D_{P}——孔眼直径，cm。

堵球数量选择经验公式：

$$n = (1.1 \sim 1.2)n_{\mathrm{P}} \tag{2-2-2}$$

式中　n——堵球数；

n_{P}——欲封堵的孔眼数。

投球方式：根据投球在压裂施工中所处的时机及投球次数不同，一般可以投球 2～3 次。

4. 应用情况

2022—2023 年现场实施 16 井次，年增油 9753.5t，年增气 $141.2 \times 10^4 m^3$，有效率 100%。

5. 存在不足及改进方向

(1)不足

老区的地应力资料较少，投球数量、投球时机主要凭经验确定，部分井投球后起压不明显。

(2)改进方向

加强老区应力场研究，明确投球设计标准，优化投球工艺，提升投球暂堵效果。

(四)限流压裂技术

1. 技术原理

针对纵向上连续性差的薄互层储层，根据各层段地应力的差异，通过控制射孔数量和孔眼直径以及施工排量，利用地应力较小的层段孔眼产生的孔眼摩阻，在井底产生高压，使各层相继被压开，从而达到一次施工分压几个层(或同时压开不同物性的储层)的目的(见图 2-2-4)，提升改造精细程度，实施有效动用。

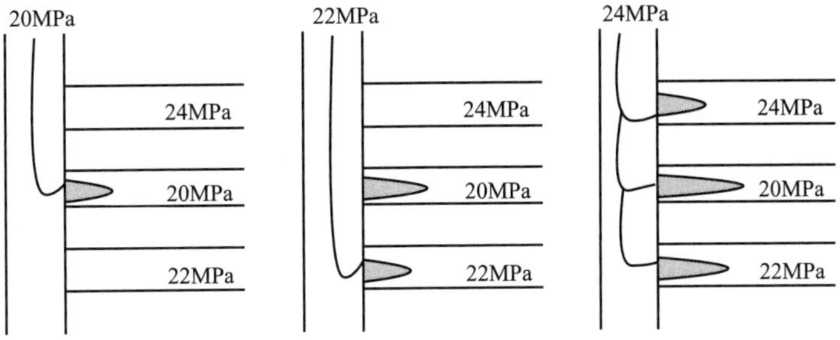

图 2－2－4　限流压裂技术原理示意图

2. 技术特点及技术指标

(1)技术特点

通过控制射孔数量，优化施工排量，利用孔眼摩阻，使分散的小层均匀开启，提高压开程度。为保证射孔孔眼畅通，一般采用稀酸或投球清孔。应用限流压裂工艺施工时，泵注排量应逐步提高，并且在施工管柱、井口装置以及压裂设备所能承受的前提下，应尽可能加大施工排量，产生较大的孔眼摩阻，压开目的层。

(2)技术指标

单孔排量≥0.25m^3/min，摩阻计算见表 2－2－2。

表 2－2－2　不同排量、孔数对应孔眼摩阻计算表

孔数	施工排量/(m^3/min)						
	2.0	3.0	4.0	4.5	5.0	6.0	7.0
2	31	70	124	157	194	279	380
3	14	31	55	70	86	124	169
5	5	11	20	25	31	45	61
7	2.5	5.7	10	13	16	23	31
10	1.2	2.8	5.0	6.3	7.8	11	15
15	0.55	1.2	2.2	2.8	3.4	5.0	6.8
20	0.31	0.70	1.4	1.6	1.9	2.8	3.8
25	0.20	0.45	0.78	1.0	1.2	1.8	2.4
30	0.14	0.31	0.55	0.70	0.86	1.2	1.7

3. 应用场景及配套工艺

(1)应用场景

4in 套管、无法工具分层，新层未射孔。

(2)配套工艺

①注入排量需综合考虑压裂管柱、井口装置承压能力、设备能力、压裂液摩阻、施工规模、缝高延伸等多个因素，模拟不同排量下的井口压力，以优化注入排量。

②射孔孔数计算：

$$n = \sqrt{\frac{2.25 \times 10^{-10} Q^2 \rho}{\Delta p D^4 \alpha^2}} \tag{2-2-3}$$

式中　n——射孔孔数；

Δp——孔眼摩阻，MPa；

Q——注入排量，m^3/min；

ρ——液体密度，kg/m^3；

D——孔眼直径，m；

α——孔眼流量系数，一般取0.8～0.85。

4. 应用情况

2022—2023年现场应用18井次，年增油7853.75t，平均单井年累计增油436.3t，有效率94.4%。

5. 存在不足及改进方向

(1)不足

近年来深层薄互层(大于3700m)逐渐成为中原油田增储上产的主要对象，受埋藏深应力高、管柱摩阻高影响，施工排量提升受限，限流压裂实施难度较大，需开展研究攻关。

(2)改进方向

开展超深层薄互层压裂实施情况分析，明确深层低渗油藏限流射孔升压空间；研究不同储层、不同管柱类型限流射孔方案，形成深层低渗油藏限流射孔提净压技术。

二、特低渗难动用油藏压裂工艺技术

中原油田特低渗油藏(渗透率$<10\times10^{-3}\mu m^2$)，分布在12个油田、36个单元，地质储量4834.84×10^4t。具有储层物性差、注水困难，采出程度低(<10%)，储层稳产能力差，常规压裂有效期短的特点。特低渗难动用油藏需要通过加大压裂施工规模来沟通远井地带的储层，扩大泄油面积，增强渗流能力。特低渗难动用油藏压裂技术包括水平井封隔器分段压裂技术、水平井体积压裂技术、直井大规模压裂技术等。

(一)水平井封隔器分段压裂技术

1. 技术原理

水平井多级封隔器+滑套分段压裂工艺技术是采用水平井裸眼封隔器完井压裂一体化管柱分段压裂，利用封隔器分隔，投球打开滑套分段压裂(见图2-2-5)。压裂管柱在下入后，压裂前投入钢球，打压坐封，然后加压打开第一级压差滑套，压裂第一段。第一段压完后再投入钢球，加压打开二级滑套，封闭第一段，压裂第二段，以此类推。压后待压力扩散后放喷排液、井口压力落零后起直井段压裂管柱，下泵投产。

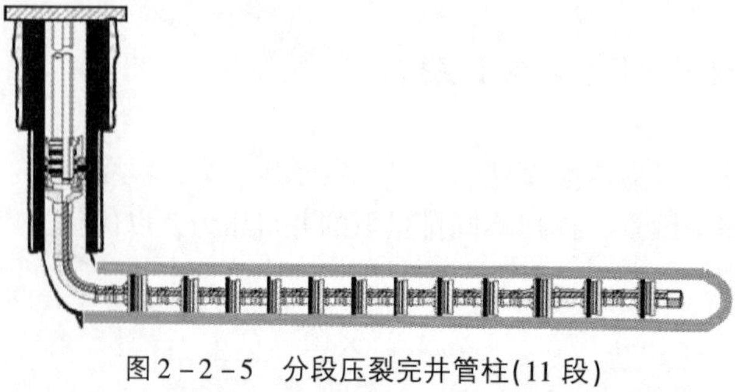

图2-2-5　分段压裂完井管柱(11段)

2. 技术特点及技术指标

(1)技术特点

①一个滑套对应一条裂缝，管外裸眼，压裂液滤失大。

②特低渗储层压裂规模相对较大，常规双翼缝，低砂比、小台阶、造长缝；裂缝半缝长：油井 100～150m，气井 150～200m。

③裂缝间距：2 倍极限供油半径，减小缝间干扰造长缝；U 形布缝，促进裂缝均衡。

(2)主要技术指标

①水平段6～11 段，施工排量 4～7m^3/min，单段液量 230～470m^3，平均砂比 13.7%～24.9%；

②压裂工艺成功率 100%，有效率 100%。

3. 应用场景及配套工艺

(1)应用场景

2011—2012 年，在中原油田第一批非常规油藏水平井上开展了应用。完井方式有套管完井、裸眼完井两种方式。

(2)配套工艺

水平井分段压裂管柱：完井管柱设计为尾管悬挂裸眼封隔器 + 滑套开关分段压裂管柱，配套尾管悬挂器、裸眼封隔器、滑套开关等工具，逐级投球，分段压裂。

4. 应用情况

2011—2012 年，成功实施 7 口井，共 53 段，其中 48 段达到或超过设计加砂规模，少加砂 3 段，砂堵 2 段；最大垂深 4005.3m、斜深 5374m，水平段最长 1300m，最多分压 11 段，最高破裂压力 90.6MPa，单段最大加砂 84.1m^3，平均砂比 23.4%，最高平均砂比 29.3%。合计阶段累计增油 6648.7t、气 530.9×10^4m^3。

5. 存在不足及改进方向

(1)不足

水平井采用封隔器机械分段压裂，砂堵后不易处理，且容易出现井况问题。压后管柱留井，无法开展后续作业。施工排量受限，以压裂常规双翼缝为主，改造效果受影响。

(2)改进方向

目前水平井压裂大多采用泵送桥塞 + 射孔 + 压裂联作工艺方式，施工速度快，对套管的保护好，可大排量施工，成为目前水平井分段压裂主流工艺。

(二)水平井体积压裂技术

1. 技术原理

以增大泄油面积为主导，水平井井眼轨迹垂直于水平最大主应力方向，依据地质工程双甜点差异化分段分簇设计，通过桥塞分段多簇射孔、高排量、大液量形成多条水力裂缝，有利于沟通天然裂缝，组合粒径支撑，形成裂缝网络(见图 2－2－6)。该技术采用射孔和桥塞带压联作，通过压裂泵车送入预定位置并进行坐封桥塞射孔。利用高黏液体造高导流主裂缝，中低黏液体提高裂缝复杂程度，配合密切割、转向材料等手段使裂缝复杂化，共同形成一个“有效渗流”的复杂缝网，增大改造体积。

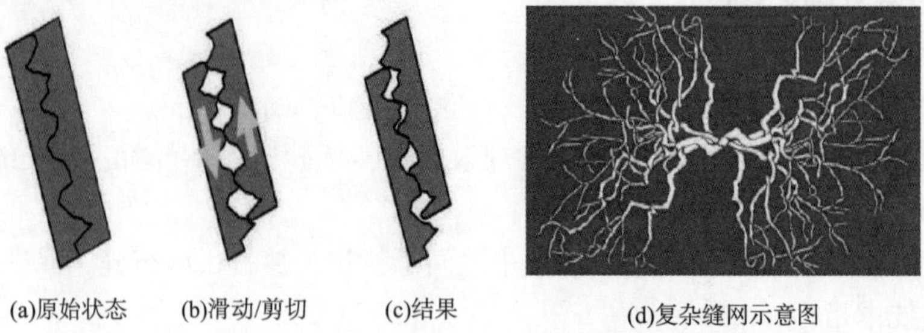

图 2-2-6　体积压裂模型示意图

2. 技术特点及技术指标

(1)技术特点

①簇射孔："甜点"全压开，利用缝间干扰，提高裂缝复杂程度；

②大排量：提升净压力，克服应力差，形成复杂缝，安全携砂；

③大液量：低黏液激活微裂缝，高黏液造主缝，增大改造体积；

④低砂比、强加砂：保持各级裂缝适度导流能力。

(2)技术指标

①2~10簇/段，排量 >8m^3/min，液量 >400m^3/簇，加砂强度 >2.0m^3/m；

②压裂工艺成功率100%。

3. 应用场景及配套工艺

(1)应用场景

①适应于特低渗-致密油藏水平井开发，套管完井的水平井；

②满足地质条件：脆性高，黏土含量低(40%以下)；水平两向应力差小(<10MPa)；天然裂缝发育等条件有利于形成复杂缝网。

(2)配套工艺

1)分段分簇设计

依据储层钻遇、全烃显示、测井综合解释、地质-工程参数特征等研究结果，进行分段分簇设计。

分段原则：选取全烃较高的砂岩段，段长60~80m。

分簇原则：射孔簇选择全烃高、物性好的位置；段内射孔簇尽量选择工程参数差异性小的位置；射孔簇选择偏离应力尖峰；根据储层特征与压裂工艺需求差异化分簇。

2)压裂规模优化

基于建立的地质工程一体化模型，进行不同液量、不同砂量对压裂裂缝尺寸的模拟。建立液量与半缝长、改造体积，砂量与导流能力关系，优选增加幅度较小的拐点处的液量和砂量，确定最优压裂规模(见图2-2-7)。

3)射孔孔数和施工排量优化

单段射孔总孔数40~60孔，按单孔排量0.25~0.4m^3/min计算，施工排量10~24m^3/min。具体参数优选与压裂规模优化方法一样，通过模拟不同排量下的半缝长，确定最优施工排量。

4)施工压力预测

计算裂缝延伸压力梯度，结合水平井井眼轨迹深度与垂深、井口设备承压能力进行施工压力预测。

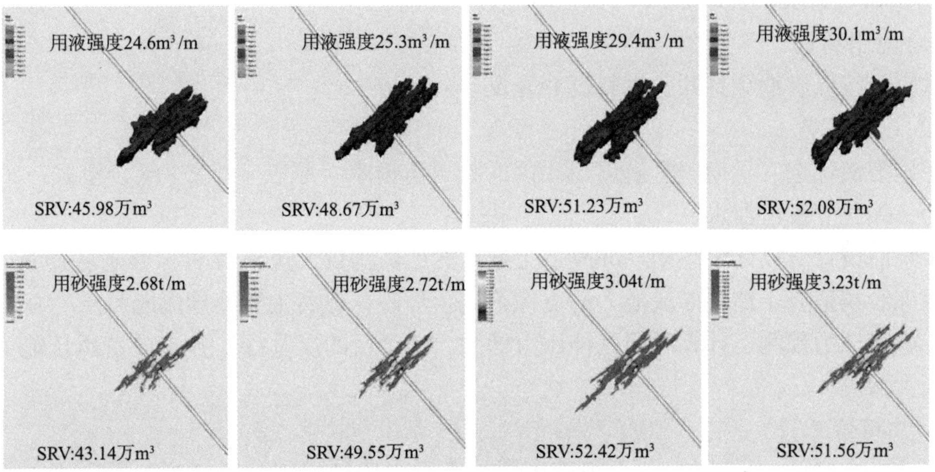

图 2－2－7　压裂规模优化展示

4. 应用情况

2022—2023 年，应用水平井分段压裂技术在中原油田现场施工 6 井次，取得了显著的成果，施工成功率 100%，综合砂液比 6.6%，加砂强度 2.6m³/m，措施有效率 100%。截至目前，累计增油 10458.7t，平均单井累计增油 2091.7t，平均单井日增油 10.2t，均仍继续有效。

5. 存在不足及改进方向

(1)不足

压裂现场未配套监测技术手段，不利于支撑现场调整及压后评价。

(2)改进方向

配套工艺监测手段，实现实时跟踪，指导压后评价。

(三)直井大规模压裂技术

1. 技术原理

在地应力差的约束下，进行簇射孔和缝内暂堵设计，采用冻胶纵向穿层、滑溜水横向扩缝工艺，提高厚层、互层型特低渗储层综合改造程度，实现裂缝充分开启和纵向上的均匀改造。

2. 技术特点及技术指标

(1)技术特点

①簇射孔：利用孔眼摩阻，保证裂缝起裂延伸、纵向沟通；

②大液量：早期工艺为“滑溜水＋冻胶复合”混合水压裂液，胍胶压裂液造主缝，之后高排量泵注滑溜水增加裂缝复杂程度，携砂液采用交联冻胶，提高加砂浓度，保证裂缝的导流能力，2022 年以后采用一体化变黏滑溜水工艺技术；

③排量：冻胶注入排量 4.5～5.0m³/min，低黏液体注入排量 8～12m³/min；

④平均砂比：早期混合水压裂砂比较高，2022 年以后砂比降低；

⑤组合粒径加砂：以 40/70 目陶粒和 30/50 目陶粒为主。

(2)主要技术指标

①总射孔数 30～40 孔，排量＞8m³/min，液量＞800m³/段，加砂强度＞4.0m³/m；

②压裂工艺成功率 100%。

3. 应用场景及配套工艺

(1)应用场景

适应于特低渗油藏直井、大斜度井开发。

(2)配套工艺

①压裂液优选。早期“混合水”采用“冻胶+滑溜水+原胶+冻胶”组合模式，2022年以后为一体化变黏滑溜水。

②泵注设计。设计泵注初期冻胶造主缝，然后高排量大规模滑溜水形成复杂缝。携砂液采用冻胶携适应于储层导流能力的支撑剂连续加砂，提高主裂缝导流能力。

③施工压力预测。计算裂缝延伸压力梯度，结合目的层垂深、井口设备承压能力进行施工压力预测。

4. 应用情况

2022—2023年，应用直井大规模压裂技术在中原油田现场施工7井次，施工成功率95.6%，综合砂液比6.3%，加砂强度13.8m^3/m，措施有效率42.9%。累计增油1197.9t。

5. 存在不足及改进方向

(1)不足

压裂现场未配套监测技术手段，不利于支撑现场调整及压后评价。

(2)改进方向

配套工艺监测手段，实现实施跟踪，指导压后评价。

三、页岩储层压裂技术

页岩油气藏，储量品位低，几乎无自然产能，逐步研究形成的直井复杂缝压裂和水平井体积压裂技术是开发页岩油气藏的关键技术手段。中原油田页岩储层改造技术与页岩油气勘探开发同步进行。

(一)技术原理

针对东濮页岩油储层发育的特点，开展了一体化建模、缝高扩展模拟、裂缝参数优化、分段分簇优化、射孔优化、前置CO_2增能模拟，针对其岩性纵向变化快、地层压力系数较低、天然裂缝发育、水平主应力差较大等特征，压裂改造采用“前置CO_2+主缝/天然裂缝复杂缝网+大排量+多粒径强支撑+复合暂堵”工艺技术，大排量、多粒径组合、复合暂堵增加压裂改造范围、促进均匀扩展、提升压裂裂缝支撑效果。

(二)技术特点及技术指标

1. 技术特点

①差异化分段分簇。针对水平井井眼轨迹方向岩性变化大，压裂分段难度大的现象，将岩性差异大的井段分段压裂(见图2-2-8)，形成不同储层特点不同模式的泵注程序，实现储层的充分有效改造。

②复合暂堵均匀改造。针对压裂段部分射孔簇形成复杂裂缝难度大或裂缝非均匀扩展的问题，投球暂堵前期进液量大、裂缝改造范围大的射孔簇，促使近井筒位置天然裂缝不发育的射孔簇裂缝扩展沟通远端天然裂缝(见图2-2-9)。

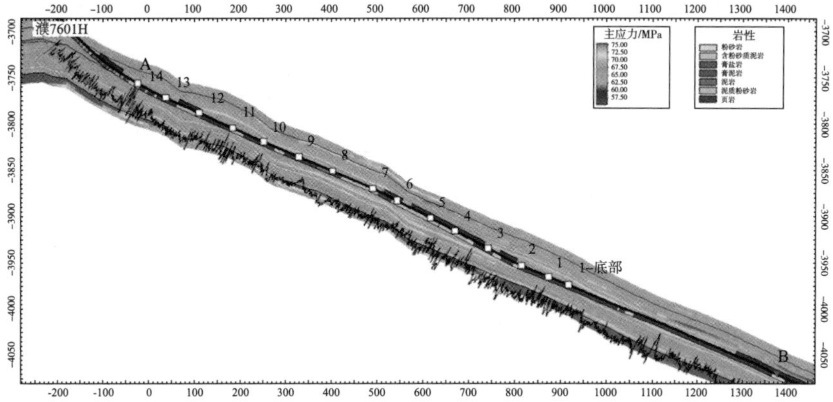

图 2－2－8　濮 7601H 井压裂分段综合剖面图

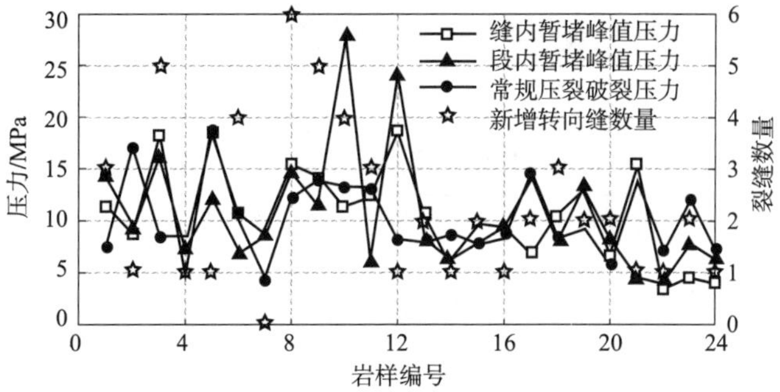

图 2－2－9　多级复合暂堵试验结果示意图

③前置酸降破压。针对岩石致密或井周泥浆污染导致起裂压力高，施工难度大的问题，采用前置酸液降低起裂压力，前期交联液体提升液体造缝效率和增加裂缝宽度。前期小粒径、低砂比加砂，后期高黏滑溜水中等强度携砂。

④前置 CO_2 补能。针对地层压力系数低、地层能量不足的问题，前置 CO_2 提高地层能量(见图 2－2－10)，改善原油流动性。

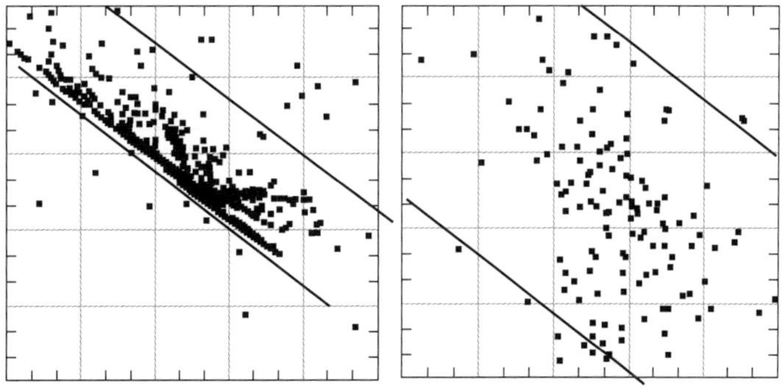

(a)带宽93mm　　(b)带宽190mm

图 2－2－10　CO_2 裂缝带宽及复杂程度关系图

⑤天然裂缝发育区降滤。针对储层天然裂缝发育，压裂过程中液体滤失量大，导致加砂难度大的问题，压裂前期采用交联液体造主缝，降低压裂液滤失，增加压裂裂缝宽度，

前期利用小粒径支撑剂暂堵天然微裂隙(见图2-2-11)，降低压裂液滤失。

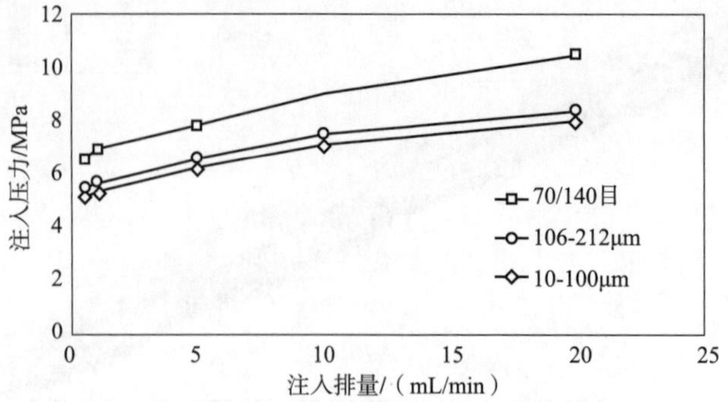

图2-2-11　小粒径支撑剂导流能力评价图

⑥液体优化。针对部分井段泥质含量高，黏土膨胀会影响压裂改造效果的问题，优化压裂液防膨材料配方和用量(见表2-2-3)，增加黏土稳定性，降低压裂液对黏土膨胀作用，增加压裂改造效果。

表2-2-3　一体化变黏滑溜水压裂液的主要性能指标表

序号	实验项目	性能指标
1	pH值	6.5~7.5
2	降阻率/%	≥70
3	在线混配溶解时间/s	≤40
4	低黏滑溜水黏度/(mPa·s)	5~10
5	中黏滑溜水黏度/(mPa·s)	10~20
6	高黏滑溜水黏度/(mPa·s)	≥18
7	表面张力/(mN/m)	≤28
8	界面张力/(mN/m)	≤2
9	破胶液岩心接触角/(°)	≤45
10	防膨率/%	≥90
11	配伍性	无沉淀、无絮凝

2. 技术指标

3~5簇/段，排量>12m^3/min，液量>1500m^3/段，加砂强度>2.0m^3/m。

(三)应用情况

2024年5月完成濮7601H井压裂设计和施工，共分17段压裂施工(见图2-2-12)，入地总液量50288m^3，入地CO_2总量5186.9m^3，总砂量2548.8m^3，投入暂堵球206个，投入暂堵剂675kg，加砂完成率82.4%。施工排量9~17m^3/min，施工泵压84.9~90.5MPa，破裂压力85.6~95.1MPa，停泵压力64.8~80.6MPa。综合砂液比5.07%，加砂强度2.34m^3/m，用液强度46.14m^3/m。

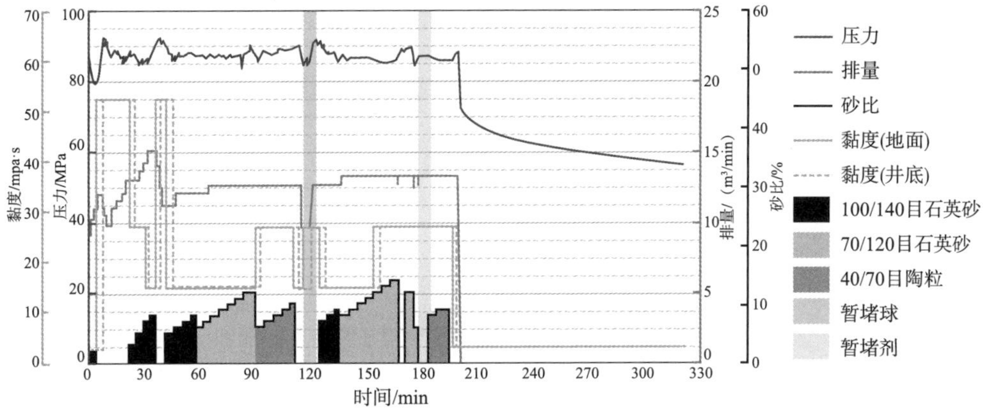

图 2-2-12　濮 7601H 井第 17 段压裂施工曲线

四、压裂液体系

压裂液是用于油气田增产作业中的关键材料，其主要功能是在高压下使地层破裂并造成一定几何尺寸的裂缝，将支撑剂带入裂缝中并放在预定位置上，扩大裂缝网络，从而提高油气的流动性和产量。

（一）胍胶压裂液体系

1. 技术原理

胍胶压裂液是目前压裂液应用的最主要类型，主要由水、胍胶粉(见图 2-2-13)、交联剂和破胶剂配制而成，胍胶原胶压裂前配制好，施工期间在线加入交联剂，形成交联冻胶压裂液(见图 2-2-14)，造缝、携砂能力大幅提升。具有黏度高、可调性好、易于控制、造缝性好、携带砂能力强、摩阻低等优点，在石油行业广泛应用。

图 2-2-13　羧甲基羟丙基胍胶粉

图 2-2-14　交联冻胶压裂液

2. 技术特点及技术指标

(1)技术特点

①胍胶原胶需要压裂前在配液站或现场提前配制，根据设计配方需严格控制配制添加剂顺序、加量及循环泵速，避免不起黏或产生大量“鱼眼”，得到设定的 pH 值，以便配制成可供施工使用的压裂液原胶；胍胶原胶配制时间长、工序多，专业性强。

②根据储层特征及敏感性、工艺需求，设计评价功能性添加剂，形成压裂液体系，满足储层及工艺需求。

③施工期间根据工艺需求，在线调整交联剂、破胶剂加注比例，满足施工及压后及时破胶。

(2)技术指标

压裂液基础配方见表2-2-4，耐温40~170℃，伤害率10.3%~22.5%，黏度150~232mPa·s，满足常规低渗储层压裂需要。

表2-2-4 不同温度、不同类型储层压裂液基础配方

类别	名称		浓度/%	适应条件
基本组成	低残渣羟丙基胍胶		0.30~0.65	适应40~170℃储层
	交联剂	无机硼	0.20~0.40	适应40~90℃储层
		有机硼	0.20~0.30	适应90~135℃储层
		复合交联体系	0.30~0.40	适应135~150℃储层
		有机锆	0.40~0.45	适应150~170℃储层
	破胶剂		0~0.01	用于40~170℃储层
	添加剂		0.2~0.4	用于各种压裂液体系
特殊组成	高活性复合活性剂		0.10~0.20	用于一般储层
	高活性复合活性剂		0.40~0.50	用于低渗易水锁储层
	复合黏土稳定剂		1.0~1.5	用于一般储层
	复合黏土稳定剂		2.5~3.0	用于强水敏储层
	油溶性降滤失剂		0.30	用于微裂缝发育储层
	缓冲剂		1.5~1.6	用于碱敏储层压前预处理液
	自生气热剂		15.0~20.0	用于凝析气藏压裂预前置液

3. 应用场景及配套工艺

除少数低压、油润湿、强水敏地层外，适用于大多数油气层和不同规模的压裂改造。

4. 应用情况

1996—2023年，冻胶压裂液作为主要的压裂液体系，应用6822井次。

5. 存在不足及改进方向

(1)不足

需提前配液，添加剂种类多，配液工序复杂，工作量大；残渣含量较高；施工用液量大，罐组数量多，场地占用面积大。

(2)改进方向

推广应用低成本聚合物压裂液，一定程度上替代胍胶压裂液。

(二)聚合物压裂液体系

1. 技术原理

聚合物压裂液体系主要由丙烯酰胺与其他抗温、耐盐类功能单体共聚形成的增稠剂、黏土稳定剂、交联剂、破胶剂、水等组成。聚合物增稠剂通过反向乳液法聚合可以实现快速溶解及增黏，实现压裂在线应用，不需提前配液，大大降低了工作强度，提升了效率。

2. 技术特点及技术指标

(1)技术特点

具有减阻、防膨、助排一体化等多种优点，体系低残渣免交联(见图 2－2－15)，耐温抗盐，速溶、黏度可调，施工相对简单，满足在线连续混配需求，降低施工成本。特别适用于较大规模、大排量压裂的工艺需求。

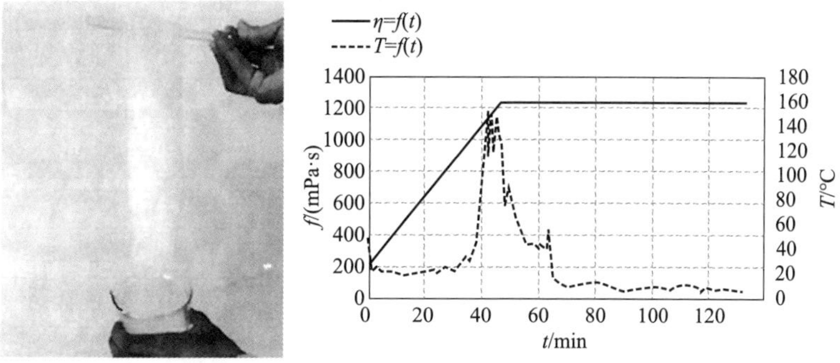

(a)50℃以上聚合物　　(b)聚合物压裂液黏温曲线

图 2－2－15　聚合物压裂液及摩阻实验测定

(2)技术指标

降阻率≥70%，表观黏度≥50mPa·s，100℃、170S^{-1}，剪切 2h，黏度在 100mPa·s 以上，破胶液表面张力≤32mN/m，破胶液界面张力≤3.0mN/m，防膨率≥60%。

3. 应用场景及配套工艺

广泛应用于低渗、致密储层的压裂改造。

4. 应用情况

2021—2023 年现场应用 3 井次。

5. 存在不足及改进方向

(1)不足

聚合物压裂液在非常规储层应用较多，通常施工排量较大、砂比低；因造缝、携砂能力差，常规压裂上应用少。

(2)改进方向

需提升耐温、抗剪切、携砂等综合性能，提高储层适应性。

(三)滑溜水压裂液

1. 技术原理

滑溜水压裂液是对特低渗－致密油气储层进行水力压裂的一种压裂液体系。相对于传统的冻胶压裂液体系，滑溜水压裂液体系以其高效、低成本的特点在开发中广泛应用。

2. 技术特点及技术指标

(1)技术特点

①高降阻性能：降阻率可达到75%及以上；

②黏度易调：通过改变稠化剂用量可在低黏滑溜水、中黏线型胶和高黏胶液间灵活调整；

③溶胀迅速：配制简单，快速起黏(<30s)，免配液；

④耐温性强：耐温130～150℃；

抗剪切性能突出：低黏降阻、高弹携砂，悬砂性能佳；

配伍性好：和绝大多数添加剂兼容，耐受矿化度、硬水性能突出。

(2)技术指标

一体化变黏滑溜水技术指标见表2－2－5。

表2－2－5　一体化变黏滑溜水技术指标

序号	实验项目	性能指标
1	外观	无色透明液体
2	pH值	6.5～7.5
3	室内降阻率/%	≥70
4	在线混配溶解时间/s	≤40
5	低黏滑溜水黏度/(mPa·s)	2～5
6	中黏滑溜水黏度/(mPa·s)	5～10
7	高黏滑溜水黏度/(mPa·s)	10～20
8	破胶液界面张力/(mN/m)	≤2.0
9	破胶液破乳率/%	≥95
10	配伍性	48h无沉淀、无絮凝、无分层

3. 应用场景及配套工艺

(1)应用场景

针对特低渗－致密油气储层压裂，扩大裂缝与储层的接触面积，解决基质向裂缝渗流的问题。

(2)配套工艺

依据储层、地层流体性质，对降阻剂、破乳助排剂、黏土稳定剂、破胶剂等进行不同黏度的滑溜水配比优化。

4. 应用情况

滑溜水压裂液体系在中原油田现场施工13井次，取得了较好的效果，施工成功率98%。最高综合砂液比11.82%。截至目前，累计增油3289t。

5. 存在不足及改进方向

(1)不足

应用体量小，针对不同类型储层液体配方尚未固化。

(2)改进方向

加大应用规模，针对不同储层类型，以降本增效为原则，持续优化配方。

五、现场实施风险分析与防控措施

(一)现场实施风险分析

①施工过程中可能会出现压力高的现象。存在井口、压裂管线刺漏的风险。

②施工过程中可能会出现压力异常高、加砂困难甚至砂堵的情况。

③部分区域固井质量差，压裂段间存在压窜的风险。

④CO_2罐车、泵车车辆或液力端各部件，在泵注施工中发生刺漏，或CO_2异常泄漏，存在结成干冰、炮弹效应伤人的风险。

(二)防控措施

①施工过程中若出现压力高，则现场调整泵注，采取提高隔离液量、下调砂比和阶段携砂液量等措施。

②施工过程中若出现砂堵，先判断是近井筒砂堵还是地层砂堵。若加砂过程中压力直线上升，无法建立排量，判断出现近井筒砂堵，应立即停泵，根据压力降落情况，反复放压-试挤，解除井筒沉砂，根据情况定下步措施。若加砂过程中压力上升较快，加砂极其困难，但仍具有一定的排量，判断出现地层内砂堵，此时降低排量试挤，观察压力变化制定下步措施。

③部分区域固井质量差，压裂段间存在压窜的风险。适时观测压裂过程中施工压力变化特征，判断是否压窜。若判断压窜，及时停砂顶替，确保后续压裂段滑套能够顺利打开，保障后续压裂段正常施工。后续压裂段现场结合固井质量进行重新分段分簇。

④若在泵注施工中发生刺漏，在确保现场人员和设备安全情况下降低CO_2排量或停注，若CO_2异常泄漏，应立即停止施工并严格按照操作规程泄压。

第三节 压驱注水技术

中原油田低渗油藏进入开发后期，埋藏深、剩余油分布零散、层间物性差异大，高压注水及注不进水储量占比高，“注不进、采不出”的矛盾突出，二、三类储层水驱动用差、储量动用极不均衡，注水提高原油采收率较低，低渗油藏水驱补充地层能力困难、开发效果差。压驱注水是低渗油藏注水开发技术的一项重要革新，该技术是指改变常规注水补充能量方式，用水力压裂设备或专用压驱泵以高于或接近油层破裂压力大排量注水，单井日注可在千立方米以上，快速补充地层能量，大幅度提高油井产能及采收率的一种注水开发技术。

中原油田从2021年开始，边实践、边研究，在借鉴胜利油田经验教训的基础上，结合中原油田油藏破碎、难注水区块渗透率低($<3\times10^{-3}\mu m^2$)的特点，围绕油藏选井标准、压驱数值模拟方法、压驱配套工艺技术等方面开展研究。

一、技术体系

压驱技术通过高压滤失造缝网、高压减敏降阻力、能场协同均驱替的作用机理，达到了快速注水、快速增能，高压建驱、稳定释能，全域高压，体积驱替的目的，解决注不进、压力低，递减快、产能低，波及差、采收率低的问题。

在大庆、长庆、胜利等油田压驱注水技术的基础上，针对中原油田油藏特点开展差异性研究，完善压驱技术链条，初步形成了低渗透压驱开发配套技术系列，包含油藏工程设计技术、工艺配套技术及压驱数值模拟技术，促进压驱技术在中原油田的大规模推广。

(一)油藏适应性

1. 选区原则

①构造落实，具有较完善的井网；

②采出程度低，剩余油富集，压驱层综合含水小于70%；

③常规注水困难，储层水敏、速敏中等及以下；

④距离高序级断层较近的慎选，防止通天断层；

⑤水源、电力及地面条件可以满足实施要求。

2. 选井选层原则

①水井高压欠注，油压在30MPa以上；

②储层连通性好，压驱层砂体连通率大于60%；

③井组初产较高，采出程度低，累计有效厚度在5m以上，地质储量在4×10^4t以上；剩余可采储量在0.3×10^4t以上。

(二)技术政策

1. 压驱注水量设计方法：五要素三定法

五要素：储层物性、区块封闭性、压敏效应、干层吸水、高压扩孔。室内实验表明，在压驱高压注入条件下，会造成储层高压扩孔(基质储层平均孔喉半径增幅为11%，孔隙度增加0.5%)和干层吸水(干层体积35%)。

三定：根据渗透率定合理目标压力系数，依据封闭程度确定压力保留率，综合考虑高压扩孔和干层吸水确定最终注入量。在实施过程中，根据注水井地层压力上升情况和油井受效情况，动态追加或临时停止压驱。

计算步骤：

①根据储层物性差异化设计井组压驱注水合理地层压力水平，见图2-3-1，物性差的区块匹配高压力水平，物性好的区块匹配适度压力水平。

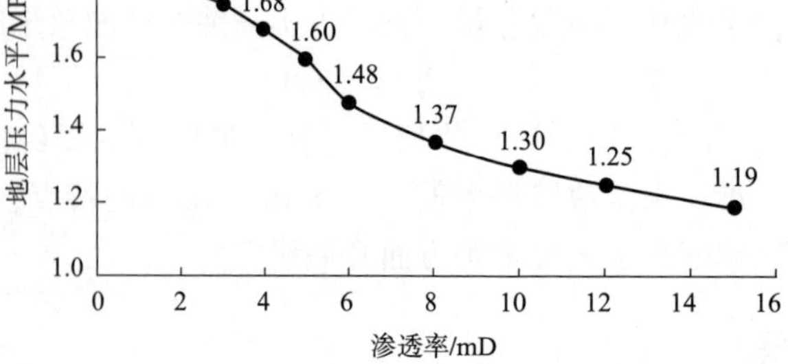

图2-3-1　压驱合理地层压力水平曲线

②高压注入定吸水孔隙体积及干层吸水量。

压驱后基质储层平均孔喉半径增幅11%，孔隙度增加0.5%。

物质平衡法计算注水量与地层压力恢复关系：

压驱用水量：

$$Q_{压驱}=C_t\times V\times(P_{目标}-P_{目前}) \tag{2-3-1}$$

孔隙体积：

$$V=N/\phi/0.005/S_{oi} \tag{2-3-2}$$

综合压缩系数：

$$C_t=(1-\phi/0.005)\times C_f+\phi/0.005\times C_o\times S_{oi}+\phi/0.005\times C_w\times S_{wi} \tag{2-3-3}$$

式中　$Q_{压驱}$——压驱注水量，m^3；

C_t——综合压缩系数；

C_f——岩石压缩系数；

C_o——油的压缩系数；

V——孔隙体积，m^3；

C_w——水的压缩系数；

$P_{目标}$——预期恢复地层压力，MPa；

S_{oi}——原始含油饱和度，%；

S_{wi}——原始含水饱和度，%；

$P_{目前}$——目前地层压力，MPa；

ϕ——孔隙度，%；

N——地质储量，万m^3。

根据胜利油田压驱室内实验分析，干层吸水量占压驱层总干层孔隙体积的35%，干层注水量计算公式如下：

孔隙体积：

$$V_{干层}=S\times H\times\phi/100 \tag{2-3-4}$$

注水量：

$$Q_{干}=0.35\times V_{干层} \tag{2-3-5}$$

式中　$V_{干层}$——干层孔隙体积，m^3；

S——含油面积，m^2；

H——干层厚度，m；

ϕ——孔隙度，%；

$Q_{干}$——干层注水量，m^3。

③封闭程度定有效注水系数。

根据区块封闭程度和储层物性确定井组有效注水系数γ（见图2-3-2），计算最终压驱注水量Q：

$$Q=(Q_{干}+Q_{压驱})/\gamma \tag{2-3-6}$$

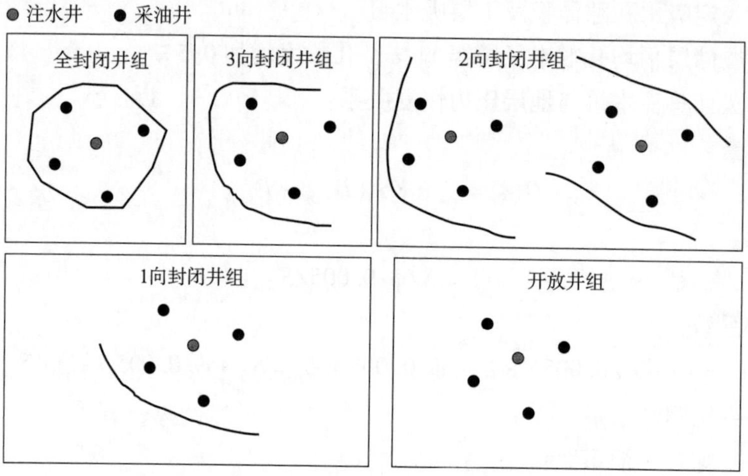

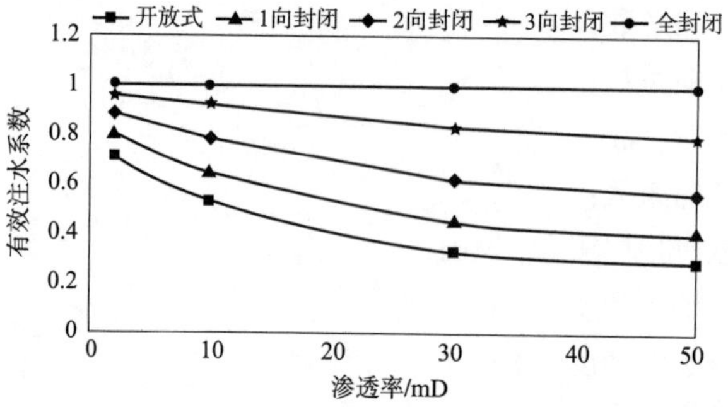

图2-3-2　不同封闭程度压力保留率

2. 注入排量设计方法

胜利油田：在储层物性差、经济极限井距不能建立驱替的情况下，需要通过提高压驱注水速度来增加裂缝带展布范围，达到建立驱替的目的。当储层物性好、油水井间不需要通过压驱造缝就能够建立驱替时，应降低压驱注水速度抑制造缝，提高采收率。

中原油田：老区，第一阶段设计为大排量（800～1000m^3/d），快速补地层亏空；第二阶段根据层厚，适当降低排量，减小水窜风险。根据试注情况判断破裂压力，一般以低于破裂压力时的最大注入速度作为压驱时的排量上限。新区，水井不压裂、超前压驱，大排量（800～1000m^3/d）快速补能。

3. 井网井距设计方法

胜利油田：建立了考虑油井压裂缝网、水井压驱缝网、基质区扩孔增渗极限泄油半径的注采井距设计方法（见图2-3-3）。

中原油田：应用极限泄油半径公式计算极限井距$L_{极限}$；模拟压驱注入半缝长$L_{半缝}$、带宽$H_{带宽}$。

流线垂直人工裂缝时，$L_{极限}=2r_{极限}+H_{带宽}$，流线平行人工裂缝时，$L_{极限}=2r_{极限}+L_{半缝}$；

极限供油半径公式：

$$r_{极限}=3.226(P_e-P_w)\left(\frac{K}{\mu}\right)^{0.5992} \tag{2-3-7}$$

式中　$r_{极限}$——极限供油半径，m；

P_e——地层压力，MPa；

P_w——井底流压，MPa；

K——平均空气渗透率，$10^{-3}\mu m^2$；

μ——地层原油黏度，mPa·s。

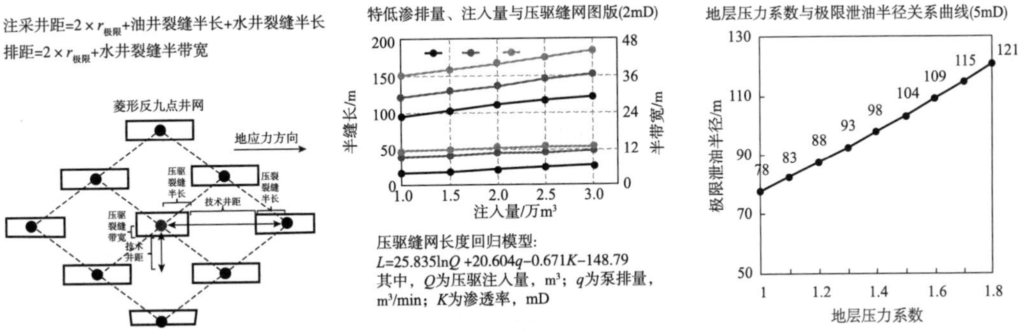

(a)注采井距设计　　(b)压驱缝网计算　　(c)考虑高压扩孔极限泄油半径

图2-3-3　参数设计方法

4. 闷井

水井压驱结束后闷井。原则上水井压降速度小于0.10MPa/d时，油井可择机开井生产放喷，开井顺序根据油井动态反应，动液面恢复慢、油压上升幅度小、见效弱优先开井；主流线油井不开井或最后开井，开井后调低冲次控制生产。

二、压驱数值模拟技术

目前压驱注水开发缺少可靠的室内实验模拟方法，数值模拟技术成为主要的研究手段，可实现压驱过程中缝网形态、压力场和饱和度场扩展规律的定量评价，进而开展压驱方案技术参数的优化设计，为压驱矿场实施提供技术支撑。

(一)技术原理

首先，基于全流固耦合有限元模拟压驱注水缝网扩展过程，建立不同应力差、渗透率条件下压驱缝网形态理论图版；其次，利用压裂模拟软件进行压驱注水缝网扩展模拟，通过调整滤失系数使模拟结果与理论图版符合，并根据矿场监测资料进行约束修正；最后，将模拟所得压驱缝网与油藏数值模拟模型进行耦合，并考虑压驱开发过程中的应力敏感、高压相渗等机理，实现压驱注水开发的可靠数值模拟，进而开展压驱生产动态规律分析和方案参数优化设计。

(二)主要技术指标

①压驱缝网形态预测精度≥85%；

②压驱注水开发生产指标矿场符合率≥90%。

(三)主要技术特点

①通过全流固耦合压驱缝网形态理论图版(见图2-3-4)和矿场监测资料约束修正，利用常规压裂模拟软件实现了压驱注水缝网扩展模拟(见图2-3-5)；

②考虑基岩-裂缝应力敏感、高压相渗、启动压力梯度等机理，实现了压驱开发生产

动态规律的可靠模拟和效果预测。

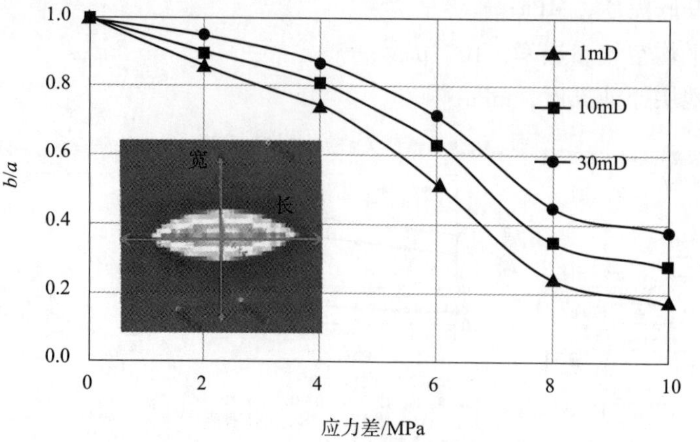

图 2－3－4　压驱缝网形态理论图版

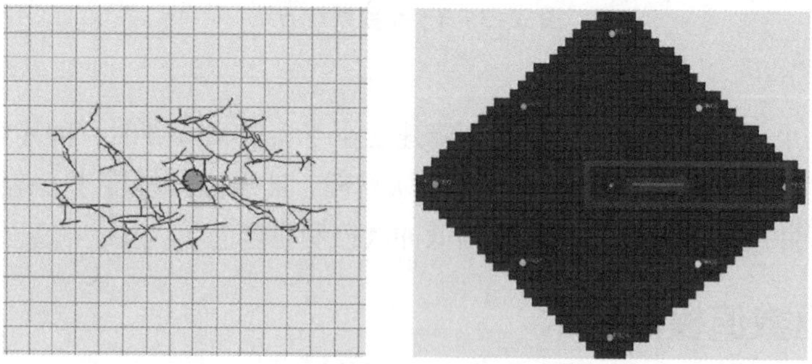

图 2－3－5　压驱缝网形态、压力场传播规律数值模拟

三、配套工艺

(一)压驱管柱

1. 双封卡封套管保护压驱管柱

针对压驱过程压力高、注水周期时间长、储层各层物性差异小的问题，采用笼统卡封护套压驱注水方式，设计了双封卡封套管保护压驱管柱，满足老井、卡封卡漏井压驱注入需求。

双封卡封套管保护压驱管柱组合：采用水力锚＋Y111 封隔器＋Y521 封隔器；

技术指标：管柱耐温 130℃、耐压差 70MPa。

2. 分层压驱注水管柱

针对层间吸水性差异大、笼统压驱管柱无法满足各层注水量等问题，在双封卡封套管保护压驱管柱基础上，开发了逐层上返分层压驱注水管柱，研发分层压驱注水封隔器及压驱滑套，满足高强度、大排量注入及高压换层，实现不动管柱两层以上压驱注入要求。

分层压驱管柱组合：采用水力锚＋Y111 封隔器＋Y521 封隔器＋投球滑套＋Y541 封隔器＋球座组合(见图 2－3－6)，实现不同层位的差异化补能。

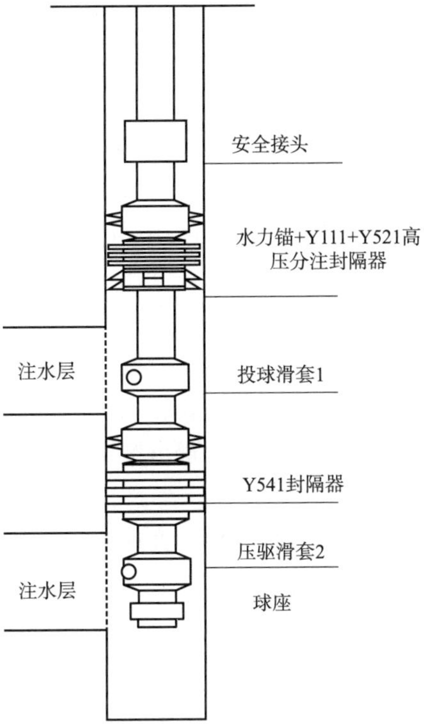

图 2－3－6 分层压驱注水管柱图

技术指标：其中 Y111 封隔器、Y521 封隔器、Y541 封隔器耐压差≤50MPa，耐温 150℃。

分层压驱施工工序：

①上提下放逐级压力坐封 Y111 封隔器、Y521 封隔器，完井；

②笼统注水，投球，打压坐封 Y541 封隔器，继续打压，打掉球座，压驱注下层；

③投可溶球至投球滑套上，打开上层注水层；

④待可溶球溶解后，投钢球至双球座上，关闭下层注水，压驱注上层。

(二) 测试技术

1. 井口压力降落测试技术

压驱全程采用井口压力高密度连续监测的方法，研究注水井井底周围的压力场分布，监控注水过程，指导油藏精细化开发。

(1) 技术原理

以固定的注水量注入一段时间后停注，利用安装在井口的高精度压力变送器，高密度、连续性实时传输和记录压驱中/压驱后的油压变化情况，获取压驱中稳定油压－产量的关系、压驱后的压力降落连续变化曲线。基于不稳定试井分析方法，开展压驱过程中储层渗流条件、压力水平等评价及变化规律分析。

(2) 主要技术指标

采集频率：压力点采样间隔≤60s。

(3) 主要工艺技术点

压驱井井口压力降落测试前，需持续监测注水井稳定的实际注水量、注入压力、套管压力等参数，确保注水井满足测试需求。开始井口压力降落测试时，在保证井口、人员安全的前提下，快速关闭阀门，进行压力降落测试。

2. 液面压力恢复测试技术

压驱过程中，需要针对连通油井开展储层压力监测，分析压驱见效情况。连通油井，一般采用泵抽管柱完井生产。考虑压力监测的工艺适应性、便携性、可操作性、低成本等综合因素，采用环空液面压力恢复测试技术，采用三段法折算井底流压变化情况，基于不稳定试井分析方法，开展油井的储层渗流、物性变化、压力水平等评价。

(1)技术原理

测试方法原理：环空压力恢复监测技术是智能液面监测仪系统通过充气或放气击发声的方式远程监测抽油井环空液面深度和井口套管压力，它能按固定或可变时间间隔自动击发、产生声音信号，自动采集声音信号，分辨出接箍波和液面波，自动计算出声速和液面深度，并同时测试井内套压。

数据存储功能：井口监测仪内置数据存储、处理解释、无线传输模块，内置6种测试周期模式，数据能够实时本地保存及无线远传。

(2)技术特点及指标

1)技术特点

采用特殊的降噪技术、自动声速计算方法、消除泡沫段的模型算法，提高液面计算的准确性。智能液面监测仪设备安装、携带方便，数据储存方式多样，数据查看方式多样。

2)主要技术指标

井口工作压力范围：0～10MPa；

液面测试范围：0～3500m(±5‰)；

储存容量：超过1500组数据；

测试方式：压缩气体或套管气产生声源；

配电系统和仪表装置防护等级：IP66；

防爆等级：Exd llC T6 Gb；

测试间隔：最小5min。

(三)微地震监测技术

通过地面布置高精度拾震器，监测注水引起微裂缝重新开启及造成新的微裂缝时产生的微震波，确定微地震震源位置，分析监测井的水驱方向。

1. 技术原理

注水井在注水过程中，会引起流体压力前缘移动和孔隙流体压力的变化，并产生微震波；同时，原来闭合的微裂缝会再次张开，并诱发产生新的微裂缝，从而引发微地震。在孔隙流体压力变化和微裂缝的再次张开与扩展时，必将产生一系列向四周传播的微震波，通过布置在被监测井周围的监测站接收到微震波的到时差，会形成一系列的方程组，反解这一系列方程组，即可确定微震震源位置。通过水驱期间的多次监测，可分析出注入水的水驱方向变化和动态推进过程等资料。

2. 主要技术指标

模拟带宽：250Hz；

AD 精度：24 位；

模数转换率：1000 次/s；

数据速率：19.2kB/s；

外部供电：DC12V ±2V。

3. 主要技术特点

①采用地面监测，位置可灵活调换。

②外挂可植地拾震器，避免无关的震动以及电磁干扰(风、电线等)。

③适用宽泛，可用于压裂时裂缝走向、形态的监测，也可用于注水井的水驱前缘变化监测。

四、应用情况

2021—2022 年在文卫采油厂老区开展了三个方向的单井组压驱探索：卫 334－19 井油井压驱吞吐试验；卫 360－79 井组单块单层试验；卫新 360－6、卫 360－7 井组多层、多方向复合压驱试验。2023 年以来逐步探索老区整体压驱(卫 43 块)以及新区超前压驱(马 65－1)注水模式。现场累计实施 7 个压驱井组，阶段增油 2200t。

第四节　注采调控技术

中原油田中渗油藏经过 40 余年 6 个阶段的水驱开发，由于储层非均质性严重，优势通道发育，油藏进入高含水阶段。针对中原油田复杂断块油藏温度和矿化度条件苛刻，主力层平面注采水淹程度高，井网适应性变差，层内矛盾加剧等问题，通过开展不同类型调剖调驱技术的研发及现场应用，逐步形成了中高渗油藏调剖技术、常压低渗油藏冻胶分散体调驱技术、高压低渗油藏微球调剖技术等注采调控技术。

一、中高渗油藏调剖技术

针对优势通道发育的中高渗油藏非均质性加剧导致注水低效或者无效的问题，以“降本增效”和“深部复合”为目标，攻关形成了颗粒型系列调剖剂，通过吸水膨胀架桥和物理堆积的方式降低和封堵高渗透层(见图 2－4－1)，达到提高水驱波及系数的目的；针对高渗条带发育、长期含水率高(超过 90%)的油水井，研发耐温抗盐地下成胶型冻胶调剖剂配方，通过交联成胶和固化的方式阻挡水窜，实现深部调剖。

(一)颗粒型调剖技术

中原油田自 1999 年开始开展了预交联凝胶颗粒系列技术体系攻关研究，从室内研究耐温抗盐凝胶颗粒体系组成到工业化生产，反复优化性能，形成 3 个系列 12 种类型的颗粒型产品。

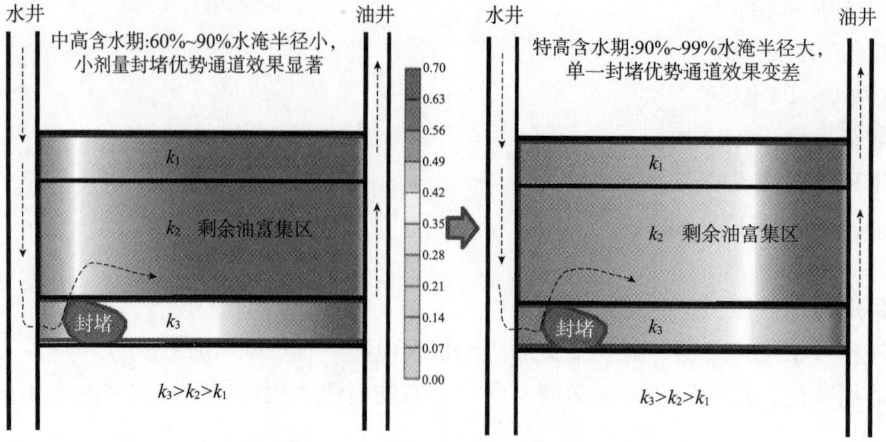

图 2－4－1　调剖提高采收率机理

1. 技术原理

采用高强度颗粒类封堵为主，以封堵高渗层启动新层和层内优势流场调控为目的，扩大水驱波及体积。预交联凝胶颗粒型调剖剂(见图 2－4－2、图 2－4－3)进入到地层深部后无须反应，受地层条件的影响很小，大粒径弹性颗粒的主要作用是对地层内部的裂缝进行封堵，并凭借其易变形、耐剪切的特点，当压力梯度增大时，可以进入地层深部对裂缝和孔隙进行封堵，从而实现深部调剖。

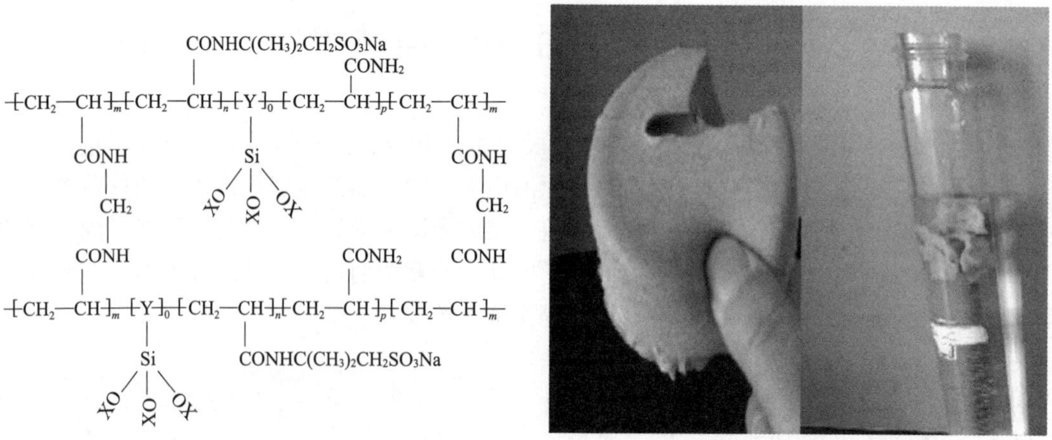

(a)结构式　　(b)实物

图 2－4－2　低密度凝胶颗粒分子结构式和实物

2. 技术特点及技术指标

(1)技术特点

①预交联颗粒型调剖剂适应性广泛、抗温耐盐性能显著；

②生物质颗粒成本较低，封堵能力强，抗温耐盐性能显著，有效期长；

③体系施工简单，可运用于对各类型的水井提高注入压力的措施。

(2)主要技术指标

①体系耐温 110℃；

②体系耐盐 25×10^4mg/L；

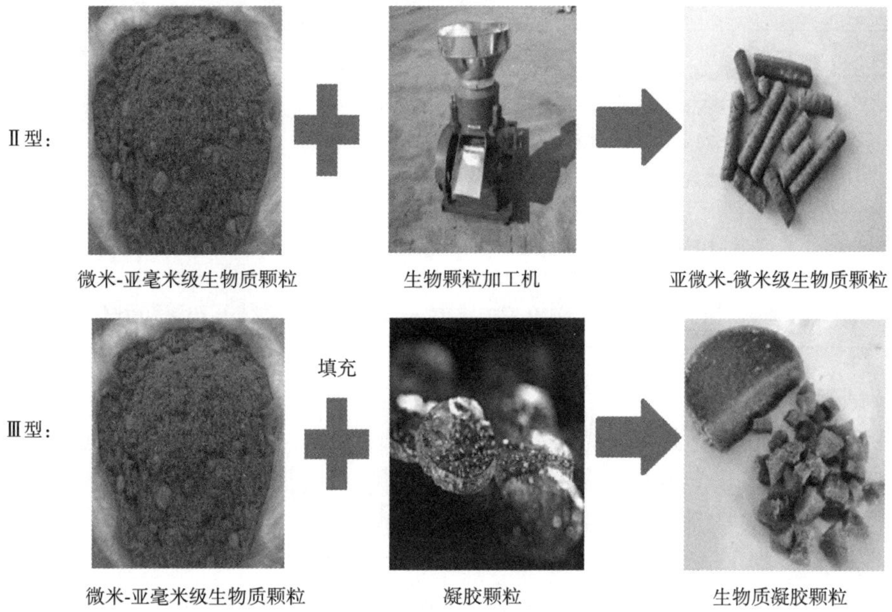

图2-4-3　低成本生物质凝胶颗粒

③封堵率≥90%。

3. 应用场景及配套工艺

(1)应用场景

①裂缝发育油藏的水井；

②注入压力低的中渗油藏水井。

(2)配套工艺

1)选井原则

井组连通性好，注采见效明显；层间、层内非均质性强；平面渗透率差异大，油井见效方向性强；吸水剖面不均匀，存在强吸水层或大孔道；井组具有一定的剩余油可采储量；井况好、无漏失，调剖层上下夹层无串通。

2)调剖剂的用量和类型

用量：调剖剂的段塞及用量设计主要取决于井组控制范围内的地层渗透率及大孔道分布情况和调剖剂的放置位置。采用调剖空间合理放置技术进行调剖剂用量的设计，调剖剂用量计算公式如下：

$$Q = \pi\phi(r_2^2 - r_1^2)H\beta \quad (2-4-1)$$

式中　Q——调剖剂用量，m^3；

r_2——调剖剂离井眼的远半径，m；

r_1——调剖剂离井眼的近半径，m；

H——注水层有效吸水厚度，m；

ϕ——孔隙度，%；

β——方向系数，一般取0.17~1。

类型：根据调剖类型，结合注水井区块及井组温度、压力、流体性质、剩余油分布、优势通道发育情况，同层系或类似油藏历史调剖经验，确定调剖剂类型，见表2-4-1。

表 2-4-1　调剖剂类型的选择标准

调剖类型	油藏特征	调剖体系
大孔道/高渗层调剖	1. 深部调堵层内特高渗大孔道、优势条带发育； 2. 渗透率(500～200×10^4)×10^{-3}μm^2； 3. 温度70℃以下，矿化度20×10^{4}mg/L以下	1. 无机类复合堵剂； 2. 生物质颗粒； 3. 橡胶颗粒
中高渗层内调剖	1. 中高渗储层中近部调剖； 2. 渗透率(50～2000)×10^{-3}μm^2； 3. 温度100℃以下，矿化度25×10^{4}mg/L以下	1. 预交联低密度凝胶颗粒； 2. 生物质颗粒； 3. 生物质凝胶颗粒

3)调剖半径

单井调剖最大限度地提高注入水波及体积，选择1/4～1/3油水井井距作为深部调堵剂的放置位置；对于层间调剖，调剖目的是限制高吸水层，启动新层，并防止注入水对调剖剂的冲刷，实现长期有效性，选择调剖半径为20～30m。

4)注入排量

依据调剖井段及层位的注水强度确定，原则上不超过地质配注的1.5倍。

4. 应用情况

1996—2022年中原油田现场应用1465井次，调剖技术累计增油33.25×10^{4}t。

5. 存在不足及改进方向

(1)不足

①多轮次调剖后，增油效果变差。

②颗粒型堵剂匹配和驻留能力局限性强，有效期变短。

(2)改进方向

①研发驻留能力强的生物质凝胶颗粒系列体系。

②研发低密度和等密度刚性颗粒系列体系。

(二)地下成胶型调剖技术

1. 技术原理

地下成胶型调剖剂是高分子聚合物与交联剂相互反应后产生的一种不具有流动性的冻胶体系，主要以物理堵塞和吸附作用来调节水油流度比和提升水驱波及系数。高强度凝胶型调剖剂是将热固性树脂与固化剂混合后同时注入地层，反应生成具有网状结构的物质(见图2-4-4、图2-4-5)，树脂在固化剂和地层高温的条件作用下，又可固化成具有高强度的堵水剂，封堵中高渗透储层。

2. 技术特点及技术指标

(1)技术特点

①地下成胶型调剖剂种类繁多，抗剪切性能优异，强度高，封堵效果显著；

②地下成胶型调剖剂成胶时间可控，成胶后封堵强度高于颗粒型调剖剂；

③树脂抗温耐盐性能显著，有效期长；

④可运用于提高各类型水井的注入压力。

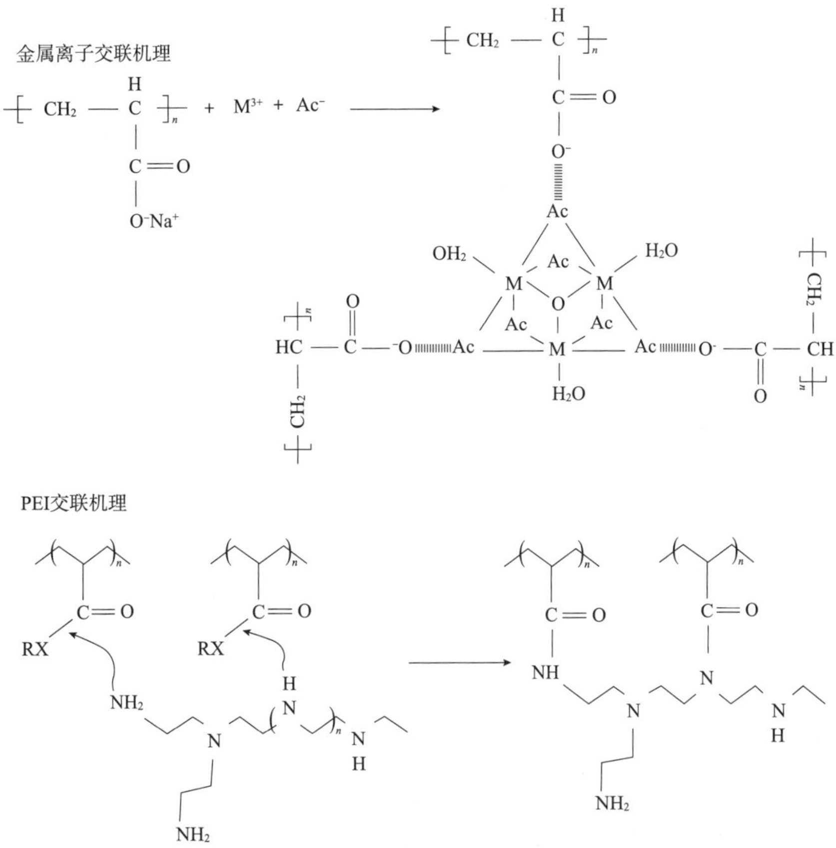

图 2－4－4　耐温抗盐地下成胶的交联机理

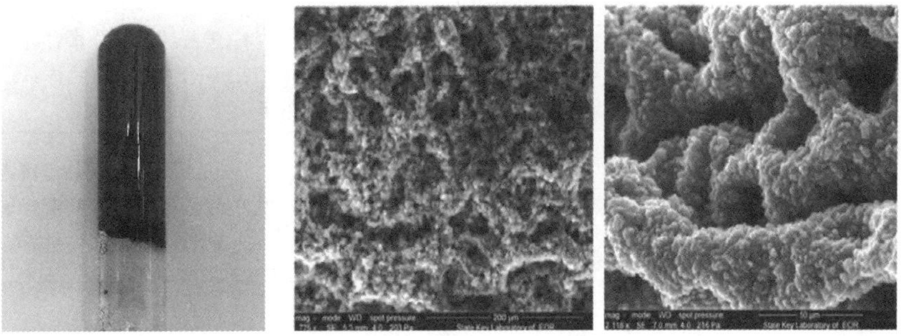

图 2－4－5　耐高温冻胶的微观形貌

（2）主要技术指标

①体系耐温 120℃，耐盐 20×10^4mg/L，封堵率≥95%；

②有效期≥360 d；

③与地层水配伍性良好。

3. 应用场景及配套工艺

（1）应用场景

①高渗条带发育的水井；

②长期含水率高（超过 90%）的油水井。

(2)配套工艺

1)选井原则

井组连通性好，注采见效明显；层间、层内非均质性强；平面渗透率差异大，油井见效方向性强；吸水剖面不均匀，存在强吸水层或大孔道；井组具有一定的剩余油可采储量；井况好、无漏失，调剖层上下夹层无串通。

2)调剖剂的用量和类型

用量：调剖剂的段塞及用量设计主要取决于井组控制范围内的地层渗透率及大孔道分布情况和调剖剂的放置位置。采用调剖空间合理放置技术进行调剖剂用量的设计，调剖剂用量计算公式见2-4-1，方向系数β一般取1。

类型：根据调剖类型，结合注水井区块及井组温度、压力、流体性质、剩余油分布、优势通道发育情况，同层系或类似油藏历史调剖经验，确定聚合物的类型和交联剂的类型，见表2-4-2。

3)调剖半径

对于层内调剖，最大限度地提高注入水波及体积；对于层间调剖，调剖目的是限制高吸水层，启动新层，并防止注入水对调剖剂的冲刷，实现长期有效性，选择调剖半径为10~15m。

表2-4-2　调剖剂类型的选择标准

调剖类型	油藏特征	调剖体系
大孔道/高渗层调剖	1. 深部调堵层内特高渗大孔道、优势条带发育； 2. 渗透率($500\sim20\times10^4$)$\times10^{-3}\mu m^2$； 3. 温度70℃以下，矿化度5×10^4mg/L以下	1. 有机铬交联聚合物体系； 2. 有机锆交联聚合物体系
中高渗油藏调剖	1. 中高渗储层中近部调剖； 2. 渗透率($200\sim500$)$\times10^{-3}\mu m^2$； 3. 温度100℃以下，矿化度10×10^4mg/L以下	1. 酚醛树脂交联聚合物体系； 2. 复合交联聚合物体系
	1. 中高渗储层中近部调剖； 2. 渗透率($50\sim200$)$\times10^{-3}\mu m^2$； 3. 温度130℃以下，矿化度25×10^4mg/L以下	1. 乌洛托品交联聚合物体系； 2. 聚乙烯亚胺交联聚合物体系； 3. 改性脲醛树脂体系

4)注入排量

依据调剖井段及层位的注水强度确定，原则上不超过地质配注的1.5倍。

4. 应用情况

1996—2022年中原油田现场应用交联聚合物调剖技术325井次，累计增油21.5×10^4t。

5. 存在不足及改进方向

(1)不足

①多轮次调剖后，增油效果变差；

②油藏地层水矿化度高，影响成胶强度和有效期。

(2)改进方向

①研发高抗盐的冻胶系列体系；

②配套研发高强度的暂堵体系。

二、常压低渗油藏冻胶分散体调驱技术

常压低渗油藏冻胶分散体调驱技术以扩大波及体积和提高洗油效率为目标，围绕“平面调剖”和“洗油”技术开发。冻胶分散体具有尺度范围广、耐温抗盐能力强和降低油水表面张力的优点，能在高温高盐油藏环境中长期稳定存在，对于低渗油藏的非均质严重的问题，通过地下架桥和二次交联的方式封堵孔喉，满足低渗油藏的低成本调驱注水开发需要。

(一)技术原理

对冻胶分散体采用一定的交联技术和分散技术，在地面形成特定本体冻胶经剪切磨圆作用后制得不同粒径分布的均匀分散水相溶液。调驱体系柔性颗粒(见图2-4-6)在优势通道、大孔喉中通过单颗粒直接封堵、多颗粒吸附、架桥、颗粒聚结对高渗流通道实现储层微观调控(见图2-4-7、图2-4-8)，在低渗透层内的运移距离更远，深部调控效果更好，后续水驱液流转向作用长效，达到提高原油采收率的目的。

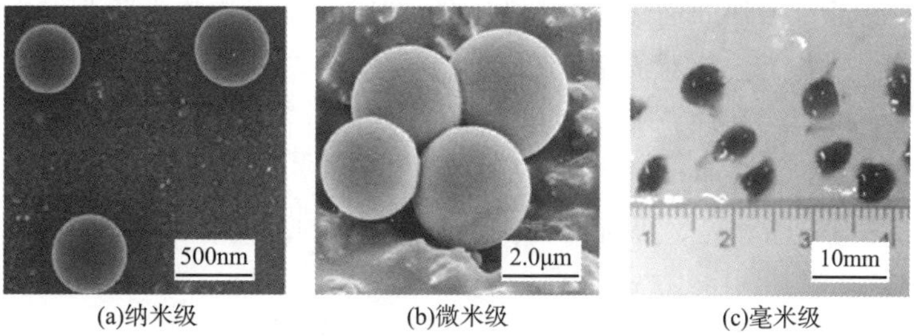

图2-4-6　不同粒径尺度的冻胶分散体柔性颗粒

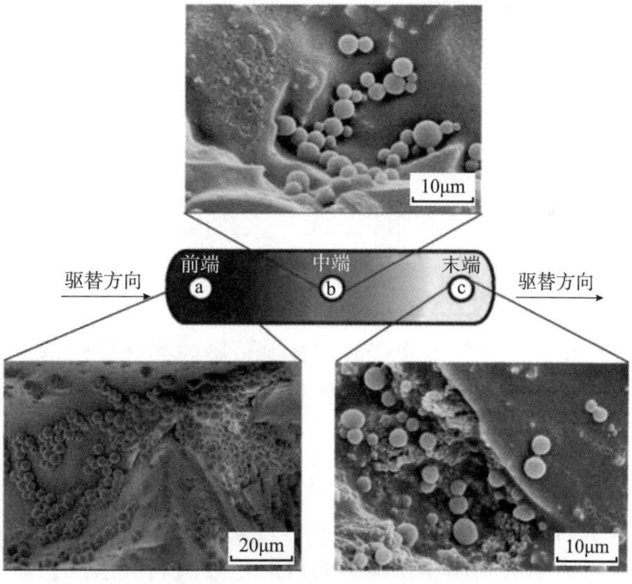

图2-4-7　柔性颗粒在低渗孔喉中的分布状态和滞留规律

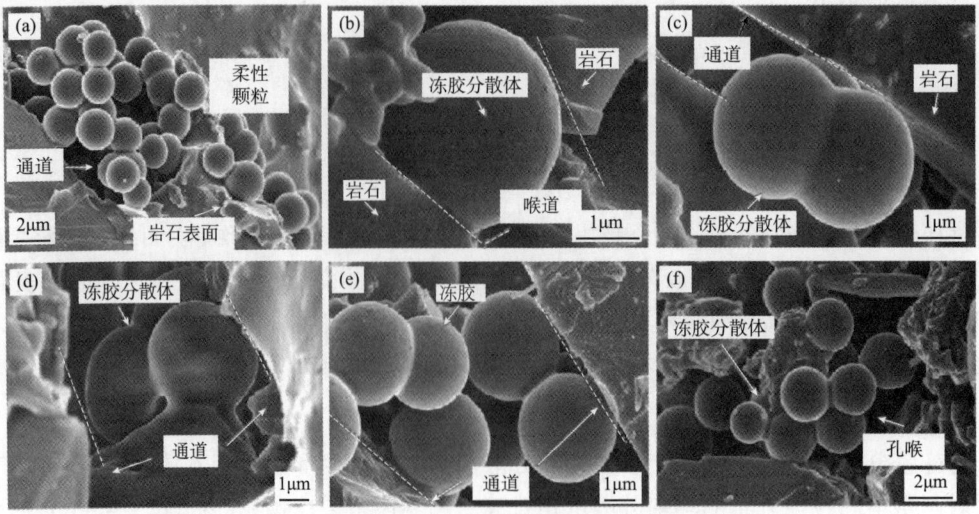

图2-4-8　在岩心孔喉中的微观调控机制

(二)技术特点及技术指标

1. 技术特点

①机械剪切制备，由地面通过温和交联过程形成的特定本体冻胶为原料，通过调整机械剪切参数制得，制备工艺相对简单。

②施工简单，可用于在线调驱。

2. 主要技术指标

①低黏度(5~10mPa·s)，高抗剪切，良好的聚结能力；

②耐温130℃，耐盐30×10^4mg/L。

3. 应用场景及配套工艺

(1)应用场景

①低渗油藏含水超过90%的水井；

②注入压力不超过25MPa的水井。

(2)配套工艺

1)选井原则

井组连通性好，注采见效明显；层间、层内非均质性强；平面渗透率差异大，油井见效方向性强；吸水剖面不均匀，存在强吸水层或大孔道；井组具有一定的剩余油可采储量；井况好、无漏失，调剖层上下夹层无串通。

2)调驱剂的用量

调驱剂的段塞及用量设计主要取决于井组控制范围内的地层渗透率及大孔道分布情况和调驱剂的放置位置。采用调驱空间合理放置技术进行调驱剂用量的设计，调驱剂用量计算见式2-4-1，方向系数β一般取0.5。

3)调驱半径

对于层内调驱，最大限度地提高注入水波及体积，选择1/4~1/3油水井井距作为深部调堵剂的放置位置；对于层间调驱，调驱的目的是限制高吸水层，启动新层，并防止注入水对调驱剂的冲刷，实现长期有效性，选择调驱半径为20~30m。

4)注入排量

依据调驱井段及层位的注水强度确定，原则上不超过地质配注的1.5倍。

4. 应用情况

1996—2022年中原油田现场应用25井次，累计增油1.5×10^4t。

5. 存在不足及改进方向

(1)不足

①常压低渗油藏存在窜流通道，调驱提高压力能力有限；

②冻胶分散体固相含量较少，有效期短。

(2)改进方向

①研发固相含量较高的凝胶微粒系列体系；

②配套无机铝凝胶类调剖剂开展封窜研究。

三、高压低渗油藏聚合物微球调剖技术

聚合物微球具有耐高温、抗高盐、纳米级尺度和膨胀倍数大的技术优点，在高压低渗油藏环境下吸水膨胀封堵高渗条带，迫使后续水驱发生液流转向作用，达到控制流度和提高采收率的目的，对于难动用油藏的剖面调整是一种重要的技术手段。

(一)技术原理

聚合物微球作为一种调剖剂，是利用微球遇水膨胀和吸附的特性封堵地层孔喉，实现液流改向，聚合物微球具有封堵、突破、深入、再封堵的逐级调剖的特性。聚合物微球采用反相微乳聚合合成工艺制备，是一种初始尺寸为纳米、微米级，表面性质分别为阴离子型、中性、阳离子型的系列活性微球，见图2-4-9。通过调整单体配比、合成反应条件可以调整微球的水化时间、吸水倍数。由于交联剂的加入及聚合物分子之间的相互缠绕和酰亚胺化反应，反相微乳液聚合得到具有一定强度的纳米级别的水凝胶微球，当封堵压差超过一定值后，微球会发生弹性形变，继续往深部运移，起沿程调剖的作用，实现深部注入封堵的目的。

图2-4-9 不同纳米尺寸的耐温抗盐微球颗粒

(二)技术特点及技术指标

1. 技术特点

(1)聚合物微球性能稳定，调控能力强，制备工艺相对简单。

(2)生产调整简单、易控制，仅通过调整机械剪切参数实现控制。

(3)施工简单，可运用于在线注入调剖。

2. 主要技术指标

(1)耐温95℃；

(2)体系耐盐 25×10^4mg/L；

(3)阻力系数大于8。

(三)应用场景及配套工艺

1. 应用场景

(1)日注入量低于10m^3的水井；

(2)原始渗透率低于 $10\times10^{-3}\mu m^2$ 的水井。

2. 配套工艺

(1)选井原则

①井组连通性好，注采见效明显；

②层间、层内非均质性强；

③平面渗透率差异大，油井见效方向性强；

④吸水剖面不均匀，存在强吸水层或大孔道；

⑤井组具有一定的剩余油可采储量；

⑥井况好、无漏失，调剖层上下夹层无串通。

(2)调剖剂的用量

调剖剂的段塞及用量设计主要取决于井组控制范围内的地层渗透率及大孔道分布情况和调剖剂的放置位置。采用调剖空间合理放置技术进行调剖剂用量的设计，调剖剂用量计算公式见2-4-1，方向系数β一般取0.5。

(3)调剖半径

当使用微球等调驱剂时，最大限度地提高注入水洗油效率，选择1/5～1/4油水井井距作为深部调堵剂的放置位置；对于层间调剖，调剖的目的是限制高吸水层，启动新层，并防止注入水对调剖剂的冲刷，实现长期有效性，选择调剖半径为20～30m。

(4)注入排量

依据调剖井段及层位的注水强度确定，原则上不超过地质配注的1.5倍。

(四)应用情况

1996—2022年中原油田现场应用12井次，累计增油 0.36×10^4t，为进一步的研究高压低渗调驱技术奠定了良好基础。

(五)存在不足及改进方向

1. 不足

(1)成本较高，地层吸附牺牲量多。

(2)注水井压力高，日注入量低，有效期变短。

2. 改进方向

(1)结合压驱方向的配套技术，可驱油，可转向。

(2)提高微球的耐温抗盐适应范围。

四、现场实施风险分析与防控措施

针对注采调控施工过程中可能会出现的风险，制定应急处理措施，详见表2－4－3。

表2－4－3　现场施工风险分析与防控措施表

序号	风险分析	处理措施
1	井口刺漏	1. 试压期间漏，停泵整改，整改完成后根据情况继续施工； 2. 注入施工期间漏，顶替清水后整改，整改完成后根据情况继续施工； 3. 注入顶替液期间漏，需完成顶替
2	管柱失效	停止施工，查明情况，根据整改情况确定后续是否继续施工
3	注入装置故障	通知注水站停止注水，关闭调剖闸门，整改完成后根据情况继续施工
4	排量不能满足设计要求	及时请示汇报，整改完成后继续施工
5	高低压管汇故障	1. 试压期间漏，停泵整改，根据情况继续施工； 2. 注入施工期间漏，整改完成后继续施工； 3. 注入顶替液期间漏，需完成顶替
6	压力突然大幅度下降	1. 管柱、工具失效。执行“管柱失效”“注入装置故障”措施； 2. 井况出现问题，判断明确，整改完成后根据情况继续施工

第五节　堵水堵漏技术

长期注水开发，主力层采出程度高、水淹严重。堵水堵漏技术是利用向地下注入化学材料(堵剂)的方法控制油井出水，实现封堵高渗透层，提高波及系数，改善油藏整体开发效果。

一、非选择性封堵技术

由于油田开发过程中的强采强注，储层经长期的注水冲刷，形成了许多次生大孔道。同时，受固井质量、射孔因素、地质构造、修井作业和油水井管理不当等因素影响，造成套管外水泥环破坏，层间形成窜通、套管破损，需对目的井段进行封堵，确保油水井正常生产。

(一)无机固结封堵技术

无机固结封堵技术通过向目标区域注入特定的无机材料(如水泥浆或其他固结剂)，使其在地层条件下固化形成坚固的屏障，达到封堵目的，解决井筒完整性、防止地层水或气体窜流等方面的问题。

1. 技术原理

无机固结封堵剂属于水泥固化类堵剂，主要由油井水泥、超细水泥、缓凝剂、固化剂、复合结网剂、微膨剂、高温悬浮剂等组分组成。通过优化配方体系粒径分布，实现与地层孔喉注入匹配，通过添加新型结网材料、微晶膨胀剂、有机增强剂等添加剂，形成适用不同封堵类型、封堵半径可调的封堵体系。

该堵剂浆体具备良好的触变性、驻留性和悬浮稳定性，增强了堵剂与地层的吸附性，提高了堵剂的封堵效果；“直角稠化”特性使堵剂浆体进入封堵部位后，由易流动的悬浮体变成流动性差的黏稠态，有效滞留在封堵部位。封堵剂中的胶凝材料在网架结构上聚凝沉积，形成高浓度固相富集体，在地层温度下发生水化反应，形成高强度封固层；添加剂参与水化反应，利用固化体体积微膨胀、活性功能基团吸附的功能，改善界面性能，增强界面胶结强度。

2. 技术特点及技术指标

(1)技术特点

①流动性好，易泵入；

②抗温、抗盐、强度大；

③堵剂与地层孔隙、孔喉匹配性好，注入性、驻留性好；

④与地层胶结性好，封堵率高，有效期长。

(2)主要技术指标

①密度：1.48～1.54g/cm^3。

②细度(筛孔0.9mm筛余)：≤10%。

③耐温：30～140℃，抗盐：25×10^{4}mg/L。

④初始稠度：<30Bc。

⑤稠化时间：4～9h可控。

⑥初凝时间：≥8h(可调)，终凝时间：≥10h(可调)。

⑦凝固强度：≥28MPa。

⑧气密封强度：≥15MPa。

3. 应用场景及配套工艺

(1)应用场景

①封堵窜槽、炮眼、裂缝、套漏；

②油水井大孔道封堵；

③油井堵水；

④水井层间调剖；

⑤废弃井地层封堵；

⑥储气库老井永久性封堵。

(2)配套工艺

1)用量设计

堵剂用量按照式(2-5-1)进行设计。

$$V=\pi\times(R^2-r^2)\times h\times\phi \tag{2-5-1}$$

式中 V——堵剂用量，m^3；

R——处理半径，m；

r——井筒半径，m；

h——封堵井段厚度，m；

ϕ——孔隙度，%。

2)注入工艺

根据井筒条件及封堵强度匹配不同工艺措施管柱。

光油管平推挤堵：适用于套管质量好的井封堵；

封隔器卡封挤堵：适用于需分层挤堵或上部套管存在问题的封堵；

水泥承留器挤堵：适用于永久性封堵。

3)注入排量

依据封堵井段孔隙度、渗透率、吸水指数确定封堵施工的排量。泵注排量以0.1～0.3m^3/h为宜。

4)注入压力

挤堵施工过程中施工压力应不超过井口设备、井下工具及井控装置的额定工作压力，施工时套管承压应小于套管抗内压强度的80%，且施工压力不能超过地层破裂压力的85%。

4. 应用情况

2010年以来，在中原油田东濮老区油水井挤堵和储气库老井封堵中应用350口井次以上。在文96、文23等6个储气库建设中共进行老井封堵429井次，施工工艺成功率达到了100%。

5. 存在不足及改进方向

(1)不足

①长井段、层间矛盾突出的井，挤堵成功率较低；

②自由段堵漏一次成功率较低。

(2)改进方向

①开展套漏段或漏点精准识别技术研究，指导封堵工艺优化实施；

②开展针对性的封堵体系研发(如强力胶复合堵漏剂)，提高堵漏效果；

③优化施工过程中参数动态调整，实现套漏井高效封堵。

6. 现场实施风险分析与防控措施

针对无机封堵施工过程中的风险，制定防控措施，详见表2-5-1。

表2-5-1　挤堵风险评价与防控措施表

关键环节		存在的主要风险	产生风险的主要因素	防控措施
挤堵施工全过程		人身伤害	操作人员未正确穿戴劳动防护用品	严格按照规定穿戴劳动防护用品，并正确使用
		操作不当造成人身伤害或设备损坏	由于人为因素，造成人身伤害或设备损坏	加强技能培训，提高操作人员操作技能
施工准备	堵剂检验	堵剂检测不合格	堵剂性能不达标，造成施工延期	严格按照堵剂配方生产配制、检测，如堵剂性能不达标及时更换合格产品
		封堵剂板结失效	对封堵剂水分检测不准确，存放时间长	缩短存放时间，进行防潮处理
		堵剂浆体稠度大或悬浮差	对封堵剂2h析水率检测不准确，堵剂配方存在问题	2h析水率控制在10%之内，按要求检测，调整堵剂配方
		施工失败或工程事故	对封堵剂凝固时间检测不准确，堵剂配方存在问题	重新对堵剂配方进行调整

续表

关键环节		存在的主要风险	产生风险的主要因素	防控措施
施工准备	配液	发生跌滑事故	施工现场混乱，摆放不规范	严格按照配液操作规程执行，对现场环境进行清理，并清除安全隐患
		堵剂性能改变	没按配方配液，配液罐清理不干净，存放时间长	严格按照配液操作规程执行，配液罐清洁无异物
	运输	堵剂浆体失效或误工	车辆设备发生机械故障	出车前做好安全检查，按时保养维修，如发生机械故障及时更换备用车辆
			运输罐清理不干净	严格按照操作规程执行，确保运输罐清洁无异物
	施工设备	挤堵施工事故	井口刺漏，管线连接不牢或管线耐压程度低	施工前按要求进行井口、管线试压立即挤入适量清水，停泵整改
			施工期间动力提升设备不能正常运转	按要求配备，关键工序时提前启动设备，并做好施工前设备检查保养工作
			施工期间注入系统不能正常运转	检查保养设备，如不能正常注入，中断作业，更换注入设备
	井下管柱	施工效果差或失败	施工管柱深度不适合	优化施工方案，严格按方案实施
		井下事故	施工管柱不密封，承压低	检查井下管柱及工具，施工前按施工压力进行管柱及工具试压
			套管试压不合格	施工前，对套管进行验套并试压合格
施工参数控制	堵剂用量控制	挤堵施工失败或有效期短	施工压力达到设计最高值井下工具失效，无法继续施工，堵剂用量小	井下工具试压合格，并做好挤堵施工过程中突发事故处置预案
		施工压力超出方案设计	施工过程中，压力突然升高封堵剂浪费	根据施工现场压力变化，及时调整配液方案
	顶替用量	井下事故	施工压力达到设计最高值井下工具失效，无法继续施工，造成顶替量小	分析造成施工压力超压原因后，按挤堵超压应急措施处理，保证井筒安全
		挤堵施工失败	施工过程中，因地层原因造成压力过低，未达到设计要求	优化施工方案和堵剂配方，重新组织施工
	施工压力	施工设备损坏、挤堵施工失败	压力快速上升超出安全压力范围	严禁超压施工，按挤堵超压应急措施处理，保证井筒安全
		挤堵施工失败	发现地层亏空严重等异常情况，施工压力低	分析造成施工低压原因后，按挤堵低压应急措施处理，保证井筒安全
环保控制	现场清理	环境污染	堵剂浆体泄漏	废液进行无害处理，防止污染环境

(二)耐蚀环氧树脂封堵技术

1. 技术原理

针对高温高盐、高含 H_2S 和 CO_2，对堵剂腐蚀性强，动管柱安全风险高等问题，研发了耐蚀环氧树脂永久封堵体系，主要由主剂、性能稳定剂、固化时间调节剂等组成。体系在注入时为流动液体，加入稀释剂后能进一步降低树脂黏度，确保顺利注入封堵目的层；注入后，在地层条件下，固化剂与树脂发生交联固化反应(见图 2-5-1)，与周围岩石胶结在一起，生成不溶、不熔的高强度固体，封堵地层孔道。针对酸酐类固化剂形成的酯键(—COO—)酸解的问题，采用线型酚醛树脂替代常用的酸酐类固化剂，使环氧树脂体系以醚键(—O—)固化，在 H_2S 和 CO_2 酸性环境中不分解，实现耐 H_2S 和 CO_2 性能。

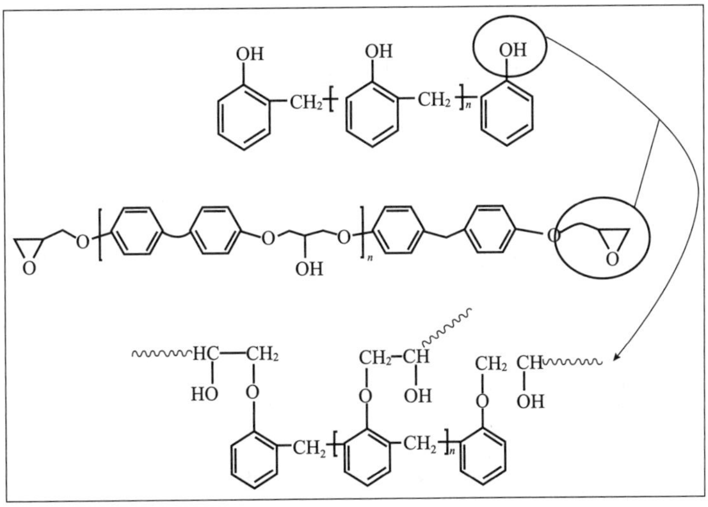

图 2-5-1　耐蚀环氧树脂封堵体系固化反应过程

2. 技术特点及技术指标

(1)技术特点

①稳定性好，可常温放置；

②耐蚀环氧树脂封堵体系黏度低，摩阻小，可确保超深井顺利注入；

③固化时间可调，注入后在地层条件下强度形成快，24h 大于 14MPa，兼顾了优良的抗压强度与弹韧性，能够形成致密的非渗透隔离层。

④体系耐硫化氢，长时间在硫化氢环境下稳定，封堵有效期长。

(2)主要技术指标

①基液黏度：≤100mPa · s；

②稠化时间：3 ~ 15h 可调；

③耐 H_2S：≥10%(体积含量)；

④堵剂耐温：130℃；

⑤抗压强度：≥15MPa(120℃)。

3. 应用场景及配套工艺

(1)应用场景

①封堵窜槽、炮眼、裂缝、套漏井；

②高含硫酸性气井堵水；

③复杂、低渗井封堵。

(2)配套工艺

参照非选择性封堵技术配套工艺。

4. 应用情况

2019年6月普光高含硫酸性气田普光105－2井封堵施工，施工一次成功，施工工艺成功率达到了100%。当年8月开井后油压9～10MPa，日产气$(9\sim10)\times10^4m^3/d$；出水量由$76m^3/d$降至$23m^3/d$，复产后已累计产气$4735\times10^4m^3$。

5. 存在不足及改进方向

(1)不足

①使用成本高；

②原材料含酚类和醛类物质，对人体及环境有害。

(2)改进方向

①优化施工工艺，控制施工用量，降低使用成本；

②优化设计配套现场配制注入及工艺，削减人体及环境伤害风险。

二、选择性堵水工艺技术

(一)技术原理

针对隔层小、井况差、找水难度大，难以分层封堵的需要堵水井，研发了油井选择性堵水体系。该体系由聚合物、渗透率调节剂、复合交联剂及稳定剂组成，可笼统注入，凝胶堵剂与水中矿物离子结合产生纳米级微粒，随体系中微粒浓度的增大，微粒之间相互吸附并聚成树脂凝胶，通过吸附于其所流经区域地层的岩石骨架表面，降低高渗地层渗透率。在油气环境中，纳米颗粒外层遇油膨胀程度小，内层遇油不膨胀，颗粒间相互排斥，无法相互吸引发生交联形成串或团，与岩石表面不发生吸附，达到选择性堵水而不堵油的效果。

(二)技术特点及技术指标

1. 技术特点

①新型选择性堵水体系颗粒与地层渗透率匹配，颗粒粒径5.0～25.0μm可控；

②配制简单，可直接采用现场注入水进行配制；

③施工周期短，工艺简单。

2. 主要技术指标

①耐温：70～110℃，抗盐：$20\times10^4mg/L$；

②油相渗透率降低：<25%；

③水相渗透率降低：>85%；

④有效期：180d以上。

(三)应用场景及配套工艺

1. 应用场景

①油井周围储层剩余油相对富集；

②油井能量充足，产状为高液量、高含水；

③油水井动态反应明显，对应关系简单，水井注水正常保障能量补充；

④中渗井组前期调剖效果明显，多轮次调剖调驱后低效无效；

⑤拟动用层水井有一定吸水能力且层间差异小；

⑥井况和井筒条件满足施工要求。

2. 配套工艺

(1)施工方式

①不动管柱挤堵：针对井下管柱油套连通的油井，采用下放抽油杆，井口油管安装防喷管，套管注入的工艺实现不动管柱施工。

②动管柱挤堵：若井下管柱油套不连通，需起出原管柱，下光油管带笔尖，实现连续注入。

(2)注入压力优化

①注入压力低于地层破裂压力 80%；

②施工时以试注压力为基础，爬坡压力 3 ~ 6MPa 为宜。

(3)注入方式优化

①利用注入工艺，使堵剂优先进入主出水层；

②地层渗透率差异产生的选择性注入方法；

③由高压注水产生的选择性注入方法；

④由对应注水井关井泄压产生的选择性注入方法；

⑤由低注入速度产生的选择性注入方法；

⑥控制挤入速度，将聚合物的剪切破坏降至最低，保证成胶效果。

(四)应用情况

2021—2022 年油井选择性堵水工艺技术在中原油田不同类型油藏应用 5 井次，阶段累计增油 656.6t，累计降水 10821m^3。

(五)存在不足及改进方向

1. 不足

堵剂用量、参数设计缺乏依据，效果有待进一步提升。

2. 改进方向

针对不同油藏条件下深入注入方式、段塞大小、注入量等参数，为堵剂用量、参数设计提供依据。

(六)现场实施风险分析与防控措施

针对选择性堵水施工过程中可能会出现的风险，制定应急处理措施，详见表 2－5－2。

表 2－5－2　现场实施风险分析与防控措施表

序号	风险分析	处理措施
1	井口刺漏	1. 试压期间漏，停泵整改，整改完成后根据情况继续施工； 2. 注入施工期间漏，顶替清水后整改，根据整改情况确定是否继续施工； 3. 注入顶替液期间漏，需完成顶替

续表

序号	风险分析	处理措施
2	管柱失效	停止施工，查明情况，整改完成后根据情况继续施工
3	注入装置故障	关闭堵水闸门，通知注水站注水，整改完成后根据情况继续施工
4	排量不能满足设计要求	及时请示汇报，整改完成后继续施工
5	高低压管汇故障	1. 试压期间漏，停泵整改，根据情况继续施工； 2. 注入施工期间漏，整改完成后继续施工； 3. 施工后续注入顶替液期间漏，顶替完成，整改完成后继续施工
6	压力突然大幅度下降	1. 管柱、工具失效。执行“管柱失效”“注入装置故障”相应措施 2. 井况出现问题，判断明确，整改完成后根据情况继续施工
7	安全情况	执行安全预案

第三章　井下作业技术

第一节　小修作业技术

油水井小修作业属于井下作业技术中最基本的作业任务，通过对井下管柱、井筒或地层采取简单的措施，使油水井恢复正常生产。小修作业技术主要包括探冲砂、注灰挤堵、钻水泥塞、打捞、找水堵水以及低成本作业等。

一、探冲砂

(一) 技术背景

由于油层胶结疏松或油气水井工作制度不合理，以及措施不当造成出砂，井内的液流不能将地层砂带出地面，井内砂子逐渐沉淀，砂柱增高，堵塞通道或砂埋油层，油气井减产甚至停产，水井注不进水，同时还会造成井下砂卡事故，因此必须采取措施清除井筒内积砂。

(二) 工艺技术

1. 工艺原理

冲砂是向井内高速注入液体，靠水力作用将井底沉砂冲散，利用液流循环上返的携带能力，将冲散的砂子带到地面上的施工方法。冲砂方式分为正冲砂、反冲砂和正反冲砂三种。

正冲砂：冲砂液沿冲砂管向下流动，在流出冲砂管口时以较高的流速冲击砂面，被冲散的砂子与冲砂液混合在一起沿冲砂管与套管环形空间返至地面的冲砂方式。正冲砂冲刺力大，上返速度小，携砂能力差。

反冲砂：冲砂液沿冲砂管与套管环形空间向下流动，将砂堵冲散，被冲散的砂子与冲砂液混合后，沿冲砂管上返至地面的冲砂方式。反冲砂冲刺力小，上返速度大，携砂能力强。

正反冲砂：采用正冲砂的方式冲散砂堵，并使其呈悬浮状态；然后迅速改用反冲砂方式进行反洗井，将冲散的砂子从冲砂管内冲出。

目前冲砂施工可以实现不停泵连续冲砂施工，即冲砂过程中接换单根不停泵，冲砂液在井内始终保持循环状态，有效避免了停泵换单根悬浮砂回落卡钻或堵塞管柱的问题。

2. 冲砂设备组成

冲砂管柱、冲砂工具、水泥车、水龙头、水龙带、地面管汇、液压自封等。

3. 技术参数

冲砂的水力计算：冲砂时为使携砂液将砂子带到地面，液流在井内上返速度必须大于最大直径的砂粒在携砂液中的下沉速度，推荐速度比≥2。

计算公式为：

$$v_{砂}=v_{液}-v_{降} \tag{3-1-1}$$

$$v_{砂}\geqslant 2v_{降} \tag{3-1-2}$$

式中 $v_{砂}$——冲砂时砂粒上升速度，m/min；

$v_{液}$——冲砂时冲砂工作液上返速度，m/min；

$v_{降}$——砂粒在静止冲砂工作液中的自由下沉速度，m/min。

冲液时液流上返速度 $v_{液}$ 与泵的排量、返砂通道截面积有关，其关系式为：

$$v_{液}=\frac{Q}{3600\mathrm{A}}(\text{正冲砂}) \tag{3-1-3}$$

式中 Q——冲砂时泵的排量，m^3/h；

A——冲砂液上返流动横截面积(正冲砂为油管套环形空间截面积)，m^2。

冲砂时泵车的最小排量为：

$$Q_{泵}=2Av_{降} \tag{3-1-4}$$

式中 $Q_{泵}$——泵车排量，m^3/h。

在固定排量下冲砂，井底砂粒返到地面的时间为：

$$T_{实}=\frac{H}{\frac{Q_{泵}}{A}-v_{降}} \tag{3-1-5}$$

式中 $T_{实}$——冲砂时井底砂粒返到地面的时间，s；

H——井深，m。

相对密度为2.65的石英砂在清水中的自由沉降速度见表3-1-1；在原油中自由沉降速度见表3-1-2。

表3-1-1 相对密度为2.65的石英砂在清水中的自由沉降速度

平均颗粒大小/mm	在水中下降速度/(m/s)	平均颗粒大小/mm	在水中下降速度/(m/s)	平均颗粒大小/mm	在水中下降速度/(m/s)
11.90	0.3930	1.850	0.1470	0.200	0.0244
10.30	0.3610	1.550	0.1270	0.156	0.0172
7.300	0.3030	1.190	0.1050	0.126	0.0120
6.400	0.2890	1.040	0.0940	0.116	0.0085
5.500	0.2600	0.760	0.0770	0.112	0.0070
4.600	0.2400	0.510	0.0530	0.080	0.0042
3.500	0.2090	0.370	0.0410	0.055	0.0021
2.800	0.1910	0.300	0.0340	0.032	0.0007
2.300	0.167	0.230	0.0285	0.001	0.0001

表3－1－2　相对密度为2.65的石英砂在原油中的自由沉降速度

名称	原油温度/℃	20	25	30	35	40	45	50
脱气无水原油	原油黏度/(MPa·s)	74	41	8	25	24	—	22
	粗砂下降速度/(cm/min)	78	95.5	202	273	400	—	600
	细砂下降速度/(cm/min)	13.7	5	66.5	5	111	—	143
气乳化原油	原油黏度/(MPa·s)	2616	2074	1431	1169	939	737	512
	粗砂下降速度/(cm/min)	2.92	3.05	3.30	3.55	4.8	5.6	9.24

(三)施工步骤

①根据井史及工程设计的要求，选择合适的冲砂工具，将其连接在管柱的最下端入井。

②当探砂管柱下至距油层上界或砂面30m时，下放速度应≤5m/min，以悬重下降10～20kN时连探两次，确定砂面位置。2000m以内的井深误差≤0.3m，大于2000m的井深误差≤0.5m，并记录砂面位置。

a. 冲砂优先采用反冲砂的方式。起出方入，连接反冲砂管线。连接水龙头，接水龙带，连接地面管线、管汇，并试压合格；井口安装液压自封，启动液压泵，使液压自封胶芯处于压缩状态，液压自封胶芯与油管外壁贴紧，密封油套环形空间。

b. 当管鞋下至砂面以上3m时开泵循环洗井1.5周以上，充分将井筒内的油气脱除。出口排量正常后缓慢下放管柱至砂面开始反冲砂，冲砂过程中密切关注指重表、泵压、出口排量是否正常，异常情况及时上提管柱。

c. 根据泵压、出口排量，以<1.0m/min的速度缓慢下放管柱，进行冲砂。

d. 每次单根冲完必须充分循环洗井，洗井时间≥15min，控制接单根时间在3min以内。如此循环冲砂至设计要求深度。

e. 4in(ϕ101.6mm)套管，连续冲砂超过3个单根后，洗井1周以上，待砂返出地面后方可继续下冲。$5\frac{1}{2}$in(ϕ139.7mm)以上套管配以大排量(排量大小视实际效果确定)，连续冲砂超过5个单根后，洗井循环1周后方可继续下冲。

f. 反冲砂无进尺，则采用正反冲砂方式，待正冲砂冲开砂面，洗井至出口含砂量<0.2%后，改为反冲砂；正冲砂改反冲砂前洗井≥30min，将管柱上提6～8m，反循环正常后方可下放冲砂。

g. 冲砂至设计深度后，上提1～2m，大排量洗井2周。出口含砂量<0.2%为冲砂合格。

h. 冲砂洗井时，每隔10～20min上下反复活动管柱1次，活动距离>3m。

i. 冲砂结束后，上提管鞋至冲砂砂面以上30～50m，沉砂4h后复探砂面深度，连探3次管柱悬重下降10～20kN，深度误差<0.3～0.5m为合格。

j. 起出冲砂管柱，完成探冲砂作业。

(四)技术要求

①禁止使用通井规、刮削器等大直径工具冲砂。

②冲砂过程中要缓慢均匀地下放管柱，以免造成砂堵或憋泵。

③循环冲砂施工需有沉砂池，进、出口分开。

④冲砂施工中发现地层严重漏失，修井液不能返出地面时，应立即停止冲砂施工，将管柱提至原砂面10m以上，并反复活动管柱。可采用暂堵、大排量联泵冲砂、气化液冲砂或抽砂泵捞砂等方式继续进行。

⑤冲砂施工中途若提升设备出现故障，必须保持正常循环。

⑥泵发生故障无法进行冲砂施工须停泵处理时，应上提管柱至原砂面10m以上，并反复活动；悬挂4in套管冲砂施工中途因故停止循环，应立即将管鞋上提至悬挂器以上50m。

⑦因管柱下放速度快，加压过多造成憋泵，应立即上提管柱，待泵压和出口排量正常以后，方可继续加深管柱冲砂。

⑧高压自喷井冲砂要控制出口排量，应保持与进口排量平衡，防止井喷。

⑨地面管线流程连接试压合格，能够满足迅速倒换正反冲砂需求。

二、注灰挤堵

（一）技术背景

油田开发中，由于油水井层位出水、漏失、串槽、套破等因素，严重影响油井生产及水井注水。根据工艺要求需对这些井进行注灰或挤堵，以达到施工目的。注灰挤堵工艺技术主要是在层位较多的油水井中进行注灰挤堵施工作业，利用该技术，能够对油水井进行堵水、挤堵等措施，施工中实现一次性成功封堵目的层，增产效果明显。

（二）工艺技术

注灰挤堵是将一定量的水泥浆替到套管内或井眼的某一部位，使其形成满足注采需要的新的人工井底或满足工艺过程的临时封闭某井段的工艺技术。

1. 水泥等级的选择

①A、B、C三级，深度范围为0~1828.8m，温度为26.7~76.7℃。其中，A级无特殊性能要求，B级属中热水泥，C级属早强水泥。

②D级，深度范围为1828.8~3050m，温度为76~127℃，属基本水泥加缓凝剂，用于中温中压条件。

③E级，深度范围为3050~4270m，温度为76~143℃，属基本水泥加缓凝剂，用于高温高压条件。

④F级，深度范围为3050~4880m，温度为110~160℃，属基本水泥加缓凝剂，用于超高温高压条件。

⑤G、H级，深度范围为0~2440m，温度为26.7~95℃，是两种基本水泥，当掺入促凝剂或缓凝剂后，能适应较大范围变化的井深和温度条件。

2. 注水泥塞用量计算

①水泥浆用量：

$$V = V_0(H_1 - H_2)K \tag{3-1-6}$$

②水泥塞干水泥用量：

$$G = \frac{V\rho_1(\rho_2 - \rho)}{(\rho_1 - \rho)} \tag{3-1-7}$$

③清水用量：

$$Q = V - \frac{G}{\rho_1} \tag{3-1-8}$$

④顶替用量：

$$V_{顶} = (H_1 - V/V')V_0 + V_{符} \tag{3-1-9}$$

式中 G——所需干水泥的总用量，kg；

V——需配水泥浆的数量，L；

ρ——清水的密度，取 1.0kg/L；

ρ_1——干水泥的密度，一般取 3.15g/L；

ρ_2——需配水泥浆的密度，kg/L；

Q——清水用量，L；

V_0——每米油管内容积，L；

H_1——注水泥塞管柱深度，m；

H_2——反洗深度，m；

K——附加系数，一般取 1.5；

$V_{顶}$——顶替量，L；

V'——每米油套环空与油管内容积之和，L；

$V_{符}$——地面流程管线容积，L。

(三)施工步骤

1. 注灰

①根据设计要求，检查丈量组配管柱，测量记录喇叭口的外径及长度，并绘制工具草图。

②喇叭口接在下井第 1 根油管底部，下入井内，下油管 5 根，井口装好自封。

③注水泥塞管柱下入井内至设计要求深度，卸自封，坐油管挂，装简易井口。

④连接泵注设备与进出口管线，对地面管线试压 21MPa，不刺不漏为合格。

⑤用井筒容积 1.5 倍以上清水洗井降温，脱油脱气。

⑥按设计要求在计量池内配好施工所需的水泥浆。

⑦正替设计要求水泥浆量，正替设计要求用清水，将水泥浆顶替到预定位置停泵。

⑧上提管柱，喇叭口深度完成在预计水泥面以上 1 ~ 2m 的位置，坐悬挂器上紧顶丝。

⑨接好反洗井管线，用清水反洗井，洗出多余水泥浆，上提喇叭口至预计水泥面以上 100m 的位置或油层上界以上 100m 的位置。

⑩井筒内灌满清水，关闭井口油套闸门，不刺不漏，关井候凝 48h，或根据设计要求时间关井候凝。

⑪加深管柱探灰面，加压 5 ~ 10kN 复探 2 次，确定灰面合格后，上提管柱 20m，装好井口，正循环，确定油套连通，装上压力表，对水泥塞试压，合格后按操作规程起出注灰

管柱，装简易防喷井口(对灰面以上有射孔井段的井，另下带封隔器管柱对灰面进行试压)。当使用非清水压井注灰时，需要在顶替灰浆前后替入清水对压井液及灰浆进行隔离，清水厚度前后各为100m。这一步骤是为了防止压井液和灰浆混合，影响注灰效果。

2. 挤堵

①根据设计要求，检查丈量组配管柱，测量记录下井工具的外径及长度，并绘制工具草图及管柱示意图。

②卸下防喷器上简易防喷井口，工具接在下井第1根油管底部，下入井内，下油管5根，井口装好自封。

③将高压挤堵管柱下入井内至设计要求深度，卸自封与防喷器，装悬挂井口。

④连接泵注设备与进出口管线，对地面管线进行试压，洗井坐封，验封合格后固定悬挂井口。

⑤用清水试挤，测吸水指数(根据灰量或者顶替液数量)，在压力稳定后计算，录取试挤资料。

⑥按设计要求在计量池内配好施工所需的水泥浆。

⑦正挤前置液、设计要求水泥浆量，正挤后打隔离液，正挤设计要求修井液量将水泥浆顶到预定位置，根据油压套管打平衡，停泵关闭井口油套闸门，卸管线。

⑧装好油套管压力表，每隔30min录取一次压力。

⑨关井候凝12h后解封，按操作规程起出高压挤堵管柱，装简易防喷井口，软探灰面。

(四)技术要求

①注灰前应按设计要求进行通井(刮削)至设计深度，彻底循环洗井。

②对上部套管进行试压，确认套管无漏失。

③如果井内修井液为非清水，则按油管及油套环空容积比在替入水泥浆前后依次替入前、后隔离液，厚度不低于100m，井深超过3500m的井必须采用优质性能修井液。

④地层压力系数大于1的井注水泥塞前应压井，使井筒液柱压力与地层压力相平衡，方可进行常规注水泥塞施工。

⑤如果地层漏失，可根据具体情况，先填砂或使用暂堵剂进行堵漏。有溢流情况需要进行压井。

⑥入井油管清洁无损坏，油管必须“三丈量”，数据对口，误差≤0.2‰，并做好记录，计算准确，丝扣上紧。

⑦水泥塞厚度一般应在10m以上。被封堵层顶界到水泥塞面的距离必须大于5m。注水泥塞后井筒口袋深度应符合地质要求。

⑧要有专人指挥、专人计量，计算顶替量必须准确。

⑨反洗井时，泵的排量要平稳，以免造成水泥塞位置下移。

⑩配水泥浆的水和隔离液的水必须与试验用水一致。

⑪水泥浆应搅拌均匀，不得混入杂物，对于深井或地温梯度高的井，加入适量缓凝剂，从配水泥浆开始到反洗井结束或碰压时不能超过水泥初凝时间的70%。

⑫对于高压不稳定井或层间干扰大的井应采取加压候凝，一般加压 3 ~ 5MPa。

⑬管柱下至设计水泥塞(常规注灰)底部以下 1 ~ 2m，充分循环洗井 2 周以上，反洗多余水泥浆时管柱上提至设计灰面以上 1 ~ 2m。

三、钻水泥塞

(一)技术背景

在油田开发中，为了回采利用水泥塞下面的油层，恢复油气水井的正常生产，需要将这些水泥塞钻掉。在钻塞过程中，提高机械钻速及如何避免卡钻事故，是我们需要关注的问题。因此，规范操作是提高机械钻速及避免卡钻事故的根本保障。

(二)工艺技术

钻水泥塞工艺技术是利用管柱将钻塞工具下入井内，通过地面旋转等不同的驱动方式，将套管或井眼内的凝固水泥塞钻掉。目前钻水泥塞方式主要有动力水龙头、转盘和螺杆钻三种。

(三)施工步骤

1. 动力水龙头钻塞

①根据设计要求，检查丈量组配管柱，测量记录钻头(磨鞋)的外径及长度，并绘制工具草图。

②卸下防喷器上简易防喷井口，下钻具，钻具组合自下而上为：钻头(磨鞋) + 安全接头 + 钻铤(根据需要) + 油管 + 旋塞阀 + 油管 1 根 + 动力水龙头，下油管 5 根后井口装自封。

③下油管探灰面(塞面)，加压 10 ~ 20kN，连探两次，记录末根方入，并计算灰面(塞面)深度，起出方入。

④连接泵注设备与进出口管线，对地面管线进行试压。

⑤在距井口 1.5m 合适位置钻两个地锚，反扭矩钢丝绳一端在井架天车一侧固定，另一端通过井口两个地锚固定卡紧。

⑥扭矩控制杆一端连接在反扭矩钢丝绳上，另一端固定到水龙头上，接水龙带，动力水龙头与井内管柱连接，调试到工作状态。

⑦开泵正循环洗井，循环正常后，启动动力水龙头。当水龙头转速正常后缓慢下放管柱，加压 7 ~ 15kN，转速控制 60 ~ 80r/min 钻磨。

⑧每钻进 1 根单根，划眼≥2 次，大排量洗井 15min，停泵起出，倒好单根，再开泵钻进。

⑨钻塞至设计要求深度，充分循环洗井 1.5 ~ 2 周，按操作规程起出钻塞管柱，装简易防喷井口，结束钻水泥塞施工。

2. 螺杆钻具钻塞

①地面检查螺杆钻具并连接泵注设备开泵，观察螺杆钻具的工作情况，检查旁通阀是否能自动打开或关闭。

②根据设计要求，检查丈量组配管柱，测量记录钻头(磨鞋)的外径及长度，并绘制工具草图。

③卸下防喷器上简易防喷井口，下钻具，钻具组合自下而上为：钻头(磨鞋)+螺杆钻具+扶正器+钻铤(加重钻杆)+缓冲器+井下过滤器+提升短节+油管+旋塞阀+油管1根+水龙头，下油管5根后井口装自封，下至距离水泥面5m处停止下放。

④连接泵注设备与进出口管线，在循环设备与井口之间的管线应串联过滤器，对地面管线进行试压。

⑤开泵正循环冲洗，待循环正常后缓慢下放钻具，加压5~10kN开始钻磨，随时观察泵压变化情况。

⑥每钻进1根单根，划眼≥2次，大排量洗井15min，停泵起出，倒好单根，再开泵钻进。

⑦钻塞至设计要求深度，充分循环洗井1.5~2周，按操作规程起出钻塞管柱，装简易防喷井口，结束钻水泥塞施工。

3. 转盘钻水泥塞

①根据设计要求，检查丈量组配管柱，测量记录钻头(磨鞋)的外径及长度，钻头直径应小于套管内径6~8mm，检查设备及钻头，测量准确并绘制工具草图。

②将钻头接在钻杆底部，将水龙头与水龙带、方钻杆与水龙头连接好，保证无渗漏，放入鼠洞，下钻具，钻具组合自下而上为：钻头(磨鞋)+安全接头+钻铤+钻杆+旋塞阀+方钻杆+水龙头，开钻后井口装方补心。

③下钻杆探灰面(塞面)，下钻具至塞面以上10~15m，探灰面，加压10~20kN，连探两次，记录末根方入，并计算灰面(塞面)深度，起出方入，卸方补心，倒转盘，接方钻杆，将方钻杆连接至钻杆内螺纹，装好转盘补心。

④连接泵注设备与进出口管线，对地面管线进行试压。

⑤开泵循环1周后，转盘空转5~10min，开泵正循环冲洗，待循环正常后启动转盘，转盘旋转正常后缓慢下放钻具，加压10~20kN，随时观察泵压变化，控制转速≥80r/min钻磨。

⑥每钻进一个单根，划眼≥2次，大排量洗井15min，停泵起出，倒好单根，再开泵钻进。

⑦钻塞至设计要求深度，充分循环洗井1.5~2周后，按操作规程起出钻塞管柱，装简易防喷井口，结束钻水泥塞施工。

(四)技术要求

①钻塞前应通井至设计深度，确认水泥塞上无杂物。

②钻塞的钻磨工具外径一般小于套管内径6~8mm。

③水龙带、扭距控制杆必须系好保险绳。

④钻塞过程中合理控制钻压，防止损伤套管，若出现钻柱蹩钻，应立即上提减小钻压，无进尺时分析原因，采取适当措施，每钻进3~5m划眼一次。

⑤钻塞施工时环空上返速度≥0.8m/s，并对出口返出物进行描述。

⑥钻塞后应通井刮削并洗井，确保井内无残留水泥环。

⑦钻塞过程中注意中途不可停泵，避免钻屑将管柱卡住或堵塞。钻塞施工中途若修井机出故障，必须保持正常循环洗井。

⑧当水泥车出现故障时，应立即停止钻塞施工，迅速上提管柱至原灰面(塞面)以上20m，并活动管柱。

⑨作业时井口要有专人指挥、协调工作；严禁跨越管线，非施工人员禁止进入施工现场。

⑩所钻水泥塞下面被封的射开井段为高压层时，要做好防喷、防顶准备。

⑪作业设备的提升、旋转和泵注设备应状况良好，运转正常。

⑫地层严重漏失采用暂堵后继续进行；出口返出液大于泵入量，停止钻进，保持循环，观察出口，如有井喷预兆，应压井后再进行下步施工。

四、打捞

(一)技术背景

在油(气、水)井的生产过程中，因地质因素、开发工艺、各种生产措施及油层改造措施等都可能造成生产井不能正常工作，特别是由于井下落物和各类卡钻事故使生产井停产，有时还会造成油气井报废，因此，打捞作业已成为油田的一项重要工作，而采取科学合理的打捞工艺、迅速有效地处理井下事故，是保障油田正常生产的一项重要措施。

(二)工艺技术

打捞类工具是油水井修井作业施工中应用最广泛，使用次数最多，应用品种、规格最全的专用工具。打捞类工具品种、规格较多，按井内落物类型分类，落物的类型主要有管类、杆类、绳类、井下工具类、小件类等。若按工具结构特点分类，则可分成锥类、矛类、筒类、钩类、篮类、其他类等六大类。

1. 锥类打捞工具

锥类打捞工具是一种专门打捞管状类落物(油管、钻杆、封隔器、配水器等)的打捞工具，在落物内壁或外壁上进行造扣实现落物打捞。锥类打捞工具操作简单、打捞成功率较高。锥类打捞工具分公锥和母锥两种形式。

(1)公锥

1)结构组成

公锥是一种内捞工具，在落物内壁上进行造扣实现打捞。公锥是长锥形整体结构，分为上接头和打捞螺纹两部分，如图3-1-1所示。

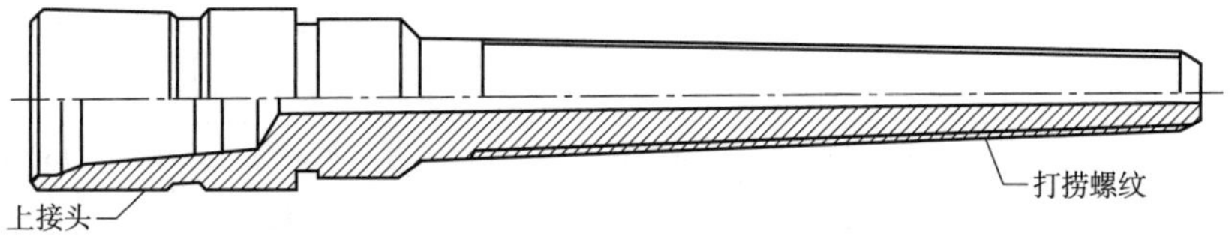

图3-1-1 公锥结构示意图

2) 工艺原理

公锥进入落物内孔后，加适当钻压，并转动钻具，迫使打捞螺纹挤压吃入落鱼内壁进行造螺纹，当所造螺纹能承受一定的拉力和扭矩时，采取上提或倒扣方法将落物捞出。

3) 技术参数

公锥技术参数见表3-1-3。

表3-1-3　公锥技术参数

规格型号	外径×长度/mm	接头螺纹	抗拉极限/MPa	打捞直径/mm
GZ86-1	86×30×560	NC26(2A10)	≥932	39~67
GZ86-2	86×45×535	NC26(2A10)		54~77
GZ105-1	105×45×535	NC31(210)		54~77
GZ105-2	105×55×475	NC31(210)		72~90
GZ121	121×60×455	NC38(310)		88~103

(2) 母锥

1) 结构组成

母锥是一种从管状落物外壁进行造扣打捞的工具。母锥是长筒形整体结构，由接头与本体两部分构成，如图3-1-2所示。

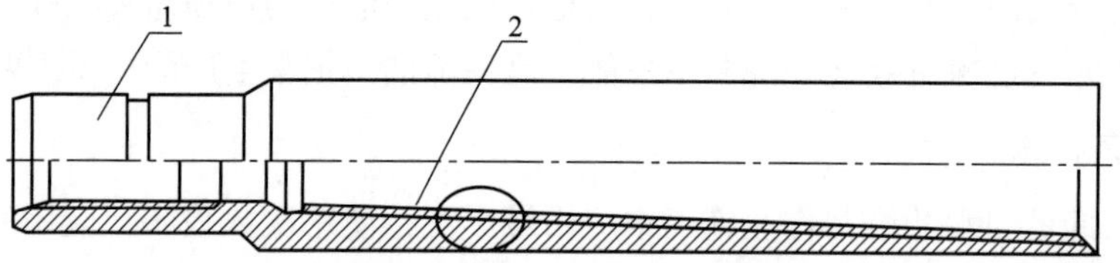

图3-1-2　母锥结构示意图

1—接头；2—本体

2) 工艺原理

母锥工作原理与公锥相同，均依靠打捞螺纹在钻具压力与扭矩作用下，吃入落物外壁造扣，实现落物打捞。就造扣机理而言，母锥属挤压吃入，不产生切屑。

3) 技术参数

母锥技术参数见表3-1-4。

表3-1-4　母锥技术参数

序号	规格型号	外形尺寸(直径×长度)/mm	接头螺纹	使用范围及主要参数
1	MZ/NC26-1	86×295	NC26(2A10)	打捞ϕ73油管，ϕ50钻杆
2	MZ/NC26-2	95×280	NC26(2A10)	打捞ϕ60油管，ϕ60钻杆
3	MZ/NC26-3	95×340	NC26(2A10)	打捞ϕ73油管，ϕ73钻杆，ϕ60油管接箍等
4	MZ/NC31-1	114×350	NC31(210)	打捞ϕ73油管，ϕ73钻杆，ϕ60油管接箍等
5	MZ/NC31-2	114×390	NC31(210)	打捞ϕ73油管，ϕ73钻杆的加厚部分
6	MZ/NC31-3	115×440	NC31(210)	打捞ϕ73外加厚油管接箍，ϕ89油管，ϕ89钻杆

续表

序号	规格型号	外形尺寸（直径×长度）/mm	接头螺纹	使用范围及主要参数
7	MZ/NC38－1	135×480	NC38(310)	打捞 ϕ89 油管，ϕ89 外加厚油管加厚部位
8	MZ/NC38－2	146×670	NC38(310)	打捞物外径 ϕ90

2. 矛类打捞工具

矛类打捞工具按工具结构特点可分为滑块捞矛、可退式捞矛、倒扣捞矛三大类。

(1)滑块捞矛

1)结构组成

滑块捞矛是内捞工具，可以打捞钻杆、油管、封隔器、偏配等具有内孔的落物，又可对遇卡落物进行倒扣或配合其他工具使用。它由接头、矛杆、滑块、锁块、螺钉组成，如图 3－1－3 所示。

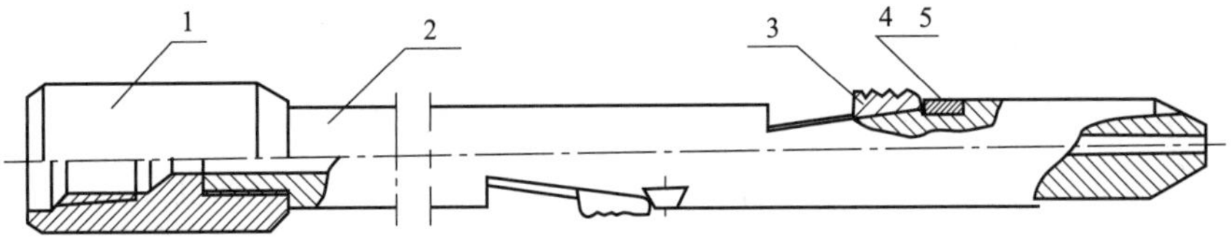

图 3－1－3　滑块捞矛结构示意图

1—接头；2—矛杆；3—滑块；4—锁块；5—螺钉

2)工艺原理

当矛杆与滑块进入鱼腔之后，滑块依靠自重向下滑动，滑块与斜面产生相对位移，滑块齿面与矛杆中心线距离增加，使其打捞尺寸逐渐加大，直至与鱼腔内壁接触为止。上提矛杆时，斜面向上运动所产生的径向分力，迫使滑块咬入落物内壁，抓住了落物。

3)技术参数

滑块捞矛技术参数见表 3－1－5。

表 3－1－5　滑块捞矛技术参数

序号	规格型号	最大外径/mm	接头螺纹	打捞内径范围/mm	许用提拉负荷/kN
1	LM－D(S)50	86	NC26(2A10)	50～55	456
2	LM－D(S)60	90	2 $^7/_8$TBG	60～70	685
3	LM－D(S)75	105	NC31(210)	75～90	775
4	LM－D(S)85	105	NC31(210)	85～100	1130
5	LM－D(S)95	121	NC38(310)	95～110	1520
6	LM－D(S)105	121	NC38(310)	105～120	1930

注：D——单滑块；S——双滑块。

(2)可退式捞矛

1)结构组成

可退式捞矛是从鱼腔内孔进行打捞的工具，它既可抓捞自由状态下的管柱，也可抓捞遇卡管柱。可退式捞矛由芯轴、圆卡瓦、释放圆环、引鞋等组成，如图3－1－4所示。

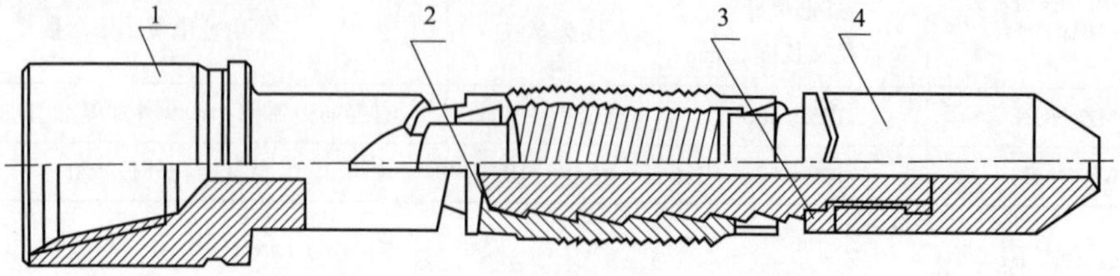

图3－1－4　可退式捞矛结构示意图

1—蕊轴；2—圆卡瓦；3—释放圆环；4—引鞋

2）工艺原理

自由状态下圆卡瓦外径略大于落物内径。当工具进入鱼腔时，圆卡瓦被压缩，产生一定的外胀力，使卡瓦贴近落物内壁。随芯轴上行和提拉力的逐渐增加，芯轴、圆卡瓦上的锯齿形螺纹互相吻合，卡瓦产生径向力，使其咬住落鱼实现打捞。

一旦落鱼卡死，无法捞出需退出捞矛时，只要给芯轴一定的下击力，就能使圆卡瓦与芯轴的内外锯形齿螺纹脱开（此下击力可由钻柱本身重量或使用下击器来实现），再正转钻具2～3圈（深井可多转几圈），圆卡瓦与芯轴产生相对位移，促使圆卡瓦沿芯轴锯齿形螺纹向下运动，直至圆卡瓦与释放环上端面接触为止（此时卡瓦与芯轴处于完全释放位置），上提钻具，即可退出落鱼。

3）技术参数

可退式捞矛技术参数见表3－1－6。

表3－1－6　可退式捞矛技术参数

序号	规格型号	外形尺寸（直径×长度）/mm	接头螺纹		使用范围及主要参数		
			钻杆螺纹	油管螺纹	打捞落物内径/mm	许用拉力/kN	卡瓦窜动量/mm
1	LM－T60	86×618	NC26（2A10）	2 3/8TBG	46.1～50.3	340	7.7
2	LM－T73	95×615	NC31（210）	2 7/8TBG	54.6～62	535	7.7
3	LM－T89	105×670	NC31（210）	2 7/8TBG	66.1～77.9	814	10
4	LM－T102	105×761	NC31（210）	3 1/2TBG	84.8～90.1	1078	10
5	LM－T114	105×823	NC31（210）		92.5～102.3	1078	10
6	LM－T127	（110～118）×850	NC31（210）		101.6～115.0	1450	13
7	LM－T140	（120～130）×896	NC31（210）		117.7～127.7	1632	13

（3）倒扣捞矛

1）结构组成

倒扣捞矛是内捞工具，它可以打捞钻杆、油管、套铣管、衬管、封隔器、配水器、配产器等具有内孔的落物，可对遇卡落物进行倒扣作业，又可释放落鱼，还能进行修井液循环。倒扣捞矛由上接头、矛杆、花键套、限位块、定位螺钉、卡瓦等组成，如图3－1－5所示。

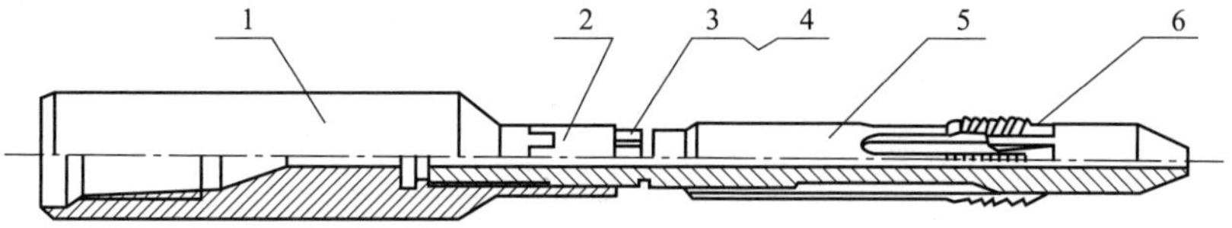

图 3-1-5　倒扣捞矛结构示意图

1—上接头；2—花键套；3—限位块；4—定位螺钉；5—卡瓦；6—矛杆

2)工艺原理

打捞原理：当外径略大于落鱼通径的卡瓦接触落鱼时，卡瓦从矛杆锥面脱开，连接套顶着卡瓦上端面，迫使卡瓦缩进落鱼内，此时卡瓦对落鱼内径有外胀力，上提钻具，矛杆与卡瓦锥面吻合，随着上提力的增加，卡瓦被胀开，卡瓦上的三角形牙咬入落鱼内壁，实现打捞。

倒扣原理：在钻杆上施加扭矩，通过上接头的牙嵌，连接套上的内花键、矛杆上的键把扭矩传给卡瓦乃至落鱼，即实现倒扣。

退出原理：下击钻具，使矛杆与卡瓦锥面脱开，然后右旋使矛杆转动，卡瓦下端倒角斜面进入锥面键的夹角中，上提钻具卡瓦矛杆锥面不再贴合，即可退出落鱼。

3)技术参数

倒扣捞矛技术参数见表 3-1-7。

表 3-1-7　倒扣捞矛技术参数

序号	规格型号	外形尺寸（直径×长度）/mm	接头螺纹	使用规范及性能参数		
				打捞尺寸/mm	许用拉力/kN	许用扭矩/(N·m)
1	DLM-T48	95×600	NC26	39.7~41.9	250	3304
2	DLM-T60	100×620	2 7/8REG	49.7~50.9	392	5761
3	DLM-T73	114×670	NC31	61.5~77.9	600	7732
4	DLM-T89	138×750	NC38	75.4~91	712	14710
5	DLM-T102	145×800	NC38	88.2~102.8	833	17161
6	DLM-T114	160×820	NC50	99.8~102.8	902	18436
7	DLM-T127	160×820	NC50	107~115.8	931	21221
8	DLM-T140	160×820	NC50	117~128	931	21221
9	DLM-T168	1175×870	NC50	145~155	2400	25423
10	DLM-T178	175×870	NC50	153~166	2400	25423

3. 筒类打捞工具

筒类打捞工具是从落物外部进行打捞的工具。包括卡瓦打捞筒、可退式打捞筒、活页式捞筒、短鱼顶打捞筒、抽油杆打捞筒、测井仪器打捞筒、强磁打捞筒等。

(1)卡瓦打捞筒

1)结构组成

卡瓦打捞筒是从落鱼外壁进行打捞的不可退式工具。可用于打捞油管、钻杆、抽油杆、加重杆、长铅锤、下井工具中心管等，还可对遇卡管柱施加扭矩进行倒扣。卡瓦打搭筒由上接头、筒体、弹簧、卡瓦座、卡瓦、键、引鞋等组成，如图 3-1-6 所示。

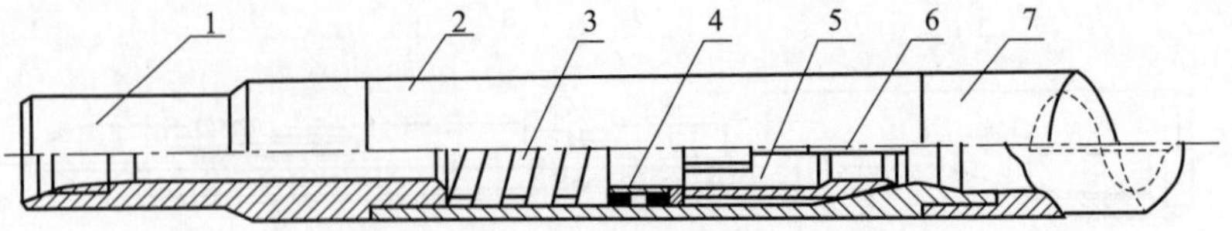

图3-1-6　卡瓦打捞筒结构示意图

1—上接头；2—筒体；3—弹簧；4—卡瓦座；5—卡瓦；6—键；7—引鞋

2)工艺原理

当引鞋引入落鱼后，下放钻具，落鱼将卡瓦上推，压缩弹簧，卡瓦脱开锥孔上行并逐渐分开，落鱼进入卡瓦。此时卡瓦在弹簧力作用下被压下，将鱼顶抱住，并给鱼顶以初夹紧力。上提钻具，在初夹紧力作用下，筒体上行，卡瓦与筒体内外锥面贴合，产生径向夹紧力，将落鱼卡住，即可捞出。

对于不同直径的落鱼，只要在筒体许可的情况下更换不同的卡瓦，即可打捞不同尺寸的落鱼。

3)技术参数

卡瓦打捞筒技术参数见表3-1-8。

表3-1-8　卡瓦打捞筒技术参数

序号	规格型号	外形尺寸（直径×长度）/mm	接头螺纹	使用范围及主要参数	
				打捞落物外径/mm	许用拉力/kN
1	DLT-95	95×610	NC26(2A10)	32~60	400
2	DLT-108	108×610	NC31(210)	45~65	650
3	DLT-114	114×660	NC31(210)	48~73	950
4	DLT-130	130×780	NC31(210)	70~90	1100
5	DLT-130	150×970	NC38(310)	90~114	1300
6	DLT-160	160×970	NC50(410)	100~121	1400

(2)可退式打捞筒

1)结构组成

可退式打捞筒是从管子外部进行打捞的一种工具，可打捞不同尺寸油管、钻杆等鱼顶为圆柱形的落鱼。可退式打捞筒有两种结构：篮式卡瓦捞筒和螺旋式卡瓦捞筒。篮式卡瓦捞筒由上接头、壳体总成、篮式卡瓦、铣控环、内密封圈、“O”形圈、引鞋组成，如图3-1-7所示。螺旋式卡瓦捞筒由上接头、壳体总成、密封圈、螺旋卡瓦、控制环和引鞋组成，如图3-1-8所示。

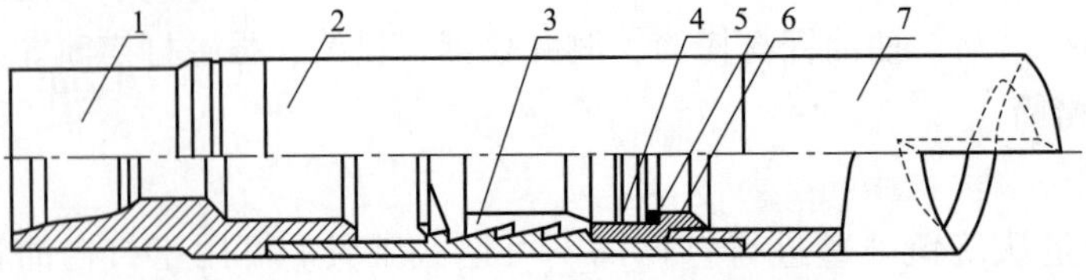

图3-1-7　篮式卡瓦捞筒结构示意图

1—上接头；2—筒体总成；3—篮式卡瓦；4—铣控环；5—内密封圈；6—“O”形圈；7—引鞋

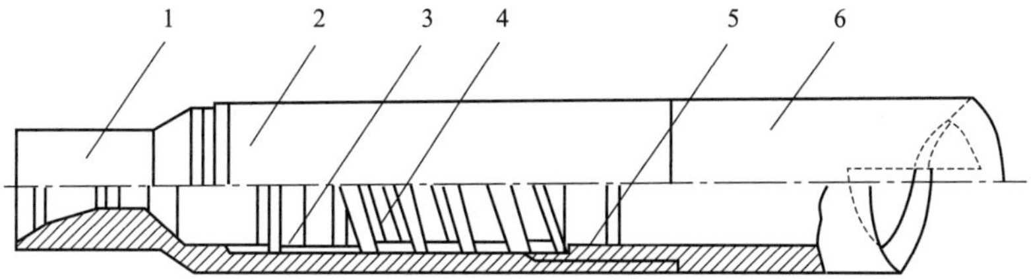

图 3－1－8　螺旋式卡瓦捞筒结构示意图

1—上接头；2—壳体总成；3—密封圈；4—螺旋卡瓦；5—控制环；6—引鞋

2）工艺原理

在打捞过程中，当工具遇落物鱼顶，落物经引鞋引入到卡瓦，卡瓦外锥面与筒体内锥面脱开，卡瓦被迫胀开，落物进入卡瓦中，上提钻柱，卡瓦外螺旋锯齿形锥面与筒体内相应的齿面有相对位移，使卡瓦收缩卡咬落物，实现打捞。

3）技术参数

篮式卡瓦捞筒技术参数见表 3－1－9，螺旋式卡瓦捞筒技术参数见表 3－1－10。

表 3－1－9　篮式卡瓦捞筒技术参数

规格型号	外形尺寸（直径×长度）/mm	接头螺纹	打捞尺寸/mm		许用提拉负荷/kN		适应套管尺寸/mm
			不带台肩	带台肩	不带台肩	带台肩	
LT－LS01	95×795	NC26(2A10)	47～49.3	52.2～55.7	100	620	114.4
LT－LS02	105×875	NC31(210)	59.7～61.3	63～65 65.4～68	850	600	127
LT－LS03	114×846	NC31(210)	72～74.5	77～79	900	450	139.7～146.1
LT－LS04	134×875	NC31(210)	88～91	92～94.5 94.5～97.3	1300	928	168.3
LT－LS05	145×900	NC38(310)	101～104	104～106， 106.5～108.5	1330	950	168.3～177.8

表 3－1－10　螺旋式卡瓦捞筒技术参数

规格型号	外形尺寸（直径×长度）/mm	接头螺纹	打捞尺寸/mm	许用提拉负荷/kN	适应套管尺寸/mm
LT－LX01	95×795	NC26(2A10)	53～62	1200	114.4
LT－LX02	105×815	NC31(210)	63～79	1200	127
LT－LX03	114×846	NC31(210)	81～90	1000	139.7～146.1
LT－LX04	134×875	NC31(210)	93～105	1460	168.3
LT－LX05	145×900	NC38(310)	106～119	1410	168.3～177.8

（3）活页式捞筒

1）结构组成

活页式捞筒是在大的环形空间里打捞鱼顶为带台肩或接箍的小直径杆类落物的工具，由上接头、活页总成、筒体组成，如图 3－1－9 所示。

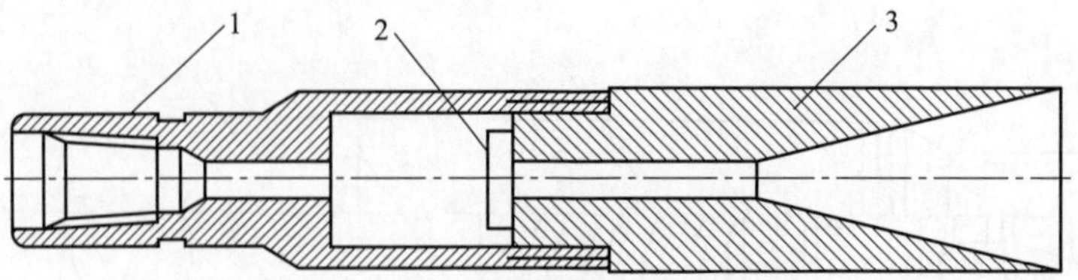

图 3－1－9　活页式捞筒结构示意图

1—上接头；2—活页总成；3—筒体

2)工艺原理

鱼顶为接箍的落鱼进入筒体后，顶开活页卡板，使其绕销轴转动，当接箍通过卡板后，在扭力弹簧的作用下卡板自动复位，接箍以下管柱正好进入卡板的开口里，上提工具，接箍卡在活页卡板上，实现打捞。

3)技术参数

活页式捞筒技术参数见表 3－1－11。

表 3－1－11　活页式捞筒技术参数

规格型号	接头螺纹	外形尺寸/mm	使用性能及参数			备注
			接箍/mm	抽油杆/in	工作井眼/in	
HYLT19	NC31(210)	$\phi105\times500$	42	$\frac{3}{4}$	$5\sim5\frac{1}{2}$	可换筒体
HYLT22	NC31(210)	$\phi114\times500$	46	$\frac{7}{8}$	$5\frac{1}{2}$	

4. 钩类打捞工具

钩类打捞工具包括内钩、外钩、内外组合钩、单齿钩、多齿钩、活齿钩等类型，是修井施工中使用较广泛的工具。操作简单、打捞成功率高，是打捞电缆、钢丝绳、录井钢丝绳等绳、缆类的专用打捞工具。

(1)结构组成

钩类打捞工具主要用于打捞井内脱落的绳缆类落物，由上接头、钩身、钩尖组成，如图 3－1－10 所示。

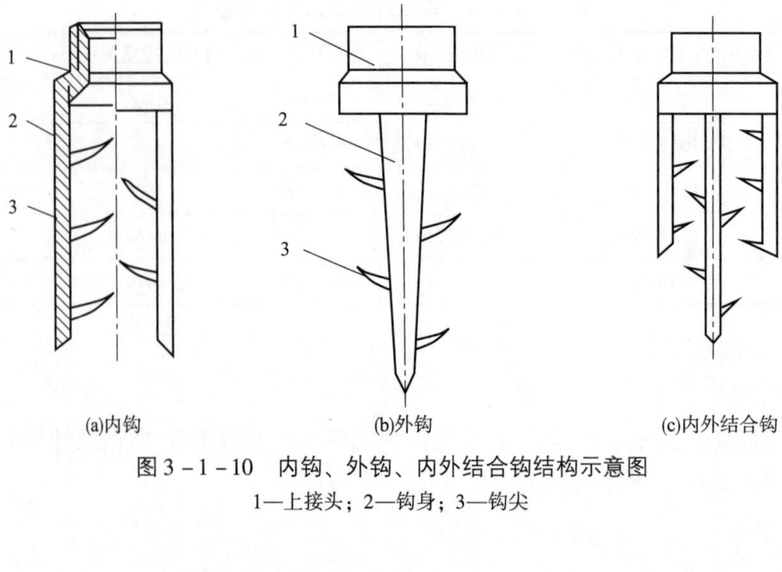

(a)内钩　(b)外钩　(c)内外结合钩

图 3－1－10　内钩、外钩、内外结合钩结构示意图

1—上接头；2—钩身；3—钩尖

(2)工艺原理

使钩形内钩插入绳类或其他落物内，上提钻具，钩齿钩住落物带出地面。

(3)技术参数

内、外钩技术参数见表3－1－12。

表3－1－12　内、外钩技术参数

适用套管外径/mm(in)	60.3(2 3/8)	73.02(2 7/8)	88.9(3 1/2)	114.3(4 1/2)	177.8(7)
工具外径/mm	46	58	70	114	150
长度/mm	400	450	450	500	700
接头螺纹	方扣 (4牙/in)	方扣 (4牙/in)	方扣 (4牙/in)	NC31 2 7/8 TBG	NC38 3 1/2 TBG

5. 篮类打捞工具

篮类打捞工具包括反循环打捞篮、局部反循环打捞篮等类型，是打捞螺母、射孔子弹垫子、钳牙、碎散胶皮、钢球、凡尔座等井下小件落物的专用打捞工具。

(1)结构组成

局部反循环打捞篮，主要是打捞井底质量较轻、碎散落物的工具。由提升接头、上接头、筒体总成、阀体总成、篮筐总成、铣鞋总成等主要部件组成，如图3－1－11所示。

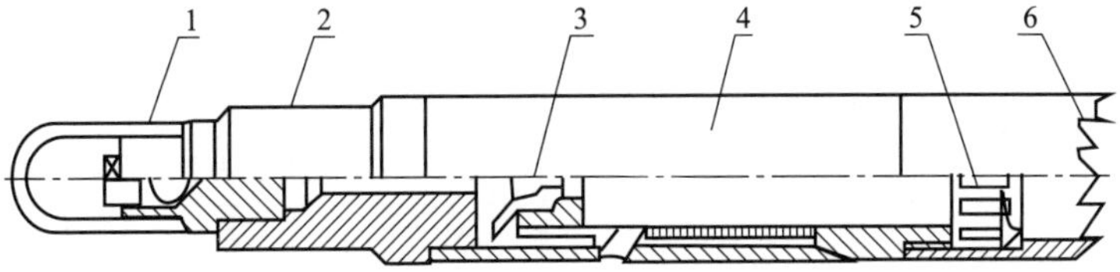

图3－1－11　局部反循环打捞篮结构示意图

1—提升接头；2—上接头；3—阀体总成；4—筒体总成；5—篮筐总成；6—铣鞋总成

(2)工艺原理

下至鱼顶洗井后投球，钢球入座堵死正循环通道，迫使液流改变流向，经环形空间穿过20个向下倾斜的小孔向下喷射，液流经过井底折回篮筐，再从筒体上部的4个联通孔返回，形成工具与套管的环形空间的局部反循环水流通道。

(3)技术参数

局部反循环打捞篮技术参数见表3－1－13。

表3－1－13　局部反循环打捞篮技术参数

规范	DL01－00	DL02－00	DL03－00	DL04－00	DL05－00	DL06－00
套管尺寸/mm	114.3	127.0	139.7	146	168.27	177.8
打捞落物的最大直径/mm	52	64	74	79	99	104
外形尺寸($D \times L$)/mm	88×940	100×1050	110×1153	115×1155	135×1155	140×1161
接头螺纹	NC26	73REG	NC31	NC31	NC38	NC38

6. 其他类

(1)磁力打捞器

1)结构组成

磁力打捞器是打捞掉入井内小件铁磁性落物的工具，由上接头、压盖、壳体、磁钢、芯铁、隔磁套、平鞋、铣磨鞋或引鞋等组成，如图3－1－12所示。

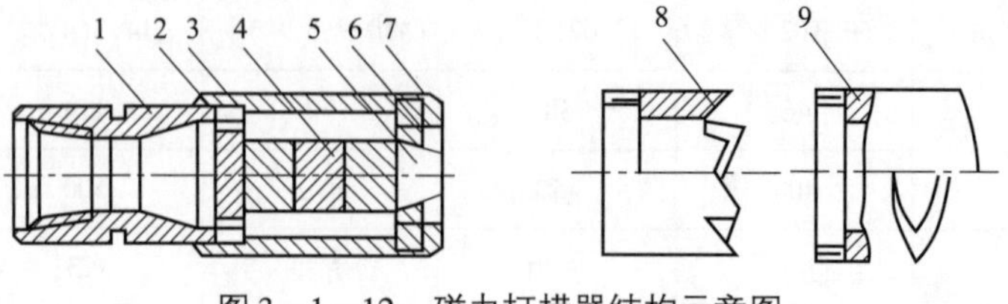

图3－1－12　磁力打捞器结构示意图

1—上接头；2—压盖；3—壳体；4—磁钢；5—芯铁；6—隔磁套；7—平鞋；8—铣磨鞋；9—引鞋

2)工艺原理

磁力打捞器是一个以壳体和铁芯为两个同心环形磁极，两级磁通路之间为无铁磁材料区域，使芯铁、引鞋最下端有很高的磁场强度。磁力线呈辐射状，并集中靠近下端中心处，可把小块铁磁性落物磁化吸附在磁极中心。即使大块落物跨接芯铁引鞋，也不会切断磁通路，还可吸附与其接触的小型落物，实现打捞。

3)技术参数

磁力打捞器技术参数见表3－1－14。

表3－1－14　磁力打捞器技术参数

规格型号	接头螺纹	外径/mm	使用规范及性能参数			
			吸力/N		适应温度/℃	适应井眼/mm
			A(高强磁打捞器系列)	B(强磁打捞器系列)		
CL_B^A(F)100	NC31(210)	100	5500	1700	≤210	108～137

(2)测井仪器打捞筒

1)结构组成

测井仪器打捞筒是专门用于打捞各种直径小、质量轻、没有卡阻的仪器的工具，由上接头、外筒、钢丝环、钢丝、背帽、引鞋构成，如图3－1－13所示。

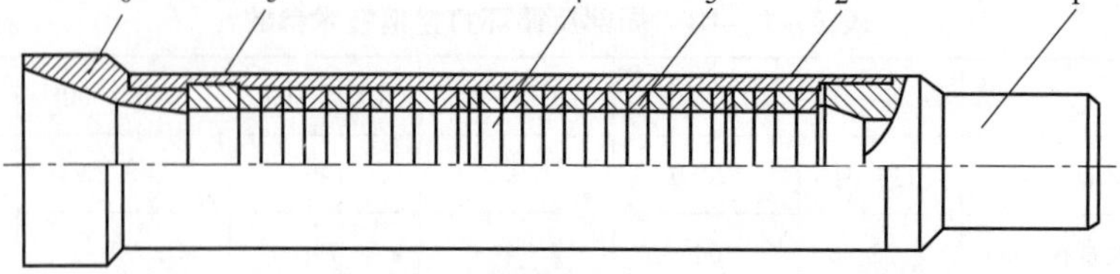

图3－1－13　测试仪器打捞筒结构示意图

1—上接头；2—外筒；3—钢丝环；4—钢丝；5—背帽；6—引鞋

2)工艺原理

筒体内焊接的多组钢丝环纵相互交叉，在钻柱压力下，落物进入筒体分开钢丝环纵上行。由于多组钢丝环纵的弹力较大，与被捞落物有很大的摩擦阻力和夹持力，可将较轻的仪器、加重杆等夹持卡住而实现抓捞。

3)技术参数

测井仪器打捞筒技术参数见表3-1-15。

表3-1-15　测井仪器打捞筒技术参数

序号	规格型号	外径/mm	接头螺纹	适用套管外径/mm(in)
1	CYLQ92	92L	NC26	114.3($4\frac{1}{2}$)
2	CYLQ100	100L	$2\frac{7}{8}$REG	127.0(5)
3	CYLQ114	114L	NC31	139.7($5\frac{1}{2}$)
4	CYLQ140	140L	NC38	168.27($6\frac{5}{8}$)
5	CYLQ148	148L	NC40	177.8(7)

(三)打捞工具选择

1. 杆类落物

抽油杆刚度小，容易弯曲变形，在套管内打捞，应采用筒类工具进行打捞，加压不易过大，选择慢转、轻压、试捞的方法，进行打捞。抽油杆打捞工具的外径小于套管内径6~8mm，到达鱼顶上部2~3m时应慢慢转动下放，然后试提，观察指重表变化情况，若无显示，重复上述操作。因抽油杆倒扣难以控制，捞获落物后一般不采用倒扣法解决，易造成多鱼顶复杂情况。对于倒散的多鱼顶抽油杆的打捞，多采用套铣筒或套铣母锥进行套铣打捞。优先选用杆类打捞工具、测井仪器打捞器等。杆类落物常用打捞工具以及主要适用范围见表3-1-16。

表3-1-16　杆类落物常用打捞工具以及主要适用范围

序号	工具名称	主要适用范围
1	可退式抽油杆打捞筒	打捞断脱在油管或套管内的抽油杆
2	不可退式抽油杆打捞筒	打捞断脱在油管或套管内的抽油杆
3	组合式抽油杆打捞筒	在不换卡瓦的情况下，在油管内打捞抽油杆本体或打捞抽油杆台肩或接箍的小直径落物
4	活页式打捞筒	在大的环形空间里打捞鱼顶为带台肩或接箍的小直径落物
5	三球打捞器	在套管内打捞抽油杆接箍或抽油杆加厚台肩部件
6	偏心式抽油杆接箍捞筒	打捞抽油杆接箍的小型捞筒
7	捞钩	在套管内打捞弯曲抽油杆
8	抽油杆接箍捞矛	在油管或套管内捞取鱼顶为接箍的落物
9	弯曲抽油杆捞筒	在套管内打捞弯曲的抽油杆本体鱼顶
10	螺旋卡瓦式抽油杆捞筒	在套管内打捞鱼顶为接箍的抽油杆

续表

序号	工具名称	主要适用范围
11	篮式抽油杆卡瓦捞筒	在套管内打捞抽油杆本体
12	高强度活动外钩	在套管内打捞螺旋弯曲的抽油杆
13	ϕ73mm 打捞母锥	在 ϕ139.7mm 套管内打捞团状弯曲的抽油杆
14	钢丝捞筒	在套管内打捞加重杆
15	开窗捞筒	在套管内打捞加重杆

2. 管类落物

打捞管类落物应该准确地判断出井内落物处于自由状态还是被卡状态，若处于自由状态则可以根据鱼顶情况直接下工具进行打捞，若处于被卡状态，应分析卡钻原因及类型、卡点位置及自由段长度，制定出一整套打捞解卡的方案。优先选用可退式矛类、可退式筒类、可倒扣类工具等。管类落物常用打捞工具以及主要适用范围见表 3－1－17。

表 3－1－17 管类落物常用打捞工具以及主要适用范围

序号	工具名称		主要适用范围	
1	内捞工具	打捞公锥	鱼顶带接箍或接头	被卡落物
2		滑块卡瓦打捞矛		经套铣可倒扣的落物
3		可退式捞矛		可能遇卡的井下落物
4		倒扣捞矛		遇卡落物或经套铣出的部分落物
5		油管接箍捞矛	油管接箍完好及下部落物无卡	
6		水力捞矛	内径较大的落物及下部落物无卡	
7	外捞工具	打捞母锥	鱼顶为油管、钻杆本体等落物	
8		可退式卡瓦捞筒	鱼顶外径基本完整而可能有卡的井下落物	
9	外捞工具	倒扣捞筒	鱼顶外径基本完整而可部分倒出或全部倒出的落物	
10		开窗捞筒	鱼顶外径基本完整并带接箍或接头台肩的无卡落物	
11	辅助工具	开式下击器	经活动、憋压等方法解卡无效时使用，可反复震击被卡落物，使卡点松动而解卡	
12		液压上击器	处理深井砂卡、封隔器卡及小件落物卡，尤其是井架载荷小而不能实施解卡时使用	
13		铅模	探测套管内径变形及损坏程度、落物深度、鱼顶状况等	
14		套、磨铣工具	打捞落物前的先期处理工具或无法打捞时使用	

3. 绳类落物

绳类落物各具特色，材质、机械性能及在井内状态也各不相同，处理方法也不相同，但是有共同的特点：材质柔软，容易挤压成团。打捞绳类落物优先选用活动外钩、内钩等。绳类落物常用打捞工具以及主要适用范围见表 3－1－18。

表 3－1－18　绳类落物常用打捞工具以及主要适用范围

序号	工具名称	主要适用范围
1	活动外钩	在套管内呈自由状态和挤压成团状的绳类落物
2	死外钩	在套管内呈自由状态，受较轻打捞挤压的绳类落物
3	壁钩	在套管内自由落井的居中较多的绳类落物
4	老虎嘴	在套管内呈松散自由状的绳类落物
5	内钩	在套管内较松散且靠套管内壁的绳类落物
6	外钩	在套管内较松散的绳类落物
7	油管接箍母锥	在套管内经多次打捞后被压实的绳类落物
8	套铣筒	经多次打捞，用母锥打捞无效后压实的绳类落物

4. 井下工具类落物

由于井下工具类落物种类繁多，处理起来比较复杂，优先选用可退式矛类、可退式筒类等。目前，有以下几种处理方法。

(1)整体解卡技术

采用大力活动、长期悬吊、震击解卡等措施，以达到解卡的目的。

(2)解体打捞技术

采用公锥将井下工具落物工作筒及下接头等部位分开打捞出来。

(3)套铣打捞技术

利用套铣筒套铣掉井下工具落物胶皮、卡瓦牙，然后再进行打捞。

(4)磨铣技术

对于井下工具落物采用磨铣处理，达到解除环空卡钻、修整鱼顶的目的。井下工具类落物常用打捞工具见表 3－1－19。

表 3－1－19　井下工具类落物常用打捞工具

序号	工具名称	主要适用范围	
1	可退式卡瓦捞筒	抽油泵	打捞抽油泵上接头
2	接箍母锥		
3	接箍公锥		
4	对扣捞矛		
5	尖公锥		
6	电泵母锥＋震击器	电潜泵	打捞电潜泵的离心泵、分离器、保护器
7	电泵捞筒＋震击器		
8	高强度母锥＋震击器		打捞电机转子
9	油管接箍捞矛	封隔器	打捞井下工具类落物上接头
10	接箍公锥	配水器 配产器	打捞井下工具类落物上接头
11	尖公锥		打捞井下工具类的中心管、下接头等

续表

序号	工具名称	主要适用范围	
12	滑块捞矛	撞击筒 节流器 水力锚	打捞合适内径的井下工具类落物中心管
13	可退式捞矛		打捞合适内径的井下工具类落物
14	震击器		配合打捞工具，对被卡工具反复震击而解卡
15	套、磨铣工具		打捞井下工具落物前，解除环空卡钻，修整鱼顶
16	铅模		探测井下工具落物鱼顶深度、鱼顶情况
17	专用捞矛+震击器	防顶卡瓦	打捞未经过处理的防顶卡瓦
18	专用空心公锥+震击器		打捞鱼顶内断入工具的防顶卡瓦
19	对扣短节	套铣筒	打捞套铣筒接头
20	专用长杆滑块捞矛		打捞本体

5. 小件落物

由于小件落物具有形状、尺寸、位置不固定的特点，并且多数情况下落在鱼顶上或环形空间内，因此打捞难度较大，要求打捞工具具有针对性，能够适应井下情况。在打捞无效果的情况下，可以采用套磨铣的工艺将其处理掉。小件落物打捞优先选用强磁类、局部反循环打捞篮、一把抓等。井下小件落物常用打捞工具见表3－1－20。

表3－1－20　井下小件落物常用打捞工具

序号	工具名称	主要适用范围
1	磁力打捞器	可进入筒体内的铁磁落物
2	循环打捞器	体积很小或已成为碎屑的落物
3	抓捞类打捞工具	未成为碎屑的落物
4	测井仪器打捞器	测井仪器

(四)施工步骤

①判断落鱼情况：根据打印情况或其他施工资料判断鱼顶和套管状况。

②选择打捞工具：根据落鱼类型、结构尺寸、完好状况等选择合适打捞工具。

③下打捞管柱：打捞管柱组合应捞得住、脱得开，满足后续作业和井控措施等，推荐打捞管柱组合(自下而上)：

a. 井下一般情况时：打捞工具+安全接头+油管(钻杆)。

b. 井下复杂情况时：打捞工具+安全接头(根据打捞工具性能选择性使用)+上击器+钻铤+钻杆+震击加速器+下击器+钻杆。

④打捞：管柱下至鱼顶以上3～5m，开泵循环，大排量冲洗鱼顶，待鱼顶冲洗干净后，缓慢下放管柱，按照慢放轻压、旋转入鱼、逐级加深、多次打捞的操作方法进行。

⑤起打捞管柱：上提管柱，根据指重表悬重变化情况判断落鱼捞获情况。起出打捞管柱，检查打捞情况，根据落鱼实际情况，重复步骤①～⑤进行多次打捞。

(五)技术要求

①打捞施工前应完善井口，冲洗鱼顶时，防止损坏鱼顶。

②通井至设计深度，要求鱼顶以上套管完好，若鱼顶以上套管变形或损坏，应对其予以修复后再进行下步施工。

③落鱼情况不明时需先打印落实，对于杆绳类落物，应根据井内落物的情况，用估算法或者实探法预测落物顶部深度，也可以采取电测法确定落鱼深度和鱼顶状况。

④磨铣、套铣施工时加压 10 ~ 25kN，转速在 60 ~ 80r/min，环空上返速度≥0.8m/s。

⑤落物磨铣、套铣完后循环洗井 1 周以上；套铣 3 ~ 5m 时应上提管柱活动一次；磨铣洗井后用循环打捞篮或磁力打捞器清除井内落物碎块，保证井内干净。

⑥打捞工具切不可猛放重压，必须严格按照慢放轻压、旋转入鱼、逐级加深、多次打捞的操作方法进行，根据选择工具控制好加压负荷。

⑦活动解卡时最大悬重不应超过井内管柱或工具抗拉强度的 80%，最大扭距小于管柱最大扭矩的 80%；打捞、起钻时操作应平稳，不应超负荷作业。

⑧倒扣打捞法，在井况条件允许下，应先对被捞管柱从上到下紧扣。

⑨入井工具管柱及捞获落物数据准确，丈量误差 <0.2‰。

⑩打捞过程中若遇卡时应能脱手，避免造成井况复杂化。

⑪按设计目的及要求打捞完所有落物，洗井并通井至井底，施工过程不应损坏油层套管。

⑫数据资料应收集齐全，并记录准确；井下仍有落物时，应有示意图，并标明各部分尺寸、规格、长度、鱼顶深度、形状、材质及连接关系等。

五、找水与堵水

(一)技术背景

随着油田开发进入中后期，油井不可避免地进入高含水期。油井大量出水会给采油工作带来严重的影响，甚至降低最终的采收率。为了消除油井出水的影响，使油井保持低含水生产，提高最终采收率，因此，必须进行找水与堵水。

(二)工艺技术

1. 工艺原理

①封隔器找水原理：用封隔器将各生产层分隔开，对应各生产层位置各下 1 个工作筒。通过投捞将工作筒分别调成打开和关闭状态，分层测试求产，根据测试资料对比分析，找出出水层位。

②封隔器堵水原理：通过丢手管柱等方式将封隔器组合输送至设计的卡封深度，利用封隔器坐封后封隔出水层位，达到堵住出水层的目的。

2. 结构组成

①封隔器找水管柱

单级封隔器找水管柱(自下而上)：丝堵 + 油管 + 工作筒 + 油管 + 封隔器 + 油管 + 工作筒 + 油管 + 油管挂。

多级封隔器找水管柱(自下而上)：丝堵 + 油管 + 工作筒 + 油管 + 封隔器 + 油管 + 工作筒 + 油管 + 封隔器 + 油管 + 工作筒 + 油管 + 油管挂。找水管柱如图 3 - 1 - 14 所示。

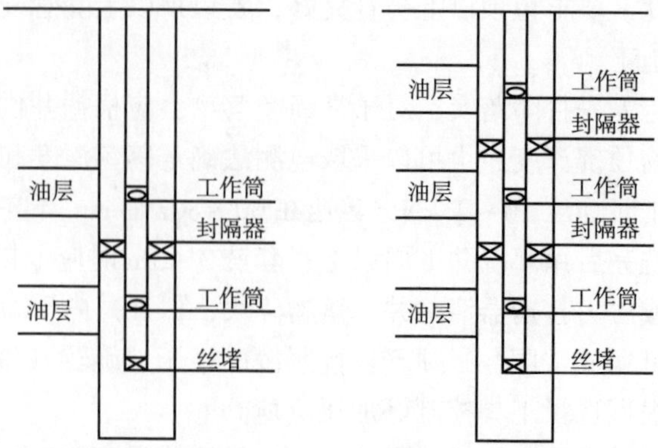

(a)单级封隔器找水管柱　(b)多级封隔器找水管柱

图 3-1-14　找水管柱

②常用堵水管柱

抽油泵与封隔器组成的堵水管柱(自下而上)：丝堵+筛管+油管+封隔器+油管+抽油泵+油管+油管挂；适用于封上采下堵水作业。

防顶卡瓦与机械旋转坐封式封隔器组成的堵水管柱(自下而上)：丝堵+筛管+油管+封隔器+油管+封隔器+防顶卡瓦+液压式丢手+油管+校深短节+油管+油管挂；适用于封中间采上下堵水作业。

丢手与液压坐封式封隔器组成的堵水管柱(自下而上)：丝堵+筛管+油管+坐封球座+油管+液压式封隔器+油管+液压式封隔器+液压式丢手+油管+油管挂；适用于封中间采上下堵水作业。

投送工具与桥塞组成的堵水管柱(自下而上)：桥塞+液压投送器+油管+校深短节+油管+油管挂；适用于封下采上堵水作业。堵水管柱如图 3-1-15 所示。

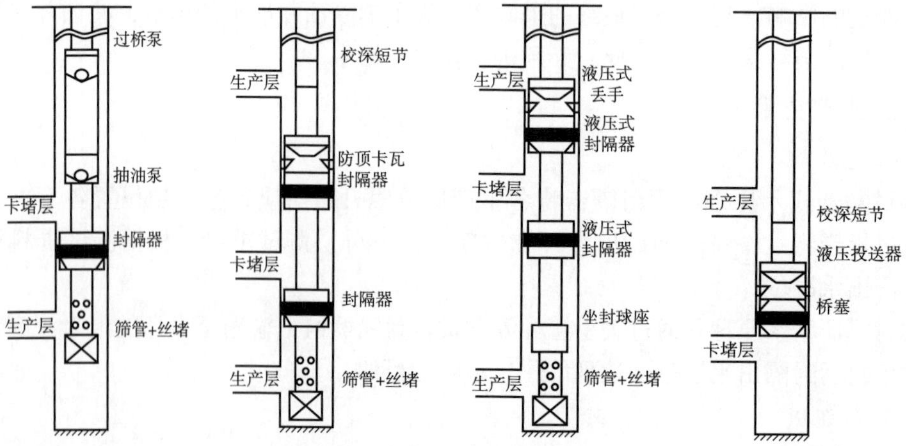

(a)抽油泵与封隔器组成的堵水管柱　(b)防顶卡瓦与机械旋转坐封式封隔器组成的堵水管柱　(c)丢手与液压坐封式封隔器组成的堵水管柱　(d)投送工具与桥塞组成的堵水管柱

图 3-1-15　堵水管柱

3. 技术参数

①选用原则：对于大斜度的井应采用液压坐封式封隔器，提高封隔器坐封的成功率。

②适用范围：ϕ139.7mm、ϕ101.6mm 标准套管内使用。常用封隔器参数见表 3-

1－21。

表 3－1－21 常用封隔器参数

工具名称	刚体最大外径/mm	通径/mm	工作压力/MPa	工作温度/℃
Y221 封隔器	115	50	上压 30 下压 12	120
Y241 封隔器	115	62	15	120
Y341 封隔器	115	54	25	120
Y441 封隔器	115	45	15	120
Y445 封隔器	114	50	18	120
油管锚	115	62	10	120

(三)施工步骤

①编制找水与堵水施工方案。

②找水与堵水前，需先进行通井、刮削，检查套管质量，清除套管壁上的杂物。

③按设计要求，组配下入找水管柱。

④找水管柱下入预定深度后坐封封隔器，装好全套采油树，分层测试求产。

⑤分析分层测试求产资料，确定出水层位，起出找水管柱。

⑥根据设计要求，检查丈量组配丢手管柱，测量记录下井工具的外径及长度，并绘制工具草图及管柱示意图。

⑦连接工具，下入井内，工具下完后，井口装好自封。

⑧丢手管柱下至设计要求深度后，卸下自封，装简易井口。

⑨需要校深的，严格按照要求进行校深，调整管柱至合适位置(封隔器坐封位置应避开套管接箍和射孔井段 1.5m 以上)。

⑩连接泵注设备与进出口管线，并试压合格，正循环洗井至进出口液性一致，投球，待球落入球座后，分别打压至 10MPa、15MPa、20MPa，每个压力点各稳压 30min 完成封隔器坐封，继续打压至压力突降，完成丢手管柱脱手，起出打丢手管柱。

(四)技术要求

①按设计要求进行压井、通井、刮削，至人工井底或设计深度 50m 以下。

②作业前应测静压和流压或由最近 6 个月内所测的压力数值资料，尽量采用不压井作业。

③下井管柱、工具必须清洁干净，丈量准确，丈量累积误差≤0.2‰。

④下井油管螺纹必须涂密封脂，油管螺纹上紧。

⑤管柱下入速度应控制在 25 根/h 以内，防止下钻过快产生压差造成封隔器中途坐封或封隔器胶筒损坏。

⑥取全、取准各项数据、资料。

⑦桥塞适用于 4000m 以上的深井、超深井，以及某些出水层压力高、井口出现溢流的油水井。

⑧在夹层 <5m 等必要情况下，对封隔器坐封位置必须采用磁性定位校深。

⑨封隔器旋转坐封，必须在保持右旋扭矩的状态下下放管柱，以保证坐封可靠性；封隔器的坐封位置要避开套管接箍和射孔井段 1.5m 以上。

⑩复探桥塞及丢手加压≤10kN。

⑪施工井必须做到套管内径清楚，射孔深度数据准确，卡点层段无窜槽，套管内表面光洁无黏结物。

六、低成本高效作业

（一）技术背景

效益是企业经营的目标和方向，成本是企业经营过程的核心，为降低生产成本，提高开发效益，研究开发了一系列低成本高效作业技术，满足了油田生产需要，对实现降本增效具有重要意义。

（二）工艺技术

1. 多功能刮铣钻冲技术

（1）工艺原理

在井下作业钻塞、钻堵剂时，采用井下动力钻具（如螺杆钻）或地面动力（动力水龙头），通过管柱或管柱携带的高压液流转化为动能，借助管柱的重量加压及高压液流的动能，带动多功能刮铣钻头转动，以破碎井筒内的灰塞及堵剂，同时利用钻头本体外壁特制的 3 块加厚研磨体（长度 150mm），在旋转上下运动过程中对井壁残余灰块彻底清洗，达到通井及刮削目的。

（2）工具图

如图 3－1－16 所示为修套通井工具结构图。

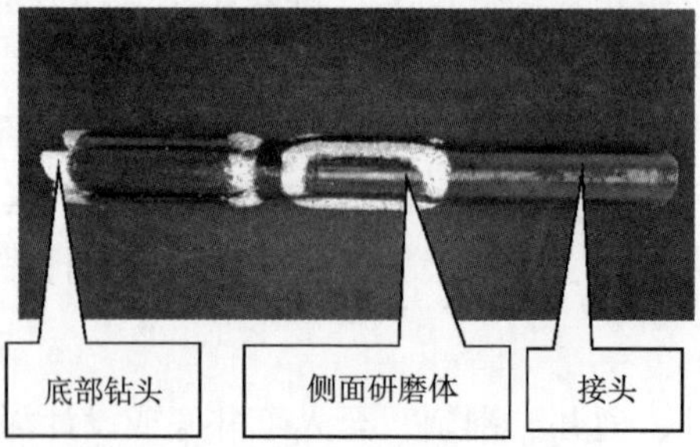

图 3－1－16　修套通井工具结构图

2. 高效反循环钻冲技术

（1）工艺原理

常规作业钻塞使用的刮刀、三牙轮等钻头都是基于正循环设计的，产生的钻屑大，易堵管柱，造成返工，无效作业成本高；套铣头等钻头易造成取心；磨铣工具用于钻塞效率低。这些工具都无法适用于反循环高效钻塞施工。

高效反循环钻冲技术通过地面旋转密封封井器与井下反循环高效防堵钻头的有机结合，解决了采用顶驱钻冲井口动密封问题和现有钻头钻屑颗粒大易堵管柱效率低的难题，实现了高效反循环钻冲作业，有效降低了作业成本。

(2)工具图

如图3－1－17、图3－1－18所示为该技术工具图，该技术主要包括地面和井下两部分。

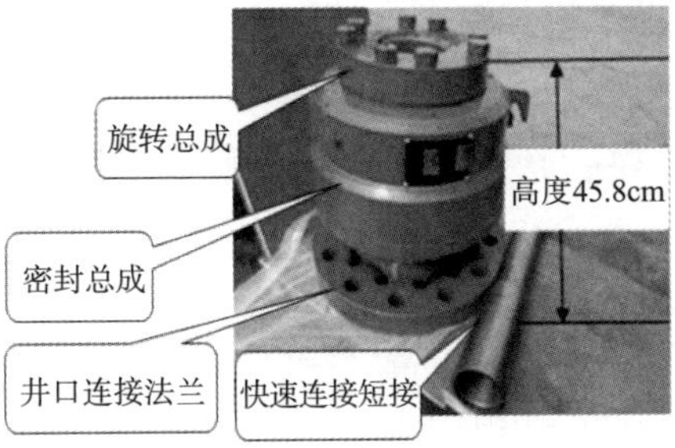

图3－1－17　XF110－21旋转密封封井器

图3－1－18　反循环高效防堵钻头

3. 钢丝绳快速作业

(1)快速捞砂工艺

通过钢丝绳悬吊将抽砂泵下达井筒内，抽砂泵未接触到砂面前，抽砂泵筒通过自重滑行到最下端，抽砂车上提和下放带动抽砂泵在井筒内砂面上往复运动，抽砂泵下部的砂铲将砂面处的砂子捣松，形成混砂液。抽砂泵下行时固定凡尔和游动凡尔均打开，混砂液进入抽砂泵内，砂铲接触到砂面后固定凡尔在抽砂泵内混砂液的作用下关闭，流动凡尔仍处于打开状态，抽砂泵活塞继续下行排出抽砂泵内的液体，砂子沉淀在砂筒内。活塞下行至行程下死点后，上提抽砂泵活塞上行，游动凡尔关闭，固定凡尔在套管内泵筒外混砂液作用下再次打开，混砂液被抽入抽砂泵筒内，活塞到达行程上死点后，完成一次抽砂行程。重复上述动作至抽满砂筒或达到设计要求深度。若砂柱过长，砂筒盛满后起出抽砂泵可进行第二次抽砂，直至达到作业要求。

(2)快速注灰工艺

注灰工具内盛有设计密度的水泥浆，通过钢丝绳悬吊将注灰工具下入井筒内设计深度，提高1～2m直撑卡瓦坐挂，下放加压10～20kN打开携灰筒开关，将水泥灰浆倒入井筒内。完成注灰后上提钢丝绳，直撑卡瓦解封，起出注灰工具。

(3)快速通井工艺

根据套管参数确定通井规尺寸，通井规上部接有20～30根油管，通过钢丝绳悬吊将通井规限速缓慢下入井筒内，判断井筒是否通畅，并确定遇阻位置。

(4)快速打印工艺

根据套管参数确定铅模尺寸，铅模上部接有20～30根油管，通过钢丝绳悬吊将铅模限速缓慢下入井筒内，遇阻一次性加压，并起出铅模，根据铅模印痕判断井下状况。

4.“振动切割＋震击”复合解卡技术

(1)工艺原理

液压振动下击器切割＋震击器复合解卡技术工作原理：对卡点上部管柱加压进行切割起出上部管柱，通过套铣等方式处理卡点，下入液压驱动振动下击器向下锤击震击器，使卡点松动。提放管柱，通过震击器工作，瞬间释放管柱储能，放大解卡力，使卡点松动，实现解卡。

液压振动解卡器＋震击器复合解卡技术工作原理：拉伸管柱、启动水泥车，低频振动解卡器工作，使环空黏附摩擦阻力降低。提放管柱，通过震击器工作，瞬间释放管柱储能，放大解卡力，实现解卡。

(2)工具图

液压下击器结构如图3－1－19所示，井下低频振动解卡器如图3－1－20所示。

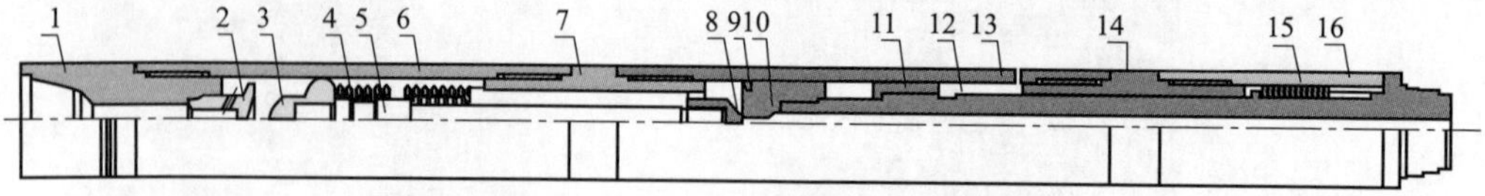

图3－1－19　液压下击器结构示意图

1—上接头；2—分流伞；3—扶正头；4—弹簧；5—阀杆；6—上工作筒；7—中接头；8—开关阀；9—阀座密封碗；10—阀座接头；11—限位环；12—下中心管；13—中工作筒；14—转换接头；15—钢珠；16—下工作筒

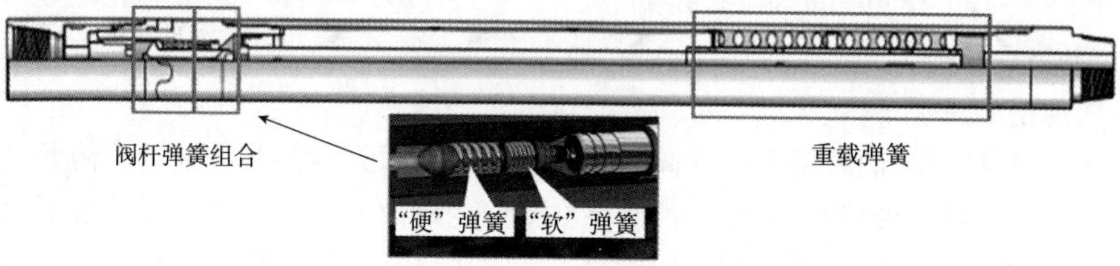

图3－1－20　井下低频振动解卡器

(三)施工步骤

1. 多功能刮铣钻冲

①入井前检查工具是否完好，水眼是否畅通，PDC合金材料有无破损，尺寸是否符合井下要求。

②将多功能刮铣钻头接在入井油管底部下入井中，下钻操作平稳，遇阻不可猛顿。

③钻头在离井底3～5m时停止下钻，开泵循环洗井，正常后方可慢放加压钻进。

④钻进时钻压10～20kN，排量≥25m^3/h；钻进过程中发生蹩跳时，应分析蹩跳原因，调整施工参数，必要时起钻检查工具。

⑤将起出的钻头保养好入库，如果发现缺齿或损坏，分析原因。

2. 高效反循环钻冲

①选择钻头：根据施工井油套规范选择适合的反循环高效防堵钻头。反循环高效防堵钻头尺寸选择见表3－1－22。

表3－1－22　反循环防堵高效钻头尺寸选择表

套管尺寸/mm	101	127	139.7	177.8
钻头尺寸/mm	80	102	110/113	150

②检查钻头：接头丝扣、切削齿外观及镶焊等完好。

③连接钻头：接头丝扣均匀涂抹丝扣油，连接入井第一根油管或钻杆，并上紧。下入3～5根油管或钻杆后，安装自封。

④探灰塞(堵剂)：到预计灰面或堵剂面30m，放慢下钻速度，探灰塞或堵剂灰面时，加压1～2kN，防止顿钻。

⑤安装反循环动密封旋转封井器：上提末根油管或钻杆，倒装好反循环动密封旋转封

井器，连接好顶驱，将方入单根下入井内，探到灰塞或堵剂面后，上提 2 ~ 3m，反循环洗井 1.5 ~2 周，将井内原油或污水置换出来。

⑥反循环钻冲：采用轻压(1 ~ 2kN)快钻(80 ~ 100r/min)，保证循环排量，将井内钻屑充分返出地面后倒换单根或短节。

⑦保养：将起出的钻头保养好入库，若发现缺齿，分析原因。

3. 钢丝绳快速作业

(1)快速捞砂工艺

①抽砂泵下部砂铲第 1 次接触到砂面时，在钢丝绳上做好记号，记录深度及悬重，捞砂要连续进行，避免抽砂泵在井底停留时间过长。

②砂面下降超过抽砂泵活塞行程后，每次要将抽砂泵上提至第 1 次接触砂面时的深度以上，防止套管内形成砂洞，卡埋抽砂管柱。

③每次捞砂完成后，再次下井前必须再次清理抽砂泵，检查 1 次绳帽、拉杆、活塞是否松动和损坏，防止工具落井。

(2)快速注灰工艺

①将按设计密度、用量配制好的水泥浆，装入注灰工具。

②注灰工具入井后，到达设计深度前，不要上提工具，避免支撑卡瓦提前坐挂。

③到达设计深度，完成倒灰后，在水泥浆初凝时间内，尽快将工具起出井筒。

(3)快速通井及打印工艺

①选择符合技术规范和设计要求的通井规进行施工。

②快速打印，印模一次性加压，避免多次加压造成铅印反映的井下状况失真。

4.“振动切割 + 震击”复合解卡

①确定卡点位置，采用提拉测卡法初步测定卡点深度，通过提拉伸长量，计算出卡点位置。若有条件可利用测卡仪测卡点。

②油管刮削，采用适用于 ϕ73mm 油管除垢的油管刮削器，刮削清除油管内壁垢物，刮削至切割深度以下 15 ~20m，以满足油管内切割工具的通过。

③选用合适的机械切割、爆炸切割及化学切割等方式，进行管柱切割。

④下小于套管内径 6 ~8mm 套铣筒，套铣清理卡点环空沉积物，充分洗井合格。

⑤下合适的打捞工具 + 安全接头 + 复合解卡工具震击器 + 钻铤 5 ~7 根 + 反扣钻杆/油管。

⑥抓获落鱼，在安全范围内进行大力震击解卡。

⑦解卡成功后，起出打捞管柱，完成打捞解卡作业。快速打捞工艺流程如图 3 -1 -21 所示。

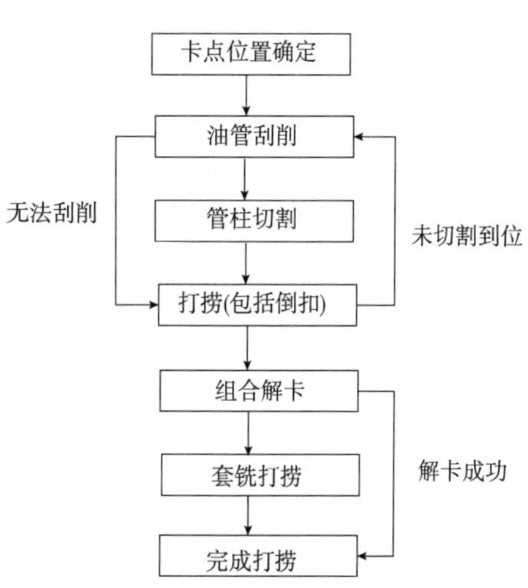

图 3 -1 -21 快速打捞工艺流程图

(四)技术要求

1. 多功能刮铣钻冲

①入井前检查工具是否完好，是否符合井下要求。

②下钻操作平稳，遇阻不可以猛顿。

③起出工具后擦洗干净，丝扣涂抹黄油，便于重复使用。

2. 高效反循环钻冲

①下入钻头前，明确井况，确保灰面上无钢质落物，防止损坏切削齿。

②高效钻头的切削齿主要采用复合片制成，对灰塞、坚硬堵剂、砂面等钻冲效果明显，不能用于修套。

③反循环动密封旋转封井器安装后按要求试压合格方可动钻，防止钻冲过程中出现刺漏。

3. 钢丝绳快速作业

①工具下井前，必须检查一次绳帽、工具各个连接部位，防止施工过程中发生松动落井，造成井下事故。

②整个施工过程平稳操作，注意负荷变化，限速起下钢丝绳，防止钢丝绳被拔断。

4. "振动切割 + 震击"复合解卡

①卡点深度必须确定清楚。

②卡点上部套管必须满足复合解卡管柱自由进入。

③下复合解卡打捞管柱前必须先处理井筒。

④复合解卡管柱组合必须按要求下入，不能随意进行组合。

⑤严禁使用复合解卡管柱进行倒扣作业。

⑥下放管柱至遇阻深度，划线做好记号及悬重。

⑦震击过程中注意检查井架、游动系统及其他要害部位紧固情况。

⑧井口操作时严防工具落入井内。

⑨震击器安装在距离卡点位置越近越好。

⑩钻柱存在扭矩时不允许震击。

第二节　带压作业技术

带压作业技术具有保持地层能量、储层免受伤害、改善开发效果的优势，广泛应用于射孔、试油、测试、酸化、压裂和修井作业中，具有不压井、不放喷、不泄压的特点，最大限度保持产层原始状态，是稳定和提高单井产量的重要作业技术。

带压作业的关键技术是控制油管内和油套环形空间的压力以及克服管柱的上顶力。通过堵塞器等工具控制油管内压力；通过防喷器组控制油管与套管环空的压力；通过液缸及卡瓦组对管柱施加外力，克服井内流体对管柱的上顶力，实现管柱带压起下。

一、带压作业井的类型划分

根据施工井关井压力、介质成分、气液比、井下工具长度、施工工艺复杂程度和施工环境，按施工难易程度将带压作业施工井由高到低的顺序划分为三类，符合下列条件之一的，按就高原则划分井的作业难度类型，带压作业施工井类型见表 3－2－1。

表 3－2－1　带压作业施工井类型

施工条件	类型			
	一类井	二类井	三类井	四类井
井内控制压力/MPa	>35	21～35	7～21	<7
施工工艺	应急抢险	钻、套、磨、铣等旋转施工	增产措施、冲洗循环、打捞等措施施工	一般带压施工

二、带压作业装置

带压作业装置根据作业井别不同而有所不同，但其核心部分包括三大系统，分别是井口密封系统、加压动力系统和附属配套系统。常规带压施工需配套带压施工设备，带压施工设备如图 3－2－1 所示。

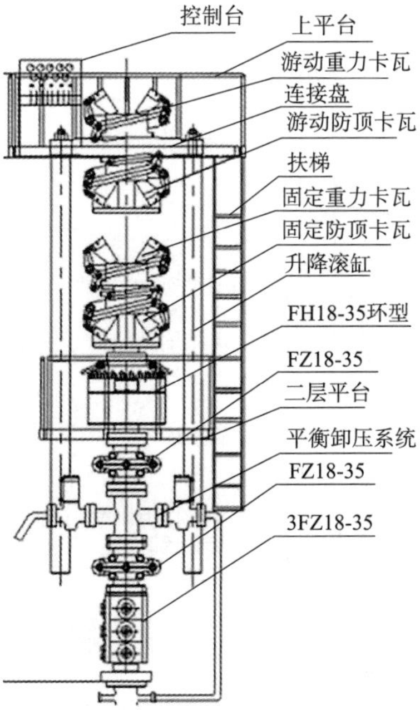

图 3－2－1　带压施工设备

(一) 井口密封系统

井口密封系统主要由三闸板防喷器、单闸板防喷器、环形防喷器和升高短接等部分组成。其作用是在起下管柱过程中实现油套环空密封。

(二) 加压动力系统

加压动力系统主要由双向双作用液压缸、上游动卡瓦和下固定卡瓦等组成。用于当油管自身重量小于井内液体作用于油管的上顶力时提放管柱，以保证安全起下管柱。

1. 双向双作用液压缸

双向双作用液压缸即升降液缸，在固定卡瓦打开时，通过游动卡瓦咬住井内管柱，在管柱重量小于井内液压的上顶力的情况下实现安全起下管柱。当管柱重量大于井内液压的上顶力时，停止使用升降液缸，换用修井机的大钩起下油管。

2. 固定卡瓦和游动卡瓦

固定卡瓦在作业过程中主要用于卡封油管，防止油管上窜。当井内液压的上顶力小于井内油管重量时，不使用固定卡瓦而改用修井机的大钩和吊卡。

游动卡瓦是在井内液压的上顶力大于井内管柱的重量时，用游动卡瓦卡住油管，随着升降液缸上升或下降实现管柱的提出或压入。当井内液压的上顶力小于井内油管的重量时，停用升降液缸和游动卡瓦，改用修井机的大钩和吊卡。

(三)附属系统及其配套工具

附属系统及其配套工具主要由液压控制系统、堵塞器、泄油箱和工作平台等组成。

三、带压作业工程参数与计算

在带压作业过程中一般都要经历轻管柱、中和点(平衡点)、重管柱三个状态，这是由管柱受到5个作用力的大小所决定的，带压作业管柱受力分析如图3－2－2所示。

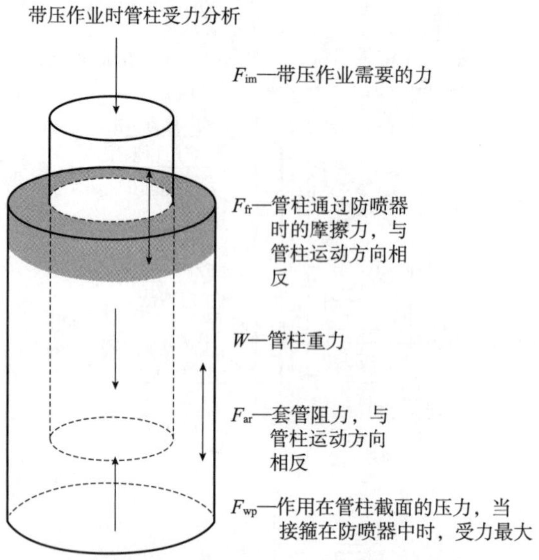

图3－2－2　带压作业管柱受力分析

参数计算：

(一)截面力计算

井内压力作用在管柱密封横截面积上的向上推力，用符号 F_{wp} 表示，截面力计算见式(3－2－1)：

$$F_{wp}=\frac{S\times P_{wh}}{1000}=\frac{\pi D^2 P_{wh}}{4000} \tag{3-2-1}$$

式中　F_{wp}——管柱的截面力，kN；

S——管柱截面积，mm^2；

D——防喷器密封油管的外径，mm；

P_{wh}——井口压力，MPa。

(二)摩擦力计算

摩擦力用符号 F_{fr} 表示，为简化计算，通常取管柱截面力的20%，见式(3-2-2)：

$$F_{fr}=20\% F_{wp} \quad (3-2-2)$$

式中 F_{fr}——防喷器对管柱产生的摩擦力，kN。

(三)最大下压力计算

带压作业在轻管柱状态时，管柱受到的截面力大于其自重，需要利用带压作业机液压缸向管柱施加下压力，将管柱压入井筒内。此时，管柱向下运动受到的力主要有液缸的下压力、截面力、浮重以及防喷器对管柱的摩擦力，下压力计算见式(3-2-3)：

$$F_{sn}=F_{wp}+F_{fr}-W \quad (3-2-3)$$

式中 F_{sn}——液压缸的下压力，kN；

F_{wp}——管柱的截面力，kN；

W——井筒内管柱浮重，kN；

F_{fr}——防喷器对管柱产生的摩擦力，kN。

在管柱刚下入至井口防喷器时，管柱在井筒内没有重量，浮重为0，带压作业需施加的下压力最大，见式(3-2-4)，即最大下压力为：

$$F_{sn}\max=F_{wp}+F_{fr} \quad (3-2-4)$$

结合式(3-2-2)对摩擦力的计算，因此最大下压力为：

$$F_{sn}\max=1.2F_{wp} \quad (3-2-5)$$

(四)中和点计算

当管柱起下一定深度后，井筒内管柱自重将与截面力相等，此时井内管柱长度即为中和点，又称平衡点，计算见式(3-2-6)，即：

$$F_{wp}=W+\Delta W \quad (3-2-6)$$

式中 F_{wp}——管柱的截面力，kN；

W——井筒内管柱浮重，kN；

ΔW——管柱内流体重量，kN。

管柱浮重是管柱井筒流体中的重量，计算见式(3-2-7)，即：

$$W=mgL-\rho_1 g\pi D^2 L/4=(mg-\rho_1 g\pi D^2/4)L \quad (3-2-7)$$

式中 m——管柱的重量，kg/m；

D——管柱的外径，mm；

ρ_1——井筒内流体的密度，10^3kg/m^3；

g——重力加速度，取9.8，m/s^2；

L——中和点长度，m。

管柱内流体重量计算见式(3-2-8)，即：

$$W=\rho^2 g\pi Ld^2/4 \quad (3-2-8)$$

式中 d——管柱的内径，mm；

ρ_2——管内流体的密度，10^3kg/m^3。

如果管柱内为空气时，重量计算可忽略。

结合现场应用，将公式整理后，得出中和点长度计算见式(3-2-9)，即：

$$L = \frac{7.584 \times 10^{-2} P_{wh} D^2}{m - 7.854 \times 10^{-4} \rho_1 D^2 + 7.854 \times 10^{-4} \rho_2 d^2} \quad (3-2-9)$$

式中 L——中和点长度，m；

P_{wh}——井口压力，MPa；

D——管柱的外径，mm；

d——管柱的内径，mm；

ρ_1——井筒内流体的密度，$10^3 kg/m^3$；

ρ_2——管柱内灌入流体的密度，$10^3 kg/m^3$。

四、油管内控工具选取原则

①在采油(气)树和井下管柱通径满足机械类堵塞器刚体外径要求条件下，优先选取机械类堵塞器。

②井下管柱带有预置工作筒且完好情况下，优先选取与工作筒匹配的机械类堵塞器。

③没有通径要求的工序管柱宜选取井下开关、单流阀等内控工具，但不宜选用盲堵和不可取堵塞器。

④完井管柱宜选用与工作筒配合的堵塞器、可捞式堵塞器和油管尾堵等。

⑤为避免天然气井因压差过高导致桥塞失效，可使用两个或两个以上桥塞进行逐级降压封堵油管。

⑥天然气井禁止使用挂壁式堵塞器、G形密封和类似的堵塞器。

五、带压作业下井工具要求

带压作业的下井工具包括但不限于内防喷工具和下井工具串。施工设计中，下井工具的配置及组合应考虑以下几点：

①设计时要保证工具的长度和外径满足带压起下管柱的要求。下井工具长度(例如封隔器、滑套、堵塞器工作筒、震击器、钻铤，伸缩短节等)能够满足导入或导出防喷器组的要求；工具之间使用油管短节隔离开，以获得足够的坐卡瓦或关防喷器的空间；工具内径能允许内防喷工具的顺利起下。

②下井工具串要尽量简单，以便于起下。

③应根据井下压力、温度和流体性质选择井下工具的钢级、材质、耐压等级和密封材料类型。

六、带压起下管柱

(一)液缸压力设置

带压作业井设备的下压力和举升力是由液压系统提供的压力作用到液缸活塞上而产生的。作业前，为了达到所需的下压力和举升力，需要对液缸压力进行设置。由于管柱运动状态不同，液缸活塞受力情况具有明显差异，因此，液缸压力计算按照下压管柱和举升管柱两种情况进行。

下管柱(轻管柱)时，设置液缸压力前应将下部管柱组合放入工作防喷器组内，调增液缸压力，直至管柱开始下行。采用短行程下钻，直至整个下部管柱组合通过油管头。采用环形防喷器直接起下管柱时，还应增加液缸压力使接箍通过工作环形防喷器。随管柱重量的增加，逐渐降低液缸压力和下压力。注意任何时候下压力都不能超过计算的最大下压力。

起管柱(重管柱)时，将联顶节和悬挂器连接好，按规定扭矩紧扣，在联顶节顶部安装好全通径旋塞并处于开位，调增液缸压力，直至管柱开始上行。注意达到计算得出的液缸压力管柱仍不上行时，须开展分析找出原因。

(二)带压起下管柱

管柱起下作业主要包括环空压力控制和卡瓦使用两个方面。环形防喷器使用与压力控制方法包括通过环形防喷器起下、环形防喷器 + 闸板防喷器起下和通过环形防喷器 + 2 个闸板防喷器起下 3 种类型，本节主要讲述带压起下作业时卡瓦的使用方法。为叙述方便，下面主要以环形防喷器控制环空压力，介绍下管柱、起管柱作业时卡瓦的使用。

1. 下管柱作业

下管柱作业主要包括轻管柱(含底部管柱组合)下入、平衡点(中和点)测试、重管柱下入三个关键环节。

1)首根管柱下入

下入之前应按照要求安装管柱内压力控制工具；在确保全封闸板防喷器完全关闭的前提下，打开上部的工作防喷器和其他安全防喷器；通过作业机绞车或吊车等辅助起吊设备将带有管柱内压力控制工具的管柱从地面提升至操作平台，打开全部卡瓦，将管柱缓慢下至全封闸板位置，然后上提 0.5 ~ 1.0m，关闭移动承重卡瓦和防顶卡瓦，关闭固定防顶卡瓦，关闭工作环形防喷器；关闭泄压阀，缓慢开启平衡管线的节流阀(或旋塞阀)，井筒压力通过平衡管线平衡全封闸板上下压力，注意观察压力变化和内防喷工具密封情况，并在环形防喷器上倒入适量润滑油，以减少下管柱作业对环形防喷器的摩擦，减少对胶心的磨损；设置环形防喷器关闭压力，确保既能控制住井内压力又能保证管柱移动；设置好液缸下压力，为防止发生弯曲，液缸位置要尽可能低，将液缸压力调整至零，提高油门至满负荷状态，将液缸控制手柄推至完全“向下”位置，增加液缸压力，直至管柱开始下行；全封闸板上下压力平衡后，打开全封闸板防喷器，采用一般管柱下入程序将管柱下入井内。

2)一般管柱下入

关闭固定防顶卡瓦和移动防顶卡瓦，将新管柱连接到井内管柱上，完成接单根；缓慢上提管柱，将上顶力从移动防顶卡瓦转移到固定防顶卡瓦，打开移动防顶卡瓦；起升液缸，此时管柱由固定防顶卡瓦控制；当液缸起升到指定位置时停止，关闭移动防顶卡瓦，轻轻下压管柱，将上顶力从固定防顶卡瓦转移到移动防顶卡瓦；打开固定防顶卡瓦控制，管柱由移动防顶卡瓦控制；下放液缸，此时管柱由移动防顶卡瓦控制带压下入井内；当液缸下放至行程底部时停止，关闭固定防顶卡瓦，缓慢上提管柱，将上顶力从移动防顶卡瓦转移到固定防顶卡瓦；打开移动防顶卡瓦，此时将上顶力从移动防顶卡瓦转移到固定防顶卡瓦，重复以上步骤完成管柱下入作业。

移动防顶卡瓦与固定防顶卡瓦在转换使用时应注意卡瓦载荷的相互转移，否则容易酿成卡瓦无法打开，甚至管柱“飞出”的灾难后果。

3)平衡点测试

当下入的管柱长度接近理论计算的中和点时，一般至少提前5根管柱，必须逐根进行重管柱测试，主要是由于计算误差、井筒摩擦力、防喷器摩擦力等影响。如果不提前进行平衡点测试，存在管柱落井的风险，甚至会发生井控风险。

4）重管柱下入

通过固定承重卡瓦和移动承重卡瓦转换使用来下入管柱，调节液缸压力推动管柱接箍通过环形防喷器，如果是辅助式带压作业机，这时就可以转到利用修井机来带压下钻作业。

2. 重管柱下入悬挂器

根据井口压力大小，悬挂器的下入流程可划分为两种情况：一种情况是当井口压力小于环形防喷器工作压力时，可以倒换环形防喷器与闸板防喷器或倒换两个工作闸板防喷器来下入油管悬挂器；第二种情况是当井口压力大于环形防喷器工作压力时，只能通过倒换两个工作闸板防喷器来下入油管悬挂器。

井口压力小于环形防喷器工作压力时，下入悬挂器具体步骤如下：

①关闭工作下闸板防喷器，释放防喷器上部压力，打开环形防喷器，下放悬挂器通环形防喷器至上工作闸板防喷器，关闭环形防喷器。

②当悬挂器位于工作防喷器内适当位置时，记录管柱重量。

③关闭环形防喷器，关闭泄压阀，缓慢打开平衡阀，平衡工作防喷器压力。

④关闭固定防顶卡瓦，打开工作半封闸板防喷器。

⑤打开固定防顶卡瓦，下放油管悬挂器，使之坐入油管头四通内。

井口压力不小于环形防喷器工作压力时，下入悬挂器具体步骤如下：

①泄掉工作防喷器之间压力，打开上半封闸板防喷器。

②当下放悬挂器至两个工作防喷器闸板之间适当位置时，读取并记录管柱重量。

③关闭上闸板防喷器，关闭泄压阀，缓慢打开平衡阀，平衡闸板防喷器压力。

④关闭固定防顶卡瓦，打开工作下半封闸板防喷器。

⑤打开固定防顶卡瓦，下放油管悬挂器，使之坐入油管头四通内。

下悬挂器安全技术注意事项：

①应提前测量油管头顶丝至带压作业机卡瓦顶部的距离以及闸板腔中心至卡瓦顶部的距离，以备作业参考。

②联顶节顶部连接好旋塞阀，并处于开启状态。

③尽可能减小液缸行程，在安全压力范围内下压液缸45~50kN，检验悬挂器是否已经正确坐挂，然后将油管挂顶丝上紧。

④应确保油管悬挂器坐挂后油管头四通顶丝全部顶紧，在释放上部压力前应进行提拉测试以检验油管悬挂器已经固定牢靠，上提负荷比原管柱多30~50kN。

⑤关闭平衡管线一侧的套管闸门，打开泄压闸门，缓慢放掉防喷器组的内部压力（一次压降≤3.5MPa），压力放至原有压力一半时，应观察10~15min，如果压力不变，则放完防喷器组内的压力，检查油管头四通，油管挂密封应合格，打开环形防喷器和游动卡瓦，将提升短节卸扣起出，关闭并锁紧全封防喷器。

3. 重管柱起出悬挂器

将提升短节涂好密封脂，与油管挂连接并按规定扭矩上扣，关闭移动防顶卡瓦，进行压力测试和拉力测试。同样，起出悬挂器根据井口压力大小也可分为两种情况。

井口压力小于环形防喷器工作压力时，通过环形防喷器与闸板防喷器倒换起出悬挂器，按下列步骤进行：

①关闭移动承重卡瓦、移动防顶卡瓦、环形防喷器、泄压阀，打开平衡阀，用井筒内压力平衡悬挂器上下的压力。

②将油管头上顶丝松退到标记位置或顶丝测量完全退出位置。

③缓慢上提管柱直到油管悬挂器轻轻顶住环形防喷器胶芯，然后下放管柱≥15cm；有两套工作闸板防喷器时，可以下放管柱将悬挂器放在上工作闸板腔内。

④关闭固定承重卡瓦，转移载荷，开游动卡瓦组，下放液缸，关闭移动承重卡瓦和防顶卡瓦，转移载荷，关闭工作防喷器闸板(有两套工作闸板防喷器时，最好关闭下工作闸板)关闭平衡阀、打开泄压阀，缓慢释放工作防喷器组上部压力，同时观察指重表和压力表。

⑤当工作防喷器组内无压力、重量没有改变时，打开环形防喷器及固定承重卡瓦。

⑥继续上提管柱使悬挂器到达操作平台平面或环形防喷器以上适当位置，卸下油管悬挂器和提升短节。

⑦关闭环形防喷器，平衡压力，打开工作闸板防喷器，进入起管柱工况。

井口压力不小于环形防喷器工作压力时，必须通过倒换两个工作闸板防喷器来起出油管悬挂器，按下列步骤进行：

①关闭上工作闸板防喷器，关闭泄压阀、打开平衡阀，用井筒内压力平衡悬挂器上下的压力。

②将油管头上顶丝松退到标记位置或顶丝测量完全退出位置。

③打开移动防顶卡瓦，上提管柱直到悬挂器位于法兰短节内(用上述得到的测量值)。

④关闭移动防顶卡瓦与下工作闸板防喷器、关闭平衡阀，缓慢打开泄压阀，按3.5MPa压力为一级逐渐卸掉防喷器组内压力，同时观察指重表和压力表。

⑤当工作防喷器组内无压力、重量没有改变时，打开上工作闸板防喷器及移动防顶卡瓦。

⑥继续上提管柱使悬挂器到达操作平台平面或环形防喷器以上适当位置，卸下油管悬挂器和提升短节。

⑦进入起管柱工况。

起悬挂器安全技术注意事项：

①应提前测量油管头顶丝与工作封闸板腔中心之间的距离，在位于固定卡瓦顶部的提升短节处做好标记，以备作业参考。

②联顶节顶部连接好旋塞阀，并处于开启状态。用液缸以40~50kN的力下压联顶节，有利于顶丝退出、抵消部分上顶力。

③平衡和泄压时，阀门开关应缓慢，一次压降≤3.5MPa，逐渐卸掉防喷器组的内部压力。

④观察指重表和压力表时，在钻机辅助式带压作业时，司钻观察指重表，带压作业操作手观察下压力表。

4. 起管柱作业

(1)起重管柱

当井口压力小于环形防喷器工作压力时，只需关闭环形防喷器密封管柱，直接利用作业机大钩起下管柱。

(2)平衡点测试

当起出管柱接近中和点深度时，应进行轻管柱测试。

(3)起轻管柱

必须使用防顶卡瓦来克服管柱的上顶力，移动防顶卡瓦和固定防顶卡瓦交替卡住管柱，通过液缸循环举升和下压完成管柱的起下作业。

对于没有标记的油管，当接近油管堵塞器100m时，应逐根探测堵塞器位置。起堵塞器以下的短管柱操作时，可以使用升高短节或防喷管，导出下部管柱。

5. 起下管柱的安全技术要求

①施工前应确认闸板防喷器手动锁紧装置解锁到位，打开后应确认防喷器闸板全开到位。

②施工过程操作人员之间应保持信息通畅，起下管柱速度由司钻和操作手商定。管柱为重管柱，作业机辅助作业时司钻应以安全稳定的速度起下管柱，以便带压作业操作手有足够时间打开和关闭卡瓦，并保证带压作业员工不会因作业机设备进入带压作业操作平台而处于危险中。

③设置环形防喷器关闭压力，达到既能使管柱顺利通过环形防喷器，又能控制井口压力。

④起管柱过程中应观察指重表变化，上提负荷不应超过最大许用举升力；轻管柱起下时，液缸行程要小于油管安全无支撑长度。

⑤起下管柱过程中，利用平衡泄压进行压力控制时开关速度要慢，以减少冲击、刺漏。

⑥下管柱过程中，应在环形防喷器胶芯上喷淋适量的润滑油，如液压油、机油等；在起管柱(特别是含硫油气井)过程中，应在环形防喷器以上喷淋适当的不易燃液体，如清水、氯化钾液体等。

⑦工作管柱优先选用直连扣或带斜坡接头，油管也优先选用带倒角的接箍。油管入井前应核实到井油管质量检验报告，核对规格、数量；管柱外观检查不应有弯曲、坑蚀、严重锈蚀、蝶纹损坏等现象；对油管进行逐根排列、丈量、编号及造册登记；应用标准内径规通内径，通过方为合格。

⑧下管柱时要求油管及螺纹干净清洁，螺纹密封脂应均匀涂抹在外螺纹上，用液压油管钳上扣，应先人工引扣，防止管柱螺纹错扣，上扣时，背钳应卡在油管本体上，同时对接箍工厂端和上扣端进行紧扣，按规定扭矩上紧；卸扣时，背钳应卡在油管接箍上，防止对接箍工厂端松扣。

⑨带压起下过程，操作平台上至少应配备1套合格的旋塞阀、开关工具或高压闸门，地面备防喷单根，旋塞阀、高压闸门处于开位。

⑩人员在上下工作平台梯子、进入或者离开工作平台以及在井架梯子上时，应停止起下作业。

七、带压钻顶塞

油田开发生产过程中，需要对部分封堵后的长关井恢复再利用，鉴于封堵后井筒压力状况不明以及塞面下可能存在圈闭压力，实施带压作业装置钻塞作业，可有效避免圈闭压力突然释放发生顶钻，降低井控风险，保障施工安全。

（一）带压钻顶塞技术

带压钻顶塞主要采用带压作业装置，配套螺杆钻具或动力水龙头 2 种驱动方式，充分利用带压作业装置的防顶、防喷以及螺杆钻具或动力水龙头的钻塞功能，完成带压钻顶塞施工。目前，油田主要采用螺杆钻具进行带压钻顶塞施工。

（二）施工流程、操作方法及注意事项

1. 施工流程

①地面检查。准备螺杆钻具 1 套，检查完好情况、转动情况和扭矩，检查随钻工具完好情况。

②工具连接入井。钻具配合在套管内钻塞时自下而上钻具配合为：钻头 + 螺杆钻具 + 钻铤 + 缓冲器 + 井下过滤器 + 提升短节 + 钻柱。

③开泵试运转。开泵循环，试运转螺杆钻具。

④下到顶塞位置，关闭游动卡瓦，关闭环形防喷器，开泵进行钻塞，通过游动卡瓦加压下行，实现钻塞进尺。

2. 操作方法

①设定液缸最大举升力和最大下压力，根据井口实际压力，按设计计算并设定控制管柱运动所需的液压缸最大下压力和允许管柱最大无支撑长度。

②通过设备固定卡瓦和游动卡瓦进行交替开关的方式，下入井内，施工过程全程关闭环形防喷器至合适压力，钻头及螺杆钻下入到井口以下，提前开泵试运转井内工具，配合游动卡瓦、固定卡瓦实现管柱逐步加深至塞面。当油管管柱负荷较轻时，工作防喷器密封管柱，利用游动卡瓦和固定卡瓦循环交替卡住管柱，通过液压缸循环举升和下压完成管柱的起下作业；随着下入管柱增多，管柱重量增加，应逐渐降低液压缸的下压力，使用工作防喷器密封管柱，利用大钩或液压缸起下管柱。

③通过螺杆钻具带动钻塞工具，钻铣顶塞。钻塞施工通过游动卡瓦加压的压力值来判断钻进效果，同时预防井内圈闭压力突然释放，遇到压力释放时，通过钻台上的控制装置及时关闭半封环形防喷器，防止高压损坏环形防喷器。

3. 注意事项

①在施工过程中，关闭半封防喷器，两个操作手之间应用双方确认的交流方式交流，以克服障碍物和噪声的干扰；起下管柱速度由两个操作手商定，以保证液压操作手有足够的时间进行操作。

②正常钻进要控制一定钻压，以钻压 5～15kN 为宜，洗井排量则以 500～600L/min 为宜，待循环正常转子启动后，缓慢下放钻具至塞面，进行正常钻进。

③洗井液要求用清水或无固相（低固相）液体，机械杂质含量≤0.2%，颗粒直径≤0.3mm。返出洗井液应过筛，沉砂后方可使用。

④在起下管柱过程中，应在环形防喷器胶芯上涂润滑油以减少摩擦力，延长胶芯使用寿命。

⑤钻塞前，试提管柱验证游动卡瓦及固定卡瓦夹紧力，符合要求后方可施工。

⑥在钻顶塞过程中，不允许同时打开固定卡瓦、游动卡瓦，管柱防顶措施始终受控。

第三节 试油(气)作业技术

试油(气)是钻完井以后，对油气层进行定性评价的一种手段。试油(气)的目的就是将钻井、综合录井、测井所认识和评价的含油气层通过射孔、替喷、诱喷等多种方式，使地层中的流体(包括油、气和水)进入井筒，流出地面。这一整套的工艺过程，将取得产层流体的性质、产量、地层压力及流体流动过程中的压力资料，并通过对这些资料的分析和处理获得地层的各种参数，对地层进行评价。

一、试油(气)地面测试设备

试油(气)地面测试设备包括井口控制头、ESD紧急关闭系统、除砂器、数据头、油嘴管汇、加热器、三相分离器、数据采集系统、缓冲罐、化学注入泵、燃烧器、焚烧炉、计量罐、储油罐、储水罐、输送泵、空气压缩机、水泵、井场实验室等。

1. 井口控制头

井口控制头是实现在井口开井、关井和下入电缆工具的控制装置，通常配有测试旋转头，便于实现旋转下部管柱。井口控制头示意图如图3－3－1所示。

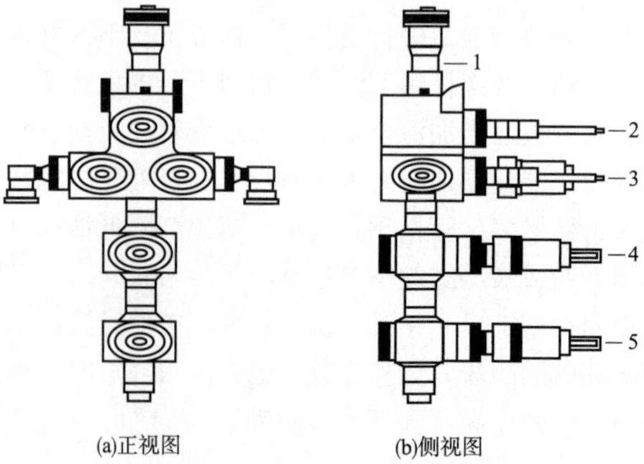

图3－3－1 井口控制头示意图

1—地面井口控制头；2—抽汲阀；3—流动翼和压井翼阀；4—主阀；5—下主阀

2. ESD紧急关闭系统

ESD紧急关闭系统配有液压/弹簧驱动器的闸阀，在液压作用下保持开启，遇有紧急情况，ESD系统2s内关闭，上游压力就可以被截止在管线内，出现非正常情况时，ESD系统将在碳氢化合物明显泄漏前关断上游流体。ESD紧急关闭系统示意图如图3－3－2所示。

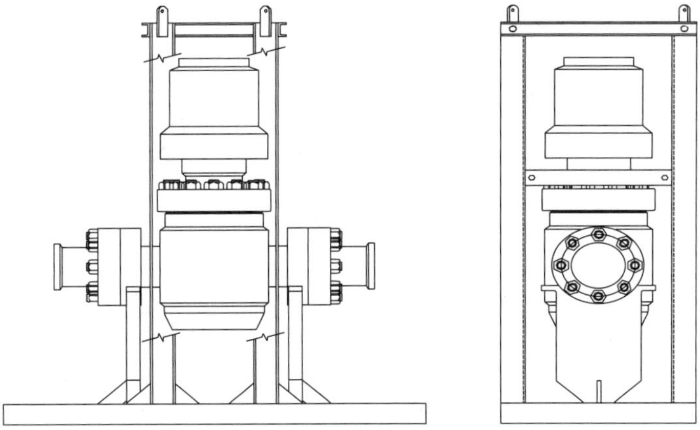

(a)正视图　(b)侧视图

图3-3-2　ESD紧急关闭系统示意图

3. 除砂器

用于压裂后洗井排砂或出砂地层的测试施工。利用离心力和重力分离原理清除固相颗粒。撬装式除砂器为双工作筒，除砂筒上下游采用双隔离阀，配有完整的转换管汇和旁通系统。撬装式除砂器结构示意图如图3-3-3所示。

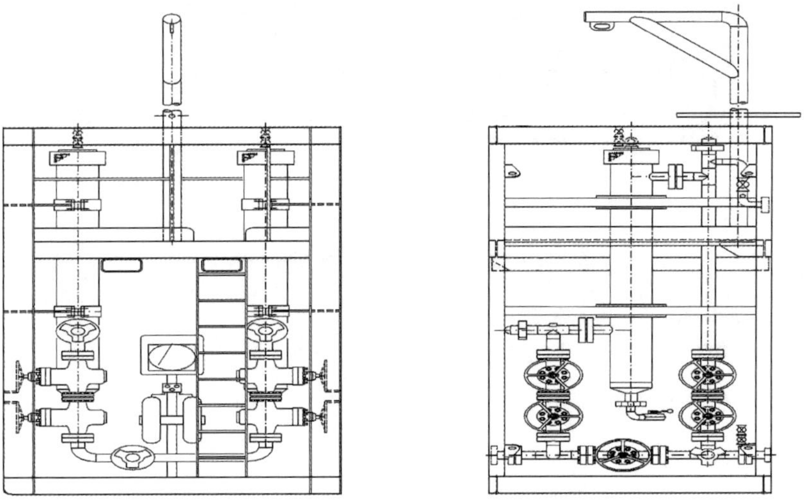

(a)正视图　(b)侧视图

图3-3-3　撬装式除砂器结构示意图

4. 油嘴管汇

油嘴管汇是油气井流体流动的控制设备，用于对流体进行节流，使油气井在不同工作制度下生产。一般为双翼式，分别安装可换式固定油嘴和可调式油嘴。标准的76mm油嘴管汇配有51mm可换式固定油嘴和51mm可调式油嘴。油嘴管汇结构示意图如图3-3-4所示。

5. 加热器

加热器的作用除对产液加热降低黏度、减少结蜡外，还可避免因油气节流降压、体积膨胀产液冷却而产生水化物。加热器有直接式加热器和间接式加热器两种。

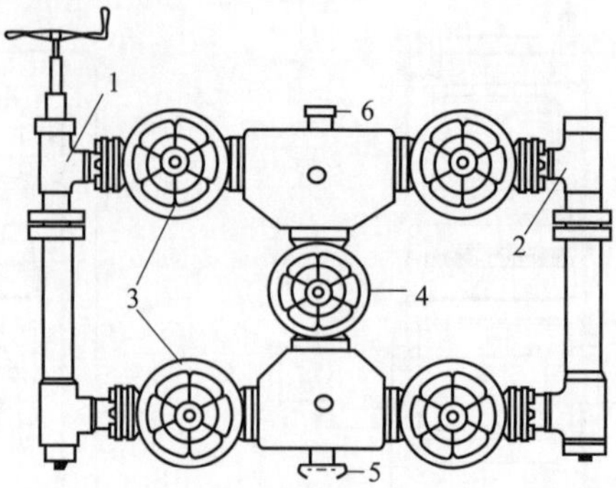

图 3-3-4　油嘴管汇结构示意图

1—可调式油嘴；2—可换式固定油嘴；3—闸门；4—中间闸门；5—取样；6—预留口

(1)直接式加热器

采用蒸汽作为介质。蒸汽走壳程，原油走管程。或蒸汽进管程，原油进壳程。蒸汽直接与油气管线接触换热。优点是不带燃烧室，体积小，传热效率高，换热量大。缺点是易腐蚀穿孔，不易修理。直接式加热器结构示意图如图 3-3-5 所示。

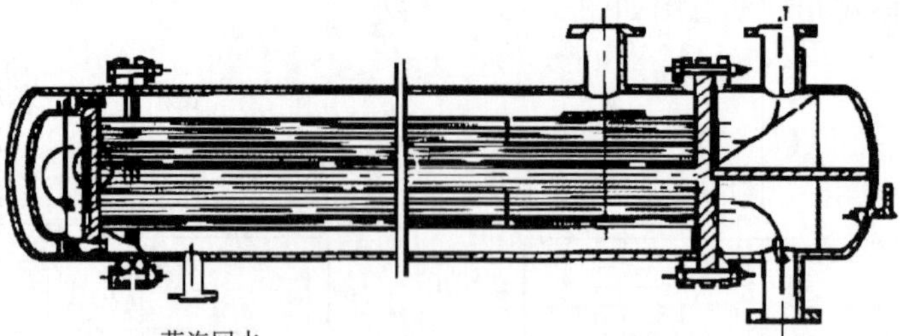

图 3-3-5　直接式加热器结构示意图

(2)间接式加热器

采用原油、天然气、柴油等作为燃料，将水或油加热，再将油气管线加热。同样的换热量，间接式的体积比直接式的大。

6. 分离器

分离器可以是两相(气、液)或三相(气、油、水)，立式或卧式。一般试油(气)常用两相分离器，高产油气井一般常采用两相分离器和三相分离器，根据气的产量和液性来选择。分离器的压力等级是按照一定的标准设置的。分离器的容积是根据压力和预测的油气量来选择的。

衡量分离器分离效果的参数一般为气体带液率、液体带气率。通常气体带液率为粒径≥10μm 的液滴总含量≤0.0135mg/L。液体带气率为液体内夹带的雾状颗粒限制在 1～2μm 内。三相分离器(卧式)结构示意图如图 3-3-6 所示。

7. 化学注入泵

化学注入泵的作用主要是地面计量需要时从上游数据头注入甲醇或乙二醇防冻液，以免形成天然气水化物堵塞管线，增加了系统的可靠性和油嘴上下方的压力降范围。化学注入泵一般与上游数据头相连。

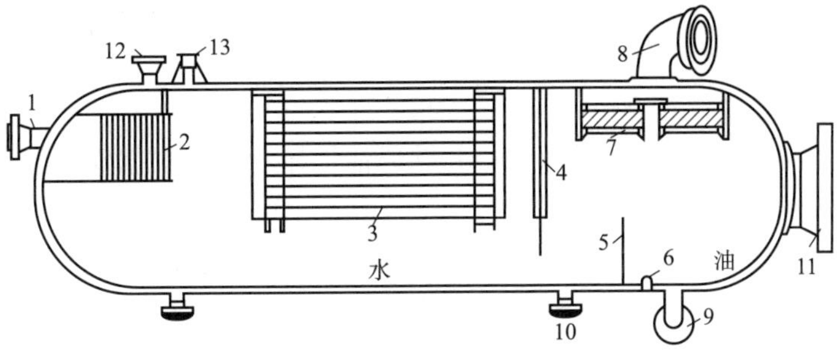

图3-3-6 三相分离器(卧式)结构示意图

1—进口；2—折射板；3—聚结板；4—消泡器；5—隔板；6—涡流破坏器；7—吸雾器；8—气出口；9—油出口；10—水出口；11—人孔；12—安全阀；13—破裂盘

8. 计量罐

连接在分离器的下游，按照承压等级可分为承压计量罐(缓冲罐)和常压计量罐两种类型。按照安装方式也可分为立式或卧式，容积各不相同，工作压力范围在0.345～1.723MPa。

9. 燃烧器、焚烧炉

单台焚烧炉最大处理量$10\times10^4m^3/d$，H_2S燃烧效率99.99%，达到国家工业标准(SO_2浓度$<960\mu g/m^3$)，噪声<85dB，焚烧温度1350℃左右。

10. 地面流程数据采集系统

地面流程数据采集系统的用途是对地面流程状况实施实时监测、报警，实时回放各项参数等，通常由许多传感器和计算机系统组成。整套系统分为以下几个子系统：数据采集子系统、实时数据监测子系统、曲线监测子系统、安全报警提示子系统、数据和曲线传输子系统。

地面流程数据采集系统的主要功能有：可对压力、温度、液位等传感变送器进行实时采集，可同时在屏幕上监控压力、温度、产气量等曲线和各条曲线的实时数据，可实时计算气产量，可进行实时数据和曲线的打印，可对各个通道设置报警范围，进行实时报警提示，可随时打印曲线和数据，可在线查询测试数据库的测试资料，可在线查询曲线上的数据，可选择一体化流量计或临界速度流量计进行天然气计量，具有记录曲线存储和曲线回放功能，可对分离器液位进行实时监测，传输到打印机或文件的数据时间间隔可调，可利用网络系统进行远程数据和曲线传输，可以设置一体化流量计或临界速度流量计的各个参数，可以更换不同量程的传感器。

测试作业前，在采气井口、测试管汇、换热器、保温套上、管线上、分离器和流量计上，安装相应的压力、温度、流量传感器，通过采集接口将传感变送器的模拟信号送入采集系统的计算机，当计算机采集到来自传感器的数值信号时，就会实时地对相应的变量进行计算、监控和分析处理，从而达到自动记录压力、温度，求取产气量、产水量、产油量并监控整个资料录取的过程，保障测试安全可控。

二、常规试油(气)工艺流程

在石油勘探过程中，为了进一步地认识和评价油、气、水层，为油、气田的开发提供可靠的科学依据，对油、气、水层必须进行试油(气)工作。试油(气)工艺流程要根据具体的地质目的和实际情况进行选择和确定。

1. 试油(气)工艺选择原则

①新区、新带或新层系的各类探井，若钻遇油气显示，应根据储层和井况选择适用的测试工艺及时进行中途测试。

②各类探井的完井试油(气)，应采用保护油气层的配套试油(气)工艺。低渗储层和认为存在污染的储层应采用合理的储层改造措施，获得储层的真实流体性质和产能，正确评价油气层。

③自喷层优先采用试油(气)资料自动采集、计量和远程实时传输系统及地层测试技术，在取全、取准资料的同时，应获得1个工作制度下的稳定压力恢复资料。

④深井、高温、高压、含有毒有害气体储层优先采用射孔与测试联作或射孔、测试、酸化、再测试联作技术进行试油(气)，优先采用压控式测试工具和采油树。

⑤非自喷层应优先选用三联作(射孔+测试+排液)、四联作(射孔+测试+措施改造+排液)工艺技术试油(气)。

⑥稠油、高凝油井可采用电加热、蒸汽吞吐、二氧化碳辅助降黏冷采等工艺试油(气)。

⑦非常规层宜优先采用套管分段压裂工艺，措施前应求取区域地层静压资料，措施后再录取地层的液性、产量等试油(气)资料。

2. 试油(气)工艺

(1)通井、刮管和洗井

射孔和测试前应进行通井、洗井和试压，封隔器坐封井段应进行反复刮管。

(2)射孔

①优化射孔设计，应采用能有效保护储层的优质射孔液。

②优先选用油管输送射孔或射孔测试联作工艺。

③采用的射孔器材应经国家授权的检测部门检测合格(新产品试验除外)。

(3)测试

①深井、高温、高压储层试油(气)时，应对试油(气)和储层改造管柱、套管、井口装置、地面分离计量流程进行各种工况下的力学分析、计算，确保试油(气)施工安全。

②根据测试层段的地质情况及预测产能选择测试方式和工具类型，深井、高温、高压储层优先采用压控式测试工具，含有毒有害气体储层应采用相应材料等级的测试工具、井口和地面分离计量流程。

③根据储层地质情况及测试管柱承压能力确定合理的测试压差。

④自喷层宜进行二开二关测试，根据需要也可进行多次开关井测试。

⑤非自喷层宜进行二开二关测试，有条件时进行三开排液求产。

⑥储层高压(>70MPa)或高温(>150℃)气井和凝析油气井，宜进行一开一关测试。

⑦出砂层、含有毒有害气体储层测试和裸眼井中途测试层，根据实际情况确定开关井工作制度。

(4)排液与计量

①在排液与计量求产过程中，应优先采用密闭计量求产装置和容器，防止造成环境

污染。

②自喷油气层应优先采用试油（气）资料自动采集和远程实时传输系统及自动分离计量系统进行计量求产。

③原油产量应按规定扣除其含水、溶解气的体积。

（5）储层改造

①依据储层的岩性、物性、油气显示、储层污染情况及试油（气）成果选择针对性的改造措施，并确定合理的施工规模，取得储层的真实流体性质和产能，正确评价油气层。

②改造措施应优选入井材料，优化施工工艺，并选用合理的助排措施。

③改造措施设计应明确入井液体系配方及性能指标，并提供相应的试验结果。

④进行储层改造时，优先采用带井下监测仪器的管柱，记录井底压力、温度变化等资料。

⑤非常规层推荐优先采用套管分（层）段压裂方式。

⑥储层分（层）段改造时，推荐采用合适的监测技术，用于分析评价改造效果。

（6）封层

①根据待封隔井段的情况，优选注灰、电缆桥塞、机械桥塞或组合等封隔工艺。

②封层后要进行实探和验封，确保封隔质量。

（7）求产

1）自喷油层

常规油层，当油井自喷正常时，含水降至5%以下，井口压力稳定，即进入稳定求产阶段，试油（气）稳定求产的标准如下：

①产油量≥500t/d时，连续求产8h，1h计量1次，波动≤5%。

②产油量300～500t/d时，连续求产16h，1h计量1次，波动≤10%。

③产油量100～300t/d时，连续求产24h，1h计量1次，波动≤10%。

④产油量20～100t/d时，连续求产32h，2h计量1次，波动≤10%。

⑤产油量<20t/d时，连续求产48h，4h计量1次，波动≤15%。

非常规层，在液性稳定，井口压力稳定，油层或含水油层具备连续求产条件时，试油（气）稳定求产标准如下：

①某一制度下产油量在50～100t/d（含）时，连续求产120h，2h计量1次，波动≤15%。

②某一制度下产油量在20～50t/d（含）时，连续求产168h，2h计量1次，波动≤15%。

③某一制度下产油量<20t/d时，连续求产168h，4h计量1次，波动≤20%。

试油（气）定产为稳定求产阶段的平均日产量；无法求取达到稳定阶段的油气产量，可取≤原始地层压力15%压差下的平均产量作为试油（气）产量。

2）油水同出的自喷层

油水排出井筒容积1倍以上或水性稳定后，井口压力稳定，连续进行48h的稳定求产，2h计量1次，4～8h做1次含水分析，含水波动≤10%。

3）气层

常规气层，当井内的积液放喷干净后，井口压力稳定，取得一个高回压下（生产压差

小于原始地层压力的 20%)的稳定产量与稳定压力恢复曲线。稳定求产的标准如下:

①产气量≥$50\times10^4 m^3/d$ 时,井口压力与产量连续稳定 2h 以上,产量波动≤10%。

②产气量 $10\times10^4\sim50\times10^4 m^3/d$ 时,井口压力与产量连续稳定 4h 以上,产量波动≤10%。

③产气量<$10\times10^4 m^3/d$ 时,井口压力与产量连续稳定 8h 以上,产量波动≤10%。

非常规气层,当井内的积液放喷干净后,井口压力稳定,取得一个高回压下(生产压差小于原始地层压力的 20%)的稳定产量与稳定压力恢复曲线,稳定求产标准如下:

①产气量≥$30\times10^4 m^3/d$ 时,井口压力与产量连续稳定 24h 以上,产量波动≤15%。

②产气量 $20\times10^4\sim30\times10^4 m^3/d$(含)时,井口压力与产量连续稳定 36h 以上,产量波动≤15%。

③产气量 $10\times10^4\sim20\times10^4 m^3/d$(含)时,井口压力与产量连续稳定 48h 以上,产量波动≤15%。

④产气量<$10\times10^4 m^3/d$ 时,井口压力与产量连续稳定 72h 以上,产量波动≤15%。

试气定产为稳定求产阶段的平均日产量。

4)间喷层

在确定合理的工作制度后,定时或定压求产,以连续 3 个间喷周期产量为准,间喷周期时间≥24h,常规储层产量波动≤20%;非常规储层产量波动在 25% 以内为合格。试油(气)定产为 3 个间喷周期的平均日产量。

5)非自喷层

常规储层,具备连续举升条件时,液性稳定后,在定流动压力条件下,油层或油水同出层稳定求产的标准如下:

①产液量≥50t/d 时,连续求产 24h,1~2h 计量 1 次,波动≤10%。

②产液量 20~50t/d 时,连续求产 48h,2h 计量 1 次,波动≤15%。

③产液量<20t/d 时,连续求产 72h,2~4h 计量 1 次,波动≤15%。

非常规储层,具备连续举升条件时,液性稳定后,在定流动压力条件下,油层或油水同出层稳定求产的标准如下:

①产液量≥50t/d 时,连续求产 48h,1~2h 计量 1 次,波动≤15%。

②产液量 20~50t/d 时,连续求产 72h,2h 计量 1 次,波动≤20%。

③产液量<20t/d 时,连续求产 96h,2~4h 计量 1 次,波动≤25%。

不具备连续举升条件时,优先进行定深、定时、定压求产,或流动曲线求产。

6)测压与测温

新区、新层系的第 1 口探井应进行探边测试和试采。其他探井选用压力恢复资料推算静止压力,但压力恢复分析曲线应测出明显拐点或合格径向流动段。自喷的油、气、水层都应实测流动压力,每个工作制度测得 2 个以上合格的流动压力(常规油气层流动压力值波动≤0.1MPa 为合格,非常规油气层流动压力值波动≤0.3MPa 为合格)。对井口压力过高,不能下入压力计的井筒无积液纯气井,可用测量井口压力的方法计算井底压力。非自喷井可用测静压点的方法实测地层压力。测压时应同时测温度,并选择有代表性的井实测温度梯度和压力梯度。求测试层静止压力、恢复压力、流动压力时,应折算到测试层中部深度。

7)高压物性取样

原油中含水<5%时，获取合格高压物性样品，样品量应≥2支。高气油比井可采用三相分离器在地面配制合格样品，样品量应≥2支。

(8)地质资料录取

探井测试应录取资料内容见表3-3-1。

表3-3-1　探井测试录取资料

油(气)层类别	求产		恢复曲线	静压资料			高压物性	产能试井	试采	探边
	工作制度	流动压力		静压	静温	梯度				
自喷油层	一个	测	测	测	测	选测	取	测	选测	选测
自喷气层	一个	测	测	测	测	选测	取	测	选测	选测
自喷油水层	一个	测	测	测	测	测	选取	测	测	选测
非自喷层	定时、定压、定深		选测	测	测	选测	选取	选测	选测	

(9)试油(气)成果与验收

①试油(气)资料的综合评价：利用地层测试、试井及常规试油(气)获取的成果资料对油气层进行评价，改造层应进行改造前后油气层测试资料的分析。

②试油(气)成果报告：试油(气)结束后，编制试油(气)成果报告。成果报告的内容与格式按SY/T 5718的有关规定执行。

③试油(气)资料的质量评定与验收：每层试油(气)结束后，进行质量评定。

三、排液

排液的目的就是降低井筒内液(气)柱对地层的压力，使地层压力高于井筒内的液(气)柱压力，在压差作用下，地层流体进入井筒或喷出地面。降低井筒内液柱压力的方法分为两种：一是用密度较小的液体置换井筒内密度较大的液体，通常称为替喷，具有自喷能力的井经过替喷后，即能自喷油(气)或水进入分离器，求产；二是对不能自喷的井，通过提捞、抽汲、气举、泵排等方式将井筒的液体排出，以降低液柱压力，使地层流体流向井筒再举到地面，通常称为排液。下面主要介绍常用的抽汲排液和液氮排液工艺。

1. 抽汲排液

抽汲，就是用一种专用工具将井内液体抽出来，达到降低井筒内液面、排出井内液体的目的，这种专用工具就是抽子。它接在钢丝绳上，用修井机作为动力，通过地滑车、井架天车、防喷盒、防喷管，再下入油管中，在油管中上下运动。上提时抽子以上油管内的液体随抽子的快速上行运动一起排出井口，下放时抽子在加重杆的作用下下入井内液面以下的某一深度，这样反复上提下放抽子，达到油井排液的目的。目前除用修井机作为抽汲动力外，还有专门的抽汲设备(抽汲车)，它自带爬杆，适用于无井架和无作业动力的油井。

(1)抽汲工具

①抽子：目前使用效果最好的是水力式抽子，它是在阀式抽子基础上参考水力封隔器的原理改进而成的，水力式抽子结构图如图3-3-7所示。

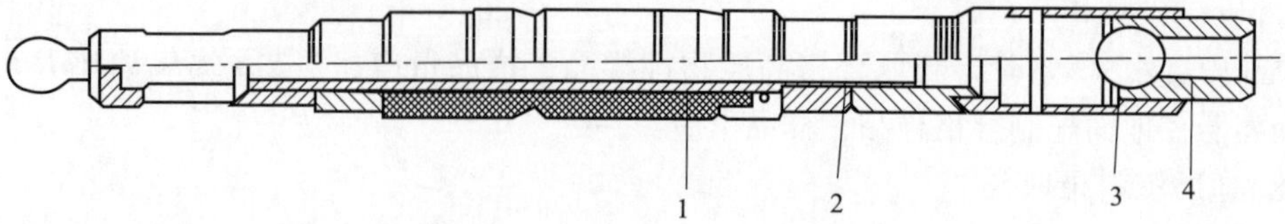

图 3-3-7　水力式抽子结构图

1—胶筒；2—中心管；3—球；4—球座

阀座位于胶筒之上，当抽子下行时，液体顶开球阀，通过阀、中心管、排液孔进入抽子上部。当抽子上行时，球阀坐落于阀座上，抽子上的液体重力作用在抽子上，从而产生一定的压力，液体压力通过中心管小孔传到胶皮筒内，使胶皮筒涨大，从而更好地密封油管，抽子在高速上行的过程中，像一只胶皮活塞一样把抽子以上的液体抽出井口；抽子与加重杆之间用关节头连接。

②加重杆：由于抽汲工具(特别是胶筒)最大外径仅仅小于油管内径 3~4mm，下行时具有较大阻力，为保证抽子顺利下入，常常在抽子以上连接 2~4m 长的加重杆，加重杆可以是直径 32~40mm 的钢管，钢管内可根据加重的需要灌铅；加重杆也可以是圆钢，两端有螺纹，可根据需要的长度自由连接。

③绳帽：枣核式绳帽，使用时钢丝绳通过绳帽，然后分开 6 股，让绳股穿过带有 6 个凹槽的枣核芯并旋紧顶杆，枣核芯紧紧地把钢丝绳股卡在绳帽上，实现可靠的连接。

④抽汲绳：目前使用的抽汲绳大多数是 ϕ16mm 钢丝绳。

(2)抽汲注意事项

①抽汲工具的下入深度要认真计算，因此在往滚筒上缠绕抽汲绳时，每一层都要排列整齐并且缠满。

②为防止抽汲工具撞击防喷盒，在距抽子 50m、40m、30m、20m 距离的抽汲绳上做警示信号，可在抽汲绳上插入记号绳，当发现抽汲绳的警示信号时应降低抽汲速度，防止撞击防喷盒造成工具落井，并且在定深抽汲深度相应的钢丝绳处做记号，以免每抽一次就要计算一次抽汲深度。装有电子深度显示仪器的井，出现警示信号时应降低抽汲速度。

③抽子进入液面后下入的抽汲绳长度称为抽子的沉没度，抽子的最大沉没度一般≤300m。抽汲过程中应做到慢下快起，下放速度≤2m/s，起抽子速度≥3m/s。若采用抽汲求产，应用定抽汲深度、定时间间隔、定起抽速度的“三定”方法抽汲。

④抽汲动力设备距井口 >20m。地滑车应固定牢固、扶正，且不应固定在井架底座上。每抽 2~3 次对绳帽、加重杆、抽子检查一次，并用管钳上紧。抽汲时应有专人在侧面指挥修井机操作人员，发现抽汲绳信号及时提醒，人员远离抽汲绳 5m 以外。下放抽子过程中如发现抽汲绳打扭或跳槽，应用绳卡卡牢重力端，放松抽汲绳后再做处理，并严禁用手拨槽或破扭，应借助于其他工具，如撬杠、木棒等。下入最大抽汲深度时滚筒上的抽汲绳应≥15 圈。抽汲工具应与井内管柱相匹配。抽汲防喷盒应保证密封，及时添加密封原料。装有液压防喷盒的井要及时卸压，防止防喷盒胶件的磨损或加液压以提高密封效果。装有气动防喷盒的井要及时卸压和充气，保证其密封性。

(3)抽汲作业适用范围

①适用于油质不太稠、能使抽子顺利起下的出油井或油水同出的井。

②动液面应在 1600～1700m 及以上，供液较充足的地层。

2. 液氮排液

(1)液氮排液原理

液氮排液是通过液氮泵车把液氮罐内的液氮泵入井内，由于减压升温作用，液氮变成氮气顶替井内液体，放气后减少液柱对产层的压力，是一种安全的排液方法，现场采用的排液方式有正举和反举两种。

由于氮气与井内天然气不发生化学反应，因此它适用于油井射孔后的排液，特别适用于凝析油气井、气井或预计可能有较大天然气产出的井的排液。

(2)液氮用量设计

液氮排液施工前要进行液氮排液的设计计算。计算方法如下：

由液氮排液深度计算液氮排液体积 V_1、按排液井筒容积计算。

设计氮气用量为：

$$V_2 = BV_1 \tag{3-3-1}$$

式中　V_2——氮气用量，m^3；

V_1——氮气排液体积，m^3；

B——常数因子。

B 表示在泵注压力和注入氮气段井筒平均温度下的氮气体积与常温常压下氮气体积的比值，是无因次量，通过查表得到。需要注意的是氮气排液是气举排液，计算泵注压力时，需要把排出容积转换成环空或油管的深度。

设计液氮用量为：

$$V_3 = V_2/696.5 \tag{3-3-2}$$

式中　V_3——液氮用量，m^3；

V_2——氮气用量，m^3。

由于液氮车是靠自身泄气保持液氮罐的低温状态，因此准备液氮时应比设计量多 20%～30%。

(3)液氮排液施工时应注意的事项

①泵注前，管线应试压至 1.5 倍的最大工作压力。

②管线进口接单流阀，出口接针形阀，并且进出口管线必须用地锚固定牢靠。

③放气时要用针形阀或油嘴控制，放气过程切勿直接用手触摸管线，防止冻伤。

四、自喷井油气计量

在自喷井测试过程中，为求得地层流体的井口压力、温度、产量及物性等参数，需要建立一套临时生产流程。在一定的工作制度(油嘴)下，通过对流体流量、压力的控制并借助于分离器将流体各相(油、气、水)分离开，分别精确计量，最终求得该工作制度下油气水的产量。

油气计量是整个地面流程工艺中的一个关键环节，计量数据的精确与否是由所用的计量装置决定的，油气计量的方法有许多种，所用的计量装置也各不相同。

1. 原油计量装置

目前常用的计量装置有三种。

(1)计量标定罐

这是一个简单准确的量油方法，从分离器中分离出来的原油可直接进入计量标定罐中，通过外面的标尺直接读取数值。缺点是不便于数据的自动采集。

(2)刮板流量计

刮板流量计是容积式流量计的一种，液体通过流量计时，由于管线内压力差和流体动力的作用，使转子转动，刮板所形成的扇形计量空间不断地排出计量室的液体。因此，转子转完一周送出液体的体积是一定的，转子的转速通过变速齿轮传到计数器，从而实现对液体的计量。

(3)涡轮流量计

涡轮流量计是一种速度式流量仪表，当流体通过叶片与管体之间的间隙时，叶片前后的压差产生推力，推动叶片，使涡轮在叶片的带动下，做旋转运动，其角速度与流体速度成正比。涡轮旋转的同时，叶片周期性地切割电磁铁产生磁力线，线圈内将感应出脉冲信号，此信号经放大送至累加显示机构，便得出流体通过涡轮流量计的流量值。

2. 天然气计量装置

天然气的计量基本上是采用节流压差原理，在充满气体的管道内安装一节流装置(如测气孔板)，当气体流经节流孔板时，便会形成局部收缩，使流速增加而造成该处静压的降低，气体挤过节流孔后，流速由于流通面积的变大而降低，在节流孔板前后形成压力差。气体流量愈大，产生的压差愈大。因此通过压差的测量可推算出气体流量的大小。

节流压差的大小取决于气体流量、气体的组成和节流装置。目前所使用的节流装置有孔板、喷嘴、文丘里管和文丘里喷嘴等几种形式。由于孔板简单、成本低，应用范围较广。

天然气的计量方法有多种，其计量装置和手段也不尽相同。经常使用的有：临界速度流量计(孔板节流，精密压力表读数)；垫圈流量计(孔板节流，“U”形管加水或汞读数)；双波纹管压差计(孔板节流，双波纹管压差计的记录)；旋涡流量计。

五、分层试油(气)

在试油(气)井中，有多个射孔层段需要分别取得试油(气)资料，就需分层试油(气)。最早的分层试油(气)是采用注水泥塞将已试层封死，然后上返第二层进行试油(气)。随着科学技术的进步，分层试油(气)工艺方法也逐步改进和发展，目前已形成完整的分层试油(气)工艺，满足各项试油(气)任务的需要。

水泥塞封层上返试油(气)时，除第一层不用打水泥塞外，其上返每试一层都必须打一个水泥塞，速度较慢，对油层有一定的污染，并且，试油(气)完投产还需钻掉水泥塞。目前，对试油(气)确定的油(气)层或可利用的层，一般不采用注水泥塞上返试油(气)的方法，而采用封隔器卡封试油(气)。

在试油(气)井中，一次射开几个试油(气)层或先后射开各个试油(气)层，然后下入封隔器进行封隔，按照试油(气)的目的和要求取得各项试油(气)资料的方法，称为封隔器卡封试油(气)。其主要包括：桥塞(或称单级封隔器)试油(气)工艺、两级封隔器分层试油(气)工艺和多级封隔器分层试油(气)工艺。

1. 封隔器分层试油(气)工艺的特点

①可以一次射开多个油层，然后下入多级封隔器将测试层分成单层、二层、三层，最多可达到五个层段，可同时进行多层测试。

②可以射开一层，试完以后再射开第二层，进行卡封，对第二层进行单试，以此类推，可以自下而上，亦可自上而下分层试油(气)。

③测试时除地面计量外，在管柱内装置分层压力计、产量计和取样器，可测取分层的地层压力、流动压力、分层产液量及分层流体样品；可以在求某层产量的同时，测取分层的流动压力，或对某层测地层压力恢复曲线时，对其他层段测试产量或取样。

④在多层测试时如发现出水层段，可不动管柱，投入堵塞器堵水后继续测试其他层段，也可利用封隔器、桥塞联合作业工艺；试完第一层后，封隔器解封，下钻，捞起桥塞，然后到达第二试油(气)层，将桥塞释放在设计位置的下卡点后，起钻至上卡点，对第二层进行试油(气)，依次类推，可进行多层试油(气)。

2. 桥塞(或称单级封隔器)试油(气)工艺

对于油气井，射开一个层后，采用替喷(或诱喷)或气举或抽汲等手段，取得了可靠的地层数据后，需将该层封死上返对第二层进行试油(气)，可采用桥塞作为封堵工具，逐层上返。

桥塞试油(气)的实质是用桥塞代替水泥塞，其工艺和录取资料的方法与水泥塞相似。这种上返工艺与水泥塞相比具有以下优点：方法简单、使用方便、缩短作业周期、减少对油层的污染和井下事故的发生。尤其是随着深部油气层的勘探和开发，多层油气井的增多，在试油(气)过程中，遇到高压油、气、水、大漏层及层间距很小时，桥塞试油(气)更显其优越性。

3. 两级封隔器分层试油(气)工艺

用两级封隔器分试一层、二层或三层，两级封隔器将射孔层段封隔成三段。如果需要单独测试某层，则可以用双封隔器卡在该层上、下部位，直接求此层的产量、压力、含水比等。如果求两层或三层的资料，则用双封隔器分隔成三个层段，先求出三层合试的产液量及油量，然后分别测试。某一层下入压力计求压力恢复曲线的同时，对其他一层或两层求产量。或者，对某一层求压力恢复曲线，另一层下入取样器进行取样。或对某两层下入压力计求油层压力，另外一层求产量。如果某一层是出水层，则可以对该层投入带死嘴子的配产器堵住该层，求其他层的产油情况。

如果测试中油井不能自喷，则可采用抽汲法求产，或预先在管柱上装一气举阀，气举求产。

根据封隔器之间的不同组合，主要分为如下几种方式：

(1) Y221 封隔器(或 Y421 封隔器) + 可钻式桥塞

将试油(气)层与其他层隔开，需两次下入工具。首先下入可钻式桥塞至下卡点，释放掉桥塞，将试油(气)层与底下的层分开；然后，下入单级封隔器测试管柱，常用的有 MFE 单级封隔器测试管柱，APR 单级封隔器测试管柱。

(2) Y221 封隔器(或 Y421 封隔器) + 可取式桥塞

试油(气)工艺与 Y221 封隔器(或 Y211 封隔器) + 可钻式桥塞相同。不同之处在于桥塞的坐封和后期处理的方法。

(3) Y111 封隔器 + Y221 封隔器(或 Y211 封隔器)

对于可疑气层或气测解释较好的层，这种 MFE 测试管柱比较常用。目前普遍用的是两级封隔器测试管柱。按设计配好管柱，下至比设计位置略深一些(具体根据实际情况定)，上提管柱，高度应掌握好，保证封隔器密封的同时，使油管挂坐入四通内，边转管柱边下放，使 Y221 封隔器坐封。当下放负荷达到一定值时，Y111 封隔器的坐封剪钉被剪断，Y111 封隔器坐封。负荷达到一定值时，管柱坐入四通内，可进行(射孔)测试施工。

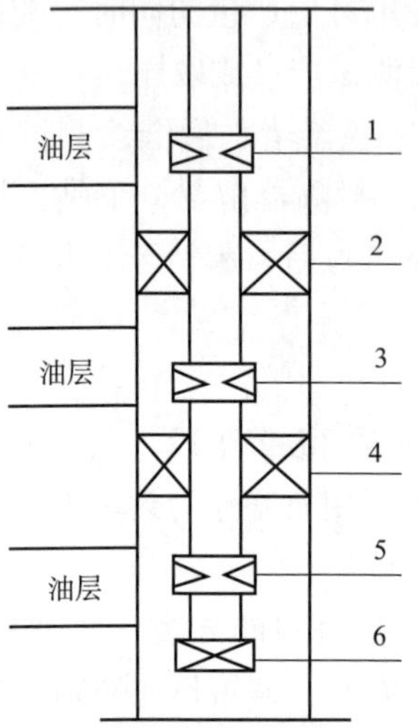

图 3－3－8　双级封隔器管柱结构简图

1—配产器甲；2，4—封隔器；3—配产器乙；5—配产器丙；6—丝堵

双级封隔器管柱结构简图如图 3－3－8 所示。

(4) Y341 封隔器 + Y441 封隔器

在大斜度井，若采用机械式封隔器坐封，由于油管与套管的摩擦力较大，加在封隔器的负荷不能满足封隔器坐封的要求，封隔器的密封性能也就达不到要求。采用 Y341 封隔器 + Y441 封隔器管柱结构，避免了地面松弛管柱的操作。

首先，管柱下井前应熟悉井筒状况，了解邻井相同层位的情况，确定两卡点位置，根据两卡点之间的距离，确定两封隔器之间油管的根数。油管长度应仔细丈量准确，油管需用标准通管规通过，确保在抽汲排液时，抽子能顺利起下。

由于采用的是液压封隔器，应控制管柱的下入速度，保持在 25 根/h 左右，防止由于水击力的原因，造成封隔器中途坐封。当封隔器下到设计位置时，地面接管线、连泵车，正打压 5MPa、10MPa、15MPa、18MPa，各稳压 1min，使封隔器可靠坐封。卸开管线、投球、连接管线 15min 后，正打压 15MPa，憋掉球座，完成试油(气)层与管柱的连通。

采用抽汲排液的方法进行排液。排液时，应适当控制抽汲强度，防止由于排液强度过大，破坏地层结构，造成出砂，埋住封隔器。

这种分层试油(气)工艺常用于开发井的常规试油(气)。首先要求对该层有初步的认识后，才能采用这种工艺，避免封隔器卡在流砂层之间，使流砂埋住封隔器，造成卡钻。解封方式是上提管柱封隔器即可解封。

4. 多级封隔器分层试油(气)工艺

三级封隔器将射孔段分成 3 个层段或 4 个层段。若分成 3 个层段则下入 3 个配产器，若分成 4 个层段则下入 4 个配产器，即甲、乙、丙、丁。可以求取某两个层段的压力，另 2 个层段求产量，也可一个层段下入压力计求地层压力，另 3 个层求产量。如果某一层是出水层，则可以对该层投入带死嘴子的配产器堵住该层，求其他层的产量情况。

为了减少投捞测试工作，可采用偏心配产器管柱。其优点是偏心配产器的尺寸都一样，不受级数限制。在下完管柱坐封全部封隔器后，需要打开哪一层，只需将该层的偏心堵塞器捞出即可，需关闭哪一层，则下入该层的堵塞器即可。这种方法具有节省时间、缩短试油(气)周期等优点。为了保证资料的可靠性，要确保每级封隔器密封良好。多级封隔器结构简图如图 3－3－9 所示。

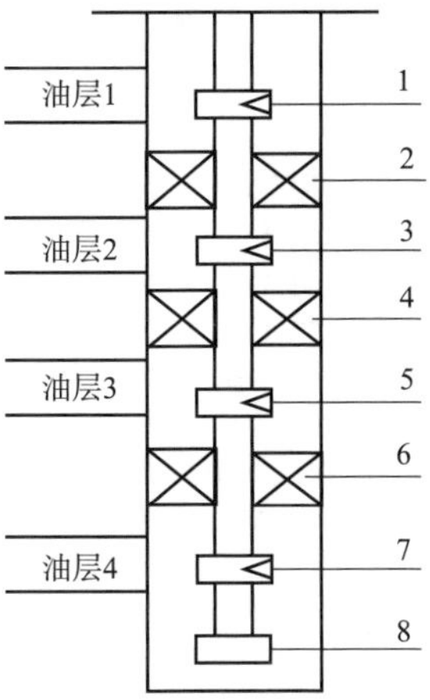

图3－3－9　多级封隔器结构简图

1，3，5，7—偏心配产器；2，4，6—封隔器；8—丝堵

多级封隔器分层试油(气)录取资料方法如下所述。

(1)测分层地层压力

为求取各层原始地层压力(或地层压力)，利用偏心投捞器将压力计脱节器下入各层的配产器中，根据压力计内卡片可算出各层原始地层压力，并可测得分层压力恢复曲线。

(2)测各分层产量

全井的总产量在井口可测出，分层产量用井下浮子产量计测量。将产量计与堵塞器连在一起，下入配产器中，根据测得的卡片可算出各层产量。

(3)分层高压物性取样

要求用小油嘴生产，尽量保持流体具有较高的流动压力，以取得合格的高压物性样品。方法与求分层产量类似。

六、求油(气)层产能

求油(气)层产能一般简称为求产。油、气层产能是油、气层在某一生产压差下的产量。求产过程中的生产压差受求产工作制度的控制，在某一工作制度的产量能够反映油、气层产液能力。

工作制度是衡量求产工作强度的一个量值。例如，抽汲求产工作制度可描述为：每日抽汲次数、抽汲深度、动液面深度；自喷求产工作制度可描述为：油嘴直径、井口油压、井口套压等。

1. 自喷井求产

(1)测定气体产量的方法

测定气体产量一般是测定气体在某段时间内的流量折算成日产气量。采用的计量仪表有机械式和电子式两类，其中机械式仪表使用方便、成本低廉、维护简单，在油田得到普遍应用。机械式测气仪表主要有：孔板式临界速度气体流量计(见图3－3－10)、垫圈式气体流量计(见图3－3－11)、机械涡轮流量计等；电子式测气仪表主要有：气体涡街流量计、旋进旋涡流量计、电子涡轮流量计等。

①临界速度流量计测气：根据气体产量的大小，当气产量$>0.8\times10^4 m^3/d$时，一般采

用临界速度流量计测气，它具有结构简单、计量比较准确、测量范围宽的优点。

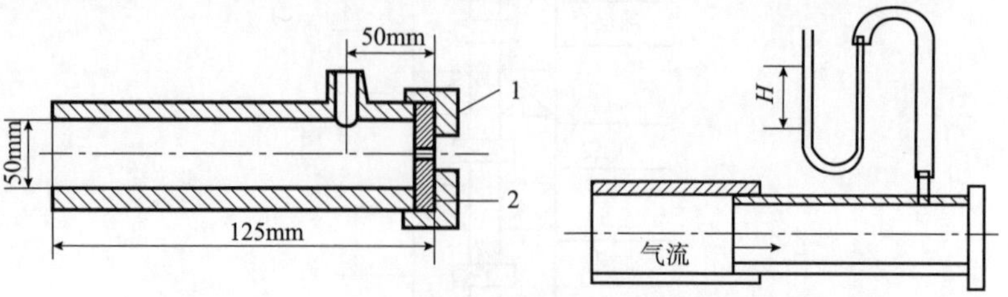

图 3-3-10　孔板式临界速度气体流量计示意图

1—压帽；2—孔板；H—水柱或汞柱压差

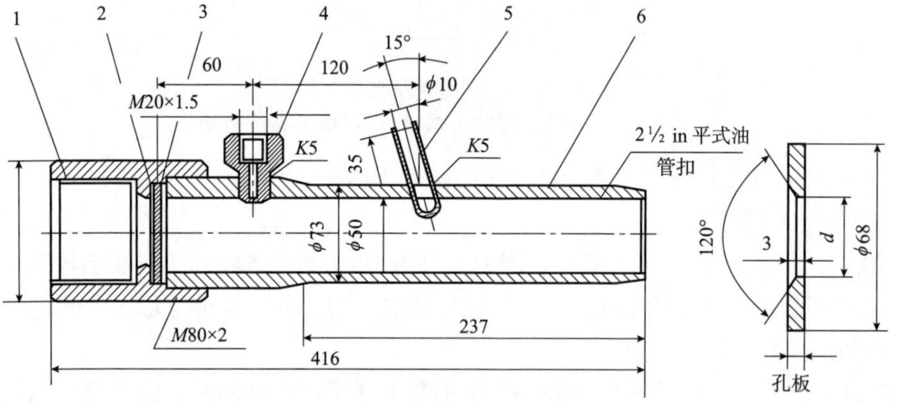

图 3-3-11　垫圈式气体流量示意图

1—压帽；2—垫片；3—孔板；4—压力表接头；5—温度计；6—本体；d—孔板直径

临界速度流量计测气时应满足下列条件，以保证测定准确、安全：

a. 流量计内径与排气管线内径相同，流量计上流直管段长度大于 10 倍流量计内径，下流直管段长度大于 5 倍流量计内径。

b. 孔板孔眼直径等于 0.4～0.8 倍流量计内径，厚度 3～6mm，孔板喇叭口在气流下方。

选用适当的孔板，使天然气通过孔板时上流绝对压力 p_1 与下流绝对压力 p_2 满足条件 $p_2 \leqslant 0.546p_1$，并且使上流压力控制在 0.083～0.4MPa，此时天然气的流速等于在该处温度下天然气的声速，增加上流压力，流速断面最小处的速度并不增加，只增加气体的密度和流量，此时气流达到临界流速，利用上流压力可计算出流量。

折算为标准状况 1atm、20℃时的日产气量计算公式为：

$$Q = 2141.3Cd^2 \frac{p_1}{\sqrt{\gamma TZ}} \tag{3-3-3}$$

式中 Q——日产气量，m^3/d；

C——临界流量系数，对于 0.8mm 临界速度流量计，1.59～38mm 孔板，C 为 0.83～0.92；对于 101.6mm 临界速度流量计，12.7～76.2mm 孔板，C 为 0.85～0.90；

d——孔板孔径，mm；

p_1——孔板上流绝对压力，MPa；

γ——气体相对密度；

Z——天然气压缩系数（当 $p_1 < 0.8$MPa 时，$Z \approx 1$）；

T——孔板上流绝对温度，K。

使用临界速度流量计，当未达到临界气流时，即 $p_2 > 0.546p_1$ 时，折算为标准状况（1atm、20℃）时的日产气量计算公式为：

$$Q = 3.079d^2 \sqrt{\frac{(p_1 - p_2)(0.546p_2 + 0.45p_1}{\gamma TZ}} \quad (3-3-4)$$

式中　p_2——孔板下流绝对压力，MPa。

②垫圈式气体流量计测气：当气产量 $< 0.8 \times 10^4 m^3/d$ 时，一般采用垫圈式流量计测气。

流量计内径与排气管线内径相同，流量计上流直管段长度 >10 倍流量计内径，下流直通大气，下流压力为大气压力。

挡板（孔板）孔眼直径等于0.4~0.8 倍流量计内径，厚度3~6mm，孔板喇叭口在气流下方。

气流通过挡板孔产生压差，选择合适挡板使水柱（汞柱）高差控制在75~150mm。根据所测压差计算气体流量，计算公式为：

$$Q = 10.87d^2 \sqrt{\frac{\Delta H}{\gamma T}} \quad \text{（汞柱时，适合气产量3000~8000} m^3/d\text{）} \quad (3-3-5)$$

$$Q = 2.93d^2 \sqrt{\frac{\Delta H}{\gamma T}} \quad \text{（水柱时，适合气产量<3000} m^3/d\text{）} \quad (3-3-6)$$

式中　Q——日产气量，m^3/d；

d——孔板孔眼直径，mm；

ΔH——汞柱（水柱）压差，mm；

γ——天然气相对密度；

T——气体绝对温度，K。

（2）自喷井求产录取资料

①工作制度：时间、油嘴尺寸、针形阀开度、放喷方式。

②测气参数：孔板孔眼直径、孔板上流绝对压力、孔板下流绝对压力、气体温度、天然气密度。

③产量：日产油、气、水量，气油比，累计产油、气、水量。

④压力：井口油压、井口套压、井底流压、静压。

⑤温度：井口油温、井底流温、静温。

⑥取样：地面油、气、水样品，高压物性样品。

2. 非自喷井常规求产

（1）抽汲求产

在套管允许掏空深度和不破坏地层结构的条件下，尽可能降低回压，在排出井筒容积的液体或地层水水性稳定后即可定深、定次求产。

当产液为油时，日产量计算公式为：

$$Q = \frac{V_0 \gamma \times 24}{\Delta t} \quad (3-3-7)$$

式中　Q——日产油，t/d；

Δt——抽汲时间，h；

V_0——抽出原油体积，m^3；

γ——原油密度，g/cm^3。

当产液为水时，日产量计算公式为：

$$Q = \frac{V_w \times 24}{\Delta t} \tag{3-3-8}$$

式中　Q——日产水，m^3/d；

V_w——抽出水体积，m^3；

Δt——抽汲时间，h。

抽汲求产录取资料：

①工作制度：时间、抽深、抽次、动液面。

②产量：产油、水量，累计产油、水量。

③液性：密度、含水量、含砂量、氯离子含量。

④取样：地面油、水样品，有时根据需要进行井下取样。

(2)测液面求产

当遇到低产层采用抽汲、气举等其他方法不能求产时，可采用测液面求产。该方法是采用试井车钢丝或电缆将压力计下到液面以下一定深度，测得该深度点的压力值后，等待液面恢复一段时间(一般4h以上)，用压力值增加量折算成在一定时间内液面的上升高度，再根据套管及油管规格算出地层产液量，折成日产液量。通过洗井或取样器取样确定流体性质。

当在套管内直接测液面时公式为：

$$Q = \frac{1440 \Delta H V}{\Delta t} \tag{3-3-9}$$

式中　Q——日产液量，m^3/d；

ΔH——液面上升高度，m；

V——每米套管容积，m^3/m；

Δt——测液面时间，min。

录取资料：时间、压力计下入深度、测量时间、压力变化、液柱上升高度、油套管规格、洗井返出液体性质、体积。

(3)地层测试求产

地层测试是用油管或钻杆连接测试工具，下至测试层段上部，将其他试油(气)层段和压井液与测试层段隔离开，然后由地面控制操作井下测试阀进行多次开、关井，对地层进行测试，测试层的液体经过筛管和测试阀流入管柱内。

测试前为了防止生产压差过大造成地层出砂或垮塌，在测试管柱内加入一定高度的液体，这部分液体称为液垫，通过加入液垫人为造成适当的测试压差，测试压差的大小根据地层物性、流体性质和岩性而定。

经过开关井测试，压力计详细记录了井底压力变化情况。通过开井可求得地层产能；通过关井可求得压力恢复数据，经过室内数据处理可求得地层重要参数。测试结束可取得地层条件下的流体样品。

1)施工现场录取资料

基本数据：测试井段、层位、厚度、压井液名称、密度、黏度、失水量、含砂量、氯离子含量、pH 值。

测试管串及液垫数据：测试工具类型、封隔器坐封深度及坐封后工具深度、管柱规格及长度、测试方法、井下油嘴尺寸；加液垫类型、性质、高度、体积。

测试时地面记录数据：坐封时间、各次开关井时间；地面显示描述、环空液面描述；地面油嘴尺寸、井口压力；产出流体类型、产出流体数量、液性。

起工具记录数据：解封时间、见液面时间及起出油管长度、见液面流体性质、回收高度及体积、纯回收体积。

取样器数据：放样地点、取样室压力、取得样品的数量及样品性质。

压力点数据：初静液柱压力 A、初开始压 B_1、初开终压 C_1、初关末压力 D_1、二开始压 B_2、二开终压 C_2、二关末压力 D_2、终静液柱压力 E。

2)测试产量计算

自喷井按规定分别进行油、气、水产量的计量，非自喷井一般按流动曲线折算产量。

3. 系统试井

系统试井也称为稳定试井，是通过某种测试和分析程序预测地层产能大小，即在不同井距、不同衰竭程度和不同压降条件下的油(气)供给能力，通常用井的稳定流量与压差关系表示。它是通过在不同工作制度下(3 个油嘴以上)测得的地面流量及对应的稳定井底压力数据，绘制并确定指示曲线类型，建立产出能力(或注入能力)公式，由产能方程提供井的最大潜在流量，推断出井和油藏的流动物性。

(1)系统试井步骤

①依次改变井的工作制度，待每种工作制度下的生产处于稳定时，测量其产量和压力以及其他有关的资料。

②根据上述资料绘制指示曲线、系统试井曲线，得出井的产能方程。

③确定井的生产能力、合理工作制度和油藏参数。

(2)自喷井系统试井方法

①试井前必须测定稳定的地层压力，并将压井液排干净。

②在最大、最小工作制度之间均匀内插 2 ~3 个工作制度。

③每一工作制度以 4 ~5 个测点较为合适，但不得少于 3 个，并力求均匀分布。

④在生产条件允许的情况下，最小工作制度的稳定油压尽可能接近地层压力，最大工作制度的稳定油压接近自喷最小油压。

⑤一般由小到大，依次改变井的工作制度，并测量其相应的稳定产量、流压和其他有关数据。

⑥最后 1 个工作制度结束后，关井测地层压力或进行压力恢复。

(3)非自喷井系统试井方法

非自喷井系统试井一般采用稳定排液方法进行流动试井，通过改变抽油机的冲程或冲次来改变井底压力最方便；在某些情况下，用改变抽油泵直径或泵挂深度的办法来改变井底流压。在压力稳定后，系统地测示功图、动液面、产量等有关数据，绘出试井曲线，进行综合分析，研究油井的生产特点，确定抽油井的最佳工作制度，估算油层渗透率等。

非自喷井的系统试井必须在有杆泵抽油井系统工作正常，井口及计量流程密闭不漏的情况下，测取井口流量和井底压力资料。每个工作制度必须稳定，进行精确计量24h，然后改变工作制度(冲程)。在新工作制度下，重新测量油井生产数据，把每一种工作制度的测量结果记录下来。

测量井底压力可采用偏心井口装置，在以最小冲程开始稳定生产时，将小直径压力计通过油套环形空间下到油层附近测取井底压力值，或用自动液面仪测量环空液面，推算出井底压力。

(4)地层压力、温度及地层参数录取资料

1)地层测试确定地层压力

由初关井实测稳定压力(初关井压力恢复在15min以上不再上升，即认为稳定)确定或由初关井压力恢复曲线推算最大压力值(必须保证霍纳曲线上有4个以上的点在一条直线上)确定。

当以上两条件都不具备时，地层压力根据终关井压力恢复曲线外推最大压力值确定，但使用时要注意边界影响。

2)常规试油(气)确定地层压力

自喷井测量地层压力时，选择合适压力计，用试井车将压力计下至油层上部合适位置进行测量，要保证有足够长的地面关井时间，以弥补井筒储集效应的影响。新区新层第一口探井测压力恢复曲线时，应测出稳定静止压力及边界反应段，其他井压力恢复曲线测出明显拐点及合格的直线段即可。

非自喷井一般难以测得准确的地层压力，用测静压法计算地层静止压力，要有足够长的测定时间，使井筒内液面基本静止不变。

3)地层温度

地层温度必须是油、气层静止状态测得的最高温度数值。地层测试常用的是最高温度计。测试时必须同时下两支温度计，其所记录的最高值除受深度影响外，应保持一致，其误差不得大于允许误差。测试管柱的设计应尽量将温度计靠近油、气层位置，直接测量地层温度。

4)地层参数资料

地层参数由地层测试或试井测压所测的压力恢复曲线解释而来，压力资料的解释结果主要包括：

霍纳或叠加分析数据：直线段斜率、流动系数、产能系数、有效渗透率、堵塞比、堵塞引起的压降、表皮系数、井筒有效半径、实测产液指数、理论产液指数、调查半径、井到异常点距离、压力梯度。

双对数分析数据：流动系数，产能系数、有效渗透率、表皮系数、井筒储积常数、储容比、窜流系数、径向流起始时间。

七、试油(气)油、气、水样的取得及分析方法

试油(气)过程中取得油、气、水样具有重要意义，通过试油(气)取得的油、气、水样，可以进一步分析其物理性质和化学成分，这对于评估油气藏的工业价值、确定开采方

案以及预测油气田的经济效益具有决定性作用。

1. 油、气、水取样方法及要求

油、气、水样在试油(气)求产过程中一般分班采样，但两个样品之间至少间隔4h。取样器具清洁，样品新鲜，有代表性。一般要求探井每层取油、气、水样品各3个。生产井每层取油、气、水样品各1个。新井取油、水样品，无论提捞、抽汲或自喷井，都不能在量油池、土油池中捞取，必须从井口出油管线、放喷管线直接收集样品。

(1)原油取样方法

试油(气)井需将井内压井液及混合油排完后，在井口管线出口处或取样口处用取样筒取样。在取样口取样时，先放掉死油。取样筒必须清洁、无水、无油污和泥砂。

取样数量：简易分析为500mL，半分析为1000mL，全分析为1500mL以上。

取样完毕，盖紧取样瓶，贴好标签，标签上写明：样品名称、样品编号、取样井号、井段、层位、取样日期、取样单位、取样人。

(2)地层水取样方法

为了确定地层水水性、总矿化度及各种离子含量，一般要在水性质稳定后在井口管线出口处取样，取样瓶需保持干燥和清洁，宜用棕色玻璃瓶，不能用金属容器取样。

取样数量：每次取样≥300mL。

取样完毕，盖紧取样瓶，贴好标签，标签上写明：样品名称、样品编号、取样井号、井段、层位、取样日期、取样单位、取样人。

(3)天然气取样方法

待产量基本稳定后，用排水取气法取样。将取样瓶装满清水，倒置于取样水桶中(瓶中不得有气泡)，连接好取样胶管，使天然气放空1～2min后，将胶管插入水桶中，稍排空气后，再插入取样瓶中，待瓶中剩余四分之一的水时，塞好瓶塞，从水中取出倒置存放。取样后应及时送样分析。

取样数量：每次取样≥300mL。

取样完毕，倒置取样瓶，瓶内下部存水，起隔离外部空气的作用。贴好标签，标签上写明：样品名称、样品编号、取样井号、井段、层位、取样日期、取样单位、取样人。

2. 油、气、水分析

为了及时掌握试油(气)油、水产量变化及产液基本性质，指导下步工作，在试油(气)过程中要求在现场对油、水进行简易分析。一般情况下，在现场按要求取原油样进行含水及含砂分析；取水样进行氯离子含量测定，判别地层是否产水及确定水性的稳定性。

(1)原油全分析项目

①物理性质：密度、黏度、凝固点、初馏点。

②重组分含量：蜡、胶质、沥青质含量。

③轻组分含量：初馏点至终馏点间各温度点馏出原油体积。

④其他组分含量：硫含量。

根据原油密度大小，可把原油分为重质油、轻质油；根据原油黏度大小，可把原油分为特稠油、稠油、稀油；根据原油凝点大小，可把原油分为高凝油、低凝油。

(2)地层水全分析项目

①物理性质：密度、黏度、颜色等。

②阳离子含量：K^+、Na^+、Ca^{2+}、Mg^{2+}。

③阴离子含量：Cl^-、$SO_4{}^{2-}$、$HCO_3{}^-$、$CO_3{}^{2-}$。

④微量元素含量：Ⅰ、Br、B 等。

分析完毕，计算出水样品的总矿化度，划分出水型。

(3)天然气分析项目

①物理性质：相对密度、黏度、临界温度、临界压力。

②常规组分含量：CH_4、C_2H_6、C_3H_8、正丁烷、异丁烷、戊烷。

③其他组分含量：N_2、CO_2、H_2S 等。

3. 井下高压物性取样

新区新层，应按设计要求进行井下高压物性取样。取样前井内无脏物，油井生产正常，原油含水 <2% 以下进行取样。为了取得可靠的样品，取样前测流压梯度，在油层以上每 200m 停一点，至少测 3 ~ 5 点，根据压力梯度的大小确定取样深度及合适的生产油嘴。必须控制取样点压力高于预计的饱和压力，如果饱和压力不能预测时，尽量采用能正常生产的最小油嘴，并将因大油嘴生产时在井底形成的脱气原油排出后方可取样。取样深度尽量接近油层中部，如果受油管下入深度的影响，可在高于油管鞋以上 15 ~ 20m 处取样，也可以依靠地层测试器工具中的取样器在试油(气)结束时获得一定数量的地下样品。

用容积为 1000 ~ 1200mL 的取样器，每次取得样品≥4 支，及时将样品送化验室做分析，要有 2 支以上的样品分析结果相符，饱和压力值相差≤1.5% 为合格，否则应予以重取。

井下高压物性取样前，一般应先确定取样深度点，根据压力梯度曲线确定泡点和井底积水位置，取样点必须在泡点压力点以下、井底积水点以上。

现场应取资料：取样时间、取样方法、取样深度、压力、温度、取样数量(支)。

高压物性样品分析项目：饱和压力，原始油气比，地层原油密度、黏度，平均溶解系数，体积系数，压缩系数，收缩率，气体密度。

第四节　连续油管作业技术

连续油管作业技术已广泛应用于油气田的修井、酸化、压裂、射孔、测井、完井以及钻井等多个领域，连续油管设备本身所具有的柔性刚度及自动化程度高、可带压作业等特性，特别适用于带压作业、水平井及大斜度井测井射孔、完井等作业，被誉为“万能作业”设备，与常规油管作业相比，具有节省作业时间、减少地层伤害、作业安全可靠等优点，在油气勘探与开发中发挥越来越重要的作用。

一、连续油管装备简介

(一)连续油管设备

1. 设备简介

连续油管设备是一种高效、可靠的石油作业工具，具有多种优点和应用场景。目前配套的 LGC450 型连续油管作业设备为双车装载式，由主辅车底盘、动力系统、控制室、液压系统、油管滚筒、注入头马达动力软管滚筒、注入头控制和防喷器控制软管滚筒、注入头、随车起重机、井控设备等组成。其中动力系统、控制室总成、连续油管滚筒总成、3 个软管滚筒位于主车上，注入头、随车起重机、井控设备位于辅车上。主车示意图如图 3－4－1 所示，辅车示意图如图 3－4－2 所示。

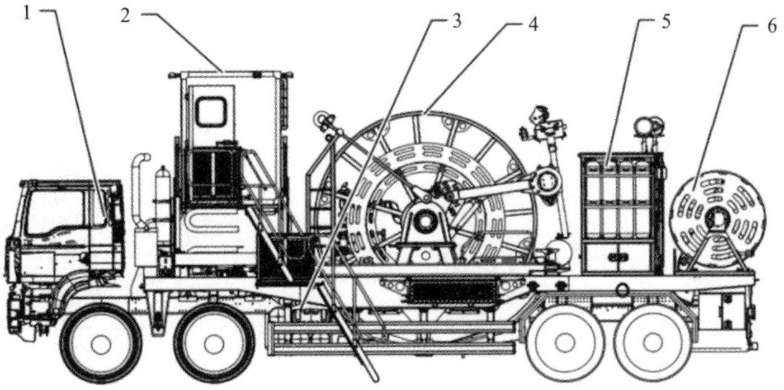

图 3－4－1　主车示意图

1—底盘车；2—控制室；3—动力单元；4—连续油管滚筒；5—液压单元；6—软管滚筒

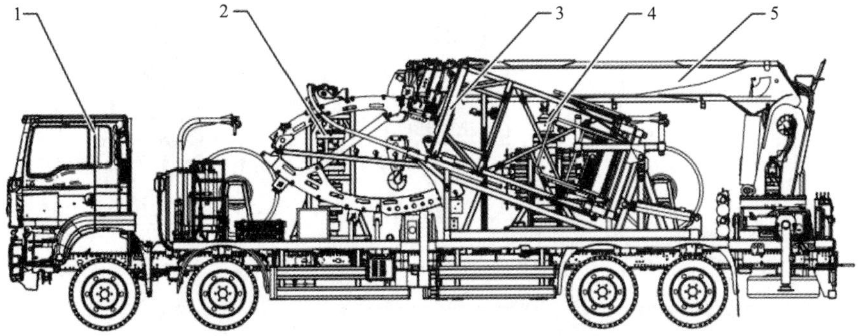

图 3－4－2　辅车示意图

1—底盘车；2—防喷盒；3—注入头；4—防喷器；5—随车起重机

2. 主要构成部分

(1) 控制室及仪表控制台(连续油管作业机的神经中枢)

控制室是监控注入头、滚筒和防喷器等设备的场所，是连续油管机组的操作控制中心。在操作台上，有各种液压件和气动件操作控制仪表，以及发动机操作控制仪表等及数据采集系统和监视系统。主要功能如下：

①对底盘发动机油门、停车进行控制。

②对注入头、滚筒、防喷器、防喷盒等进行操作控制。

③对液压油缸驱动，实现操作室的升降。

④显示油管质量、油管下入深度、油管下入速度、循环压力、进口压力等参数，显示底盘发动机运行参数。

(2) 动力装置

为整套连续油管机组提供液压动力源，主要由液压马达、滤清器、油箱和液压阀等组成。

(3)注入头

液压驱动装置，在下入连续油管时，提供向下的推力；提升连续油管时，提供拉力。关键部分是链条牵引总成，其主要结构类型是液压驱动的反向旋转双链条夹持牵引式油管起下机构。有多个夹紧液缸、张紧液缸和蓄能器，分别用于夹紧连续油管、张紧链条和平衡压力。驱动马达采用低速大扭矩液压马达。马达刹车、连续油管起下速度、连续油管夹紧力和链条张紧力，在控制室集中控制。注入头示意图如图3－4－3所示，注入头主要参数见表3－4－1。

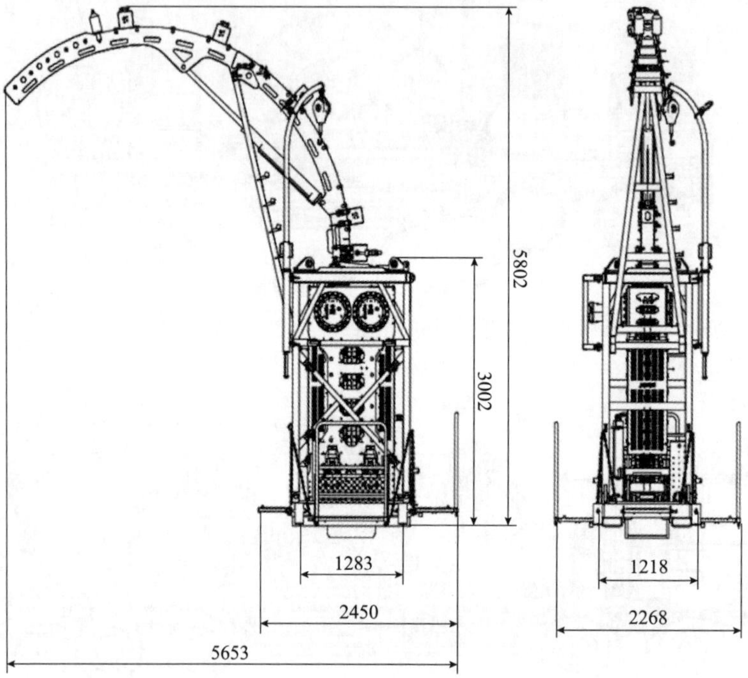

图3－4－3　注入头示意图(单位为mm)

表3－4－1　注入头主要参数

项目	数值
外形尺寸/mm	2450×2268×3002
注入头质量(不包括鹅颈)/kg	6000
连续提升力/kg	45000
连续下推力/kg	22500
最大运行速度/(m/min)	52
最小平稳运行速度/(m/min)	0.2
适合油管尺寸/in	1.5~3.5
鹅颈半径尺寸/in	100

(4)滚筒

滚筒是连续油管的储运设备，带有排管器，用以均匀地缠绕连续油管。滚筒采用液压驱动形式，驱动卷筒正反转，使连续油管起、下时在油管上保持一定的拉力，使其紧绕在卷筒上。滚筒所能缠绕连续油管的长度主要取决于滚筒的外径、宽度、筒心的直径等。连续油管滚筒示意图如图 3－4－4 所示。

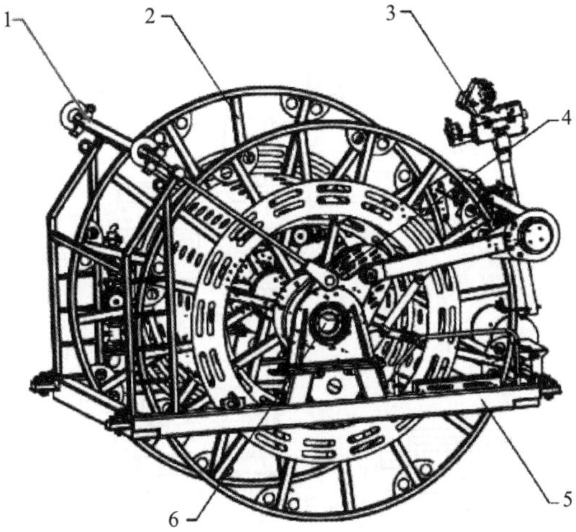

图 3－4－4　连续油管滚筒示意图

1—吊架总成；2—滚筒焊接总成；3—排管装置总成；
4—自动排管链轮组；5—底撬装配总成；6—减速机安装总成

(5) 防喷器

防喷器组是液压操作的四闸板装置，必要时也可手动关闭。中间两组之间有侧向出口可连接循环管线或放空出口。$4\frac{1}{16}$in－15K 四闸板气密封防喷器外形尺寸图如图 3－4－5 所示。

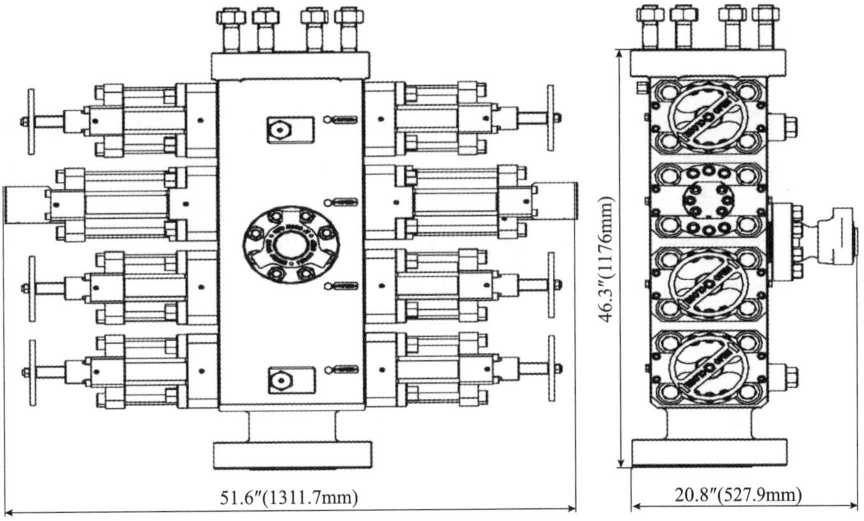

图 3－4－5　$4\frac{1}{16}$in－15K 四闸板气密封防喷器外形尺寸图

(6) 双联防喷盒

防喷盒是对连续油管进行动、静密封，采用液压式操作。防喷盒顶部与注入头连接，底部配接头与防喷管连接，带侧窗口密封盘根更换方便。双联防喷盒示意图如图 3－4－6 所示。

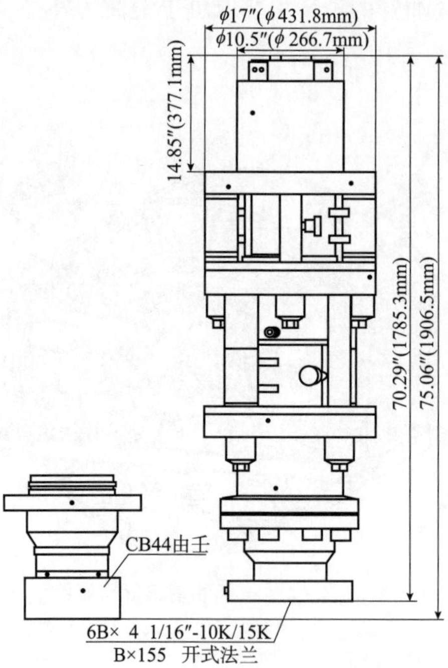

图3-4-6　双联防喷盒示意图

(7)防喷管

连接防喷盒与防喷器，提升井口并容纳连续油管井下工具。

(8)数据采集系统

对油管深度、起下速度、油管质量、循环压力、井口压力、注入瞬时排量、累积注入量进行采集、显示、储存。

(9)软件功能

包括连续油管管柱疲劳寿命预测模型(CTlife)，连续油管工程模拟与计算模型(CT-project)，连续油管管柱、井身结构、流体、井下工具以及滚筒数据的输入与管理模块。可以准确地分析和预测连续油管和井下工具进出井作业过程中的累计受力、疲劳寿命消耗以及压力梯度，能够帮助工程师进行作业设计和风险评估。可以进行疲劳寿命模拟与跟踪、油管受力和作业条件极限模拟、水力学模拟、井口及井下工具串管理、报告模拟结果。

3. 连续油管设备的主要特点和功能

①连续油管设备无须接单根，便于实现井口密封，支持带压作业和欠平衡作业，避免了作业过程中的停泵，减少了砂埋或砂卡的风险。

②连续油管尺寸小但刚性较大，适合过油管作业，可以不动管柱调整产量，占地面积小，节约成本。

③作业效率高，设备移运、安装快捷，作业速度快，节省费用。作业范围广，除常规修井作业外，还能与其他设备配套进行特殊作业。

④作业安全可靠，可以带压进行连续作业，防止地面污染，保护环境，避免因压井产生的地层伤害。

⑤采用全液压驱动，可在升降式操作室内实现集中控制，集液、气、电于一体，配备

智能预警系统，实现实时数据监测，提供异常信息及维保建议。

二、连续油管输送射孔

(一)技术背景

连续油管输送射孔一次下井可同时射开较长的井段或多个层段的地层，可以避免电缆射孔难以施工的大斜度井、水平井等复杂井的射孔作业，射孔后如有油气显示无须进行压井作业，具有起下工作量少、周期短、井控风险低以及保护储层等优点。

(二)工艺技术

1. 工艺原理

将射孔枪与内防喷工具、液压丢手、循环阀用连续油管一同下至射孔井段，用泵车从油管内泵注液体憋压激发射孔，使用延时起爆装置进行多簇射孔时，分别在延时范围内上提至下一射孔段依次射孔，可以实现在带压的情况下起出射孔管柱。

2. 管柱组成

连续油管射孔工具串有连续油管、铆钉连接器、双活瓣单流阀、液压丢手、循环阀、变扣接头、起爆器、射孔枪。射孔管柱结构示意图如图 3 – 4 – 7 所示。

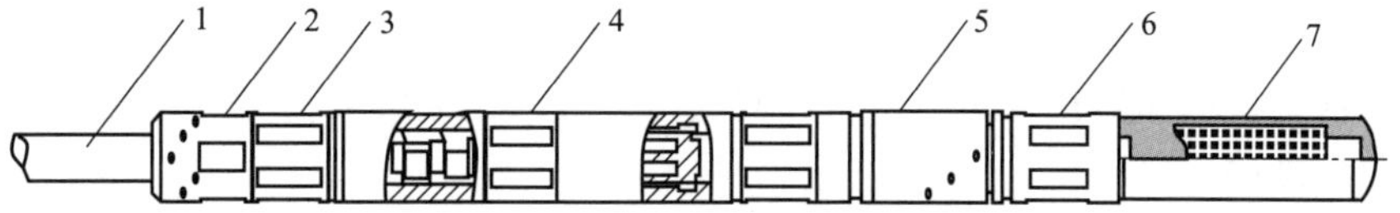

图 3 – 4 – 7　射孔管柱结构示意图

1—连续油管；2—铆钉连接器；3—活瓣单流阀；4—液压丢手；5—循环阀；6—起爆器；7—枪身

3. 技术参数

①连续油管参数：CT – 110 连续油管外径 ϕ50. 8mm、壁厚 4. 45 ~ 4. 78mm、屈服载荷 530. 84 ~ 566. 21kN。

②配套工具参数：外径 ϕ73mm、抗拉载荷 350kN、单流阀单向密封压力 35MPa、耐温 120℃。

(三)施工步骤

①模拟分析：依据设计提供的井深结构和测井数据，用 JTAS 软件进行力学分析，确认连续油管入井不会发生自锁(自锁现象是指在连续油管注入头向井内水平段推送过程中，当连续油管受到的摩擦阻力大于等于连续油管前推的力量时，连续油管将不能向前推进的现象)。

②井筒准备：下射孔管柱前下模拟枪通井至射孔层以下 5m 或处理至射孔层以下 5m。

③连续油管校深：对射孔井段误差要求较小的井，需下入存储式校深短节 + 模拟枪至射孔井段，校核射孔深度。

④地面检查：准备射孔枪 1 套，检查单流阀、循环阀、丢手等入井配套工具。

⑤连续油管试压试拉：连续油管内充满清水，对铆钉连接器密封部位进行试压，用试拉盘进行试拉，确认连接器与连续油管连接密封性和抗拉强度符合要求。

⑥工具串连接入井：依次连接单流阀、丢手、循环阀、起爆器和枪身。

⑦未射孔的新井井筒内灌满清水，打开套管闸门，观察返液情况。井内有压力时，控制井内压力和油管内压力小于设定起爆压力15MPa。

⑧缓慢下入油管至射孔井段。初始下放速度<5m/min；过井口50m后，直井段下放速度≤20m/min；进入造斜段后速度≤10m/min。连续油管每下放300m进行1次上提下放测试，并做好悬重记录。

⑨依据射孔簇间距和延时起爆周期，计算好每簇上提连油油管深度和速度。

⑩按照计算好的深度和速度测试连续油管上提过程中的指重，为正式起爆射孔后提供参考。

⑪关闭套管阀门，在井口布置振波检测仪，启动泵车油管内憋压至起爆压力，依据观察到的油管压力泄压情况、套压变化、井口震动和振波检测仪，确认起爆成功。

⑫起爆后，迅速上提连续油管至下一射孔簇，待延时起爆后依次进行每簇射孔。

⑬射孔完成后起出连续油管射孔工具串，检查确认发射率。

⑭如射孔井段较长，不能一次完成全部井段射孔，重复上述步骤完成剩余井段射孔。

(四)技术要求

①射孔前需进行模拟通井，确认井内技术状况符合射孔要求。

②第1次射孔后，井口若有压力显示，需根据压力调整起爆器起爆压力值，避免因井内压力过高，导致起爆器起爆，造成误射。

③连续油管校深和射孔，防喷管选择同一组合形式，保持设备与井口位置距离不发生变化，避免深度误差。

三、连续油管解堵

(一)技术背景

高含硫气井、自喷油井等在生产过程中随着压力的逐步下降，硫化物析出、管柱结蜡等，沉积在井筒及设备表面，导致管柱、井筒堵塞，严重影响油气田的正常生产。采用连续油管携带冲洗工具能对堵塞的井筒、管柱进行冲洗处理，可恢复生产通道，增产效果显著。

(二)工艺技术

1. 工艺原理

冲洗液通过连续油管进入喷嘴时，产生旋转力矩，旋转冲洗工具底部旋转冲洗头具有4个侧向喷嘴和1个向下的喷嘴，侧向喷嘴用于清洗井筒和旋转，向下喷嘴有助于清洗井筒内压实的硫化物沉积，水流的流速越快，旋转喷头的旋转速度和冲洗力也会相应增加，实现360°清洗井筒。对于堵塞较为严重的井，采用二次冲洗，第1趟采用五眼喷头冲洗打开通道，第2趟采用旋转五眼喷头冲洗，提高解堵效果。

2. 管柱组成

连续油管解堵工具串有连续油管、转换接头、单流阀、液压丢手、五眼喷头。解堵管柱结构示意图如图3-4-8所示。

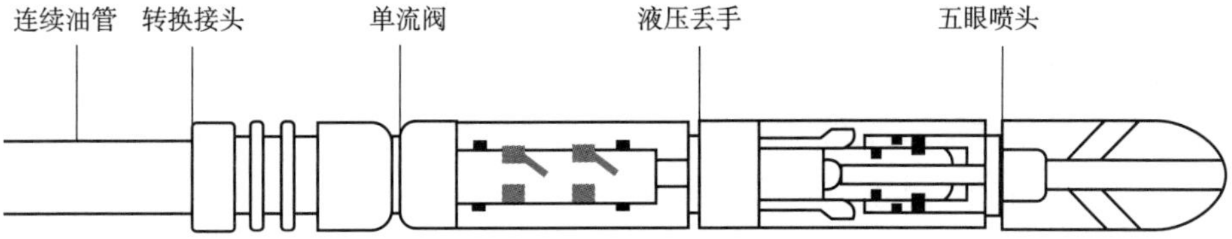

图3-4-8　解堵管柱结构示意图

3. 技术参数

连续油管参数：CT-90连续油管外径 ϕ44.45mm、壁厚3.96~5.18mm、屈服载荷331.46~433.63kN。

配套工具参数：外径 ϕ54mm、抗拉载荷350kN、单流阀单向密封压力35MPa，喷头5个，喷头 ϕ3mm，径向夹角45°。

(三)施工步骤

①模拟分析：依据设计提供的井深结构和测井数据，用JTAS软件进行力学分析，确认连续油管入井不会发生自锁。

②工具准备：ϕ44.5mm五眼喷头1个、ϕ54mm旋转喷头1个、凹槽连接器1个、双活瓣单流阀1个、液压丢手1个。

③地面检查：安装试拉盘对凹槽连接器进行拉力测试，提拉100kN检查连接强度，试压35MPa检查密封性能，检查单流阀阀瓣是否灵活。

④模拟测试：地面连接好工具串，入井前使用清水，分别在0.2m^3/min、0.25m^3/min、0.3m^3/min、0.35m^3/min排量下测试摩阻，记录摩阻压力，观察旋转喷头旋转情况是否正常，选择最优排量进行施工。

⑤根据关井压力，调整注入头夹紧力、张紧力和防喷盒压力，井口安全阀、井下安全阀处于打开状态并处于屏蔽状态，缓慢打开7#阀门，启动泵车冲洗解堵。

⑥在井口位置控制下放速度≤2m/min，井口至井下安全阀位置控制下放速度≤5m/min，井下安全阀以下控制下放速度≤15m/min，复杂井段(如造斜点、变形位置、工具位置、井底)时提前50m上提速度控制在5m/min以内。

⑦在有遇阻显示的井段，加压≤20kN，冲洗下放速度1~2m/min，每进尺1m连续油管上提10m，反复冲洗3次，直至无遇阻显示。

⑧每下入300m，上提15~30m，记录悬重等参数，检查连续油管指重是否正常。

⑨若井筒堵塞严重、无通道，则采用回压控制工艺冲洗解堵。

⑩按照预测最大关井压力调整注入头夹紧力、张紧力和防喷盒压力，放喷池点长明火，开启辅助流程节流阀控制回压略小于关井压力，按步骤⑥~⑧进行操作，完成冲洗解堵。

⑪起出冲洗管柱，管柱上提初始速度≤5m/min，直井段上提速度≤20m/min。复杂井段(如造斜点、水平段、变径接头、完井工具、套变井段与冲洗遇阻位置)时提前50m上提速度控制在5m/min以内。

⑫距离井口150m，放慢上提速度，距离井口50m将上提速度降至5m/min。

⑬关井观察压力恢复情况，根据压力情况及时开井通过辅助流程管汇台进行放喷排液。

⑭井口出现大量气体且压力满足集输压力要求后，转入生产流程恢复生产。

(四)技术要求

①作业前，了解结垢情况和测试情况。

②不能携带大直径工具进行冲洗解堵施工。

③在遇阻井段提高排量，增加冲洗效果，工具串拖动冲洗，上提下放无显示后继续下放冲洗。

④遇阻井段较长，每冲洗 50 ~ 100m 井段，反复拖动冲洗解堵。

四、连续油管酸化

(一)技术背景

针对油气田单井储层特性差异大，Ⅰ、Ⅱ、Ⅲ类层交互发育，非均质性较强，平面展布变化大，常规酸化酸液分布不均匀，措施改造效果差的特点；连续油管酸化可以实现储层准确分层分段，可控制每段的用酸强度，达到布酸的可控性和选择性，提高改造效果。

(二)工艺技术

1. 工艺原理

采用拖动连续油管的方式，将酸处理液注入某一特定层段，随时调整起下速度和泵送速度，实现任意井段均匀酸蚀。同时利用底部携带喷射工具，高速喷射并挤酸，储层在酸液溶解、压力挤入、冲击扰动三重效果作用下实现深部改造，以取得良好的酸化解堵效果，实现提高产量的目的。

2. 管柱结构

连续油管酸化工具串有连续油管、转换接头、单流阀、液压丢手、旋转水力喷枪。酸化管柱结构示意图如图 3 - 4 - 9 所示。

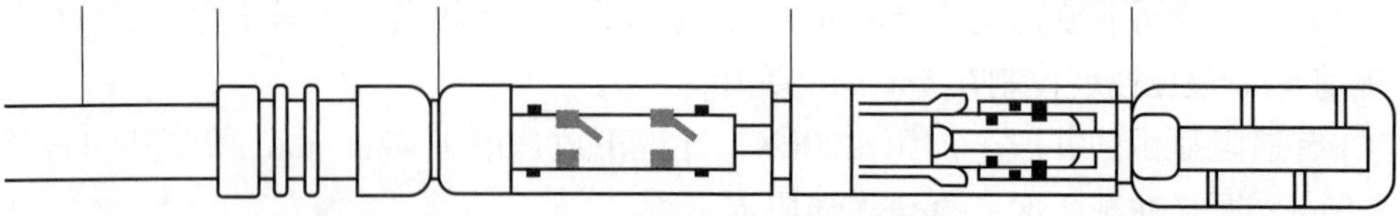

图 3 - 4 - 9　酸化管柱结构示意图

3. 技术参数

CT - 90 连续油管外径 ϕ44. 45mm、壁厚 3. 96 ~ 5. 18mm、屈服载荷 331. 46 ~ 433. 63kN。旋转喷枪参数见表 3 - 4 - 2。

表 3 - 4 - 2　旋转喷枪参数

工具名称	最大外径/mm	耐温/℃	工作排量/(m^3/min)	工作压差/MPa	喷枪总长/mm	转速/(r/min)	材质
旋转喷枪	60	150	0. 25 ~ 0. 55	≤20	370	300 ~ 360	718 合金

(三)施工步骤

①模拟分析：依据设计提供的井深结构和测井数据，用 JTAS 软件进行力学分析，确认连续油管入井不会发生自锁。

②工具准备：ϕ44.5mm 五眼喷头 1 个、ϕ60mm 旋转喷枪 1 个、转换接头 1 个、双活瓣单流阀 1 个、液压丢手 1 个。

③地面检查：安装试拉盘对凹槽连接器进行拉力测试，提拉 100kN 检查连接强度，试压 35MPa 检查密封性能，检查单流阀阀瓣是否灵活。

④井筒准备：喷枪入井前用五眼喷头冲洗处置至酸化井段，确保通道畅通。

⑤模拟测试：地面连接好工具串，入井前使用清水，在工作排量下测试摩阻，记录摩阻压力，观察旋转喷枪旋转情况是否正常，选择最优排量进行施工。

⑥根据关井压力，调整注入头夹紧力、张紧力和防喷盒压力，井口安全阀、井下安全阀处于打开状态并处于屏蔽状态，缓慢打开 7#阀门。

⑦在井口位置控制下放速度≤2m/min，井口至井下安全阀位置控制下放速度≤5m/min，井下安全阀以下控制下放速度≤20m/min，复杂井段(如造斜点、变形位置、工具位置、井底)时提前 50m 上提速度控制在 5m/min 以内，下至酸化层段底部。

⑧每下入 300m，上提 15～30m，记录悬重等参数，检查连续油管是否遇阻遇卡。

⑨泵注酸液定点喷射酸化，酸化井段上提速度≤2m/min，泵压不超过连续油管抗内压强度的 80%，施工排量为 0.3～0.5m^3/min，在限压范围内尽可能提高排量。

⑩依据酸化井段长度和定点喷射上提速度，提前计算好酸液泵注时间，单趟入井连续浸泡时间控制在 3h 以内；超过 3h 后，应起出地面，检查表面腐蚀情况。

⑪关井观察压力恢复情况，根据压力情况及时开井通过辅助流程管汇台进行放喷排液。

⑫井口出现大量气体且压力满足集输压力要求后，转入生产流程恢复生产。

(四)技术要求

①工作介质中，应加注缓蚀剂，减缓对油管的腐蚀，并作腐蚀评价。

②酸液及其附加剂必须符合质量要求，酸液总量、浓度、配方及附加剂用量需符合设计要求。

③确保施工连续，反应时间按设计要求进行。

五、连续油管钻塞

(一)技术背景

随着水平井分段大排量、大规模的体积压裂增产工艺的成熟应用，在工具上配套采用了泵送桥塞射孔压裂联作技术，压裂后需要钻除井内桥塞，实现套管全通径生产。钻磨桥塞是解决水平井分段压裂后续问题的关键技术，连续油管钻塞可有效解决常规钻铣工艺效率低、施工周期长等问题。

(二)工艺技术

1. 工艺原理

螺杆钻具通过水力液压转化为机械能，带动磨鞋高速旋转，对井内桥塞进行钻磨，磨铣成细小碎屑返出，使井筒畅通，以方便进一步的返排和生产作业。通过连续油管可实现边钻磨边冲洗连续施工，具有带压作业、施工周期短、效率高等优势。

2. 管柱结构

连续油管钻塞工具串由连续油管、铆钉式连接器、马达头总成(双活瓣单流阀、液压丢手、循环阀)、水力振荡器、螺杆马达、磨鞋组成。

3. 技术参数

连续油管参数：CT－110连续油管外径 ϕ50.8mm、壁厚4.44～4.7mm、屈服载荷530.84～566.21kN。钻塞工具性能参数见表3－4－3。

表3－4－3　钻塞工具性能参数

序号	工具名称	长度/mm	外径/mm	最小内径/mm	扣型	性能参数	工作温度/℃
1	铆钉接头	0.35	73	35	$2\frac{3}{8}$PAC	抗拉载荷350kN	180
2	马达头总成	0.93	73	20	$2\frac{3}{8}$PAC	抗拉载荷350kN，爆破压力35MPa，循环开启压力16.7～18MPa	180
3	水力振荡器	1.4	73		$2\frac{3}{8}$PAC	头数 $\frac{1}{2}$，排量350～450L/min，频率15～22Hz	120
4	螺杆马达	4.2	73		$2\frac{3}{8}$PAC	头数 $\frac{5}{6}$，级数3.5，流量227～454L/min，转速250～500r/min，扭矩1490N/m	120
5	五翼磨鞋	0.36	105		$2\frac{3}{8}$PAC	边缘耐冲击柱状合金齿，梯形水槽	

(三)施工步骤

①模拟分析：依据工程设计提供的井斜和管柱数据，用JTAS软件分析连续油管入井不会发生自锁和屈服，且作业安全系数>1.25。

②工具准备：铆钉接头1个、双活瓣单流阀1个、液压丢手1个、水力振荡器1个、螺杆马达1个、平底磨鞋2个。

③地面检查：安装试拉盘对铆钉连接器进行拉力测试，提拉150kN检查连接强度，试压35MPa检查密封性能。

④液体准备：低黏滑溜水(用于钻塞使用)、高黏滑溜水(用于钻屑携带)。

⑤地面流程准备：套管四通两侧连接放喷管线，套管四通和节流管汇之间连接双路捕屑器。连续油管进口端安装高压过滤器。

⑥模拟测试：连接好工具串，使用滑溜水在工作排量下测试螺杆钻具运转是否正常，并计算油管摩阻。

⑦根据井口压力，调整注入头夹紧力、张紧力和防喷盒压力。

⑧缓慢下入油管，初始下放速度<5m/min；过井口50m后，直井段下放速度≤20m/min；进入造斜段后速度≤10m/min。连续油管每下放300m进行1次上提下放测试，并做好悬重记录。下至射孔井段。

⑨下放油管过程中，小排量间断泵注液体。若井内流体温度达到螺杆马达工作温度90%，连续小排量泵注降低温度。

⑩下至塞面以上 30m。控制下放速度 <5m/min，探塞面加压 5～15kN，上提管柱至塞面以上 5m。

⑪调整参数，逐步提高至工作排量，调整节流管汇气嘴尺寸，控制井口回压略大于井内压力 1～3MPa，控制出口排量略大于进口排量 50～100L/min。

⑫泵注稳定后，对连续油管进行测试，记录油管上提下放载荷和泵压、进出口排量等参数，确认仪器仪表正常。设置好泵注设备超压保护。

⑬钻塞时控制钻压 5～20kN，同时施加钻压时应缓慢。

⑭单支桥塞钻磨完成后，泵入高黏滑溜水 $5m^3$。

⑮控制下放速度 <5m/min 探下一个桥塞后，继续进行钻塞作业。

⑯水平井段每钻除 3～6 个可溶桥塞后，泵注高黏滑溜水 $10m^3$，进行 1 次短起，循环短起至造斜井段，观察载荷是否正常。

⑰钻塞过程中，定期对捕屑器进行检查、清理。

⑱钻塞过程中发生螺杆马达制动，钻具提离塞面，重新建立循环，泵注稳定后中心进行钻磨作业。

⑲桥塞全部钻除，达到设计深度后，泵注高黏滑溜水 $10m^3$，替出油管后边洗井边上提连续油管。

⑳上提油管至直井段前，保持充分洗井。水平井段、斜井段上提速度≤10m/min，直井段≤20m/min。

（四）技术要求

①磨鞋外径应为套管通井的 90%～95%。

②钻塞液降阻率 >65%。

③钻塞液固相含量 <1%。

④气嘴尺寸应满足返出量略大于泵注量。

六、连续油管气举排液

（一）技术背景

气举是使用借助外来高压气源，通过向井内注入高压气体的方式，利用气体膨胀使井内混合液密度降低，置换井筒内液体，井底压力下降，在井底形成足够的生产压差。气举的目的是大幅度降低井底的回压，使地层中的流体流入井筒。气举一般用在试气作业诱喷求产酸化施工的排液、气井压井施工后的诱喷、低压井压裂后返排等施工。

（二）工艺技术

1. 工艺原理

连续油管气举是用连续油管车把连续油管下入井内，然后再把液氮泵车与连续油管车相连。液氮泵车把低压液氮升至高压，再使高压液氮蒸发，从连续油管注入生产管柱中。蒸发的高压氮气通过连续油管的底部，从连续油管和生产管柱或套管的环形空间返到地面。连续油管可以逐步加深下入深度，逐步降低井底回压，可以减少回压突降对地层造成的伤害。

2. 管柱结构

连续油管钻塞工具串由连续油管、连接器、双活瓣单流阀、液压丢手、气举喷头组成。

3. 技术参数

连续油管参数：CT－110 连续油管外径 $\phi 50.8$mm、壁厚 4.44～4.7mm、屈服载荷 530.84～566.21kN。

(三)施工步骤

①模拟分析：依据工程设计提供的井史资料，用 JTAS 软件分析连续油管入井发生自锁和屈服，且作业安全系数 >1.25。

②工具准备：环压接头 1 个、双活瓣单流阀 1 个、液压丢手 1 个、气举喷头 1 个。

③地面检查：安装试拉盘对铆钉连接器进行拉力测试，提拉 150kN 检查连接强度，试压 35MPa 检查密封性能。

④设备准备：液氮泵车、液氮槽车。

⑤地面流程准备：套管一侧连接节流管汇和放喷管线至放喷池，确认放喷池空高满足施工需要。节流放喷管汇试压合格、泵注设备管线试压合格。

⑥根据井口压力，调整注入头夹紧力、张紧力和防喷盒压力。

⑦连续气举。

a. 确认井内液面高度，确定油管下入深度。

b. 连续气举，氮气注入排量与连续油管下入速度关系计算公式见式(3－4－1)：

$$V_{\mathrm{RIH}} = \frac{r(N_2)}{N_2F \times {D_{\mathrm{i}}}^2 \times K} \tag{3-4-1}$$

式中　V_{RIH}——连续油管下入速度，m/min；

$r(\mathrm{N_2})$——氮气注入排量，$\mathrm{m^3/min}$；

N_2F——氮气流速和流体流速的比值，$\mathrm{m^3/min}$；

D_{i}——完井管柱的内径，mm；

K——井筒体积因子，取 5.4542×10^{-7}。

注：N_2F 一般推荐取 50～100(不含)，取值 100 时，无法连续携液实行分段气举。

⑧分段气举。

a. 打开放喷管线排出口，氮气泵注排量控制在 30～50$\mathrm{m^3/min}$，控制出口回压，记录泵压和井口出液量，待出口不再返液时，继续下放连续油管，每次加深 300～500m。

b. 气举作业达到最大气举深度后，不能连续自喷，采用间歇气举。

c. 气举过程中，当放喷口开始喷氮气时，停止泵注氮气，观察 1～2h，根据喷势再次气举排液。

d. 若不能形成稳定喷势，加深气举深度，再次进行气举。

e. 如再次气举排出的液量大于或接近上一次，则不宜加深气举深度，直至举喷。

f. 如再次气举排出的液量远小于上一次，则加深气举深度，直至举喷。

⑨含硫化氢井气举，实时观察放喷口液体返出情况。

a. 放喷口喷势明显，停止泵注，观察 1～2h。

b. 放喷口喷气体时，控制节流阀，起连续油管至防喷管内，停止泵注，关闭7#阀门。

c. 作业过程中，持续观察井口压力，出口排液和放喷口火焰大小。

d. 发现泵压明显下降、出口气量明显增加，应停止气举，上提连续油管。

e. 发现井口压力不断上涨、出口排液增强、喷势明显；放喷口火势变大，控制放喷流程，迅速上提连续油管至井口。

(四)技术要求

①气举作业深度不得超过套管或油管最大掏空深度。

②含硫化氢井，合理安排进度，避免在夜间进行气举排液施工。

七、连续油管测井

(一)技术背景

连续油管测井技术是以连续油管为基础，内装传输电缆或采用存储式测井仪器，将连续油管与电缆测井技术结合在一起，可实现水平井及大斜度井测试。适用于复杂井、水平井及大斜度井、小直径完井管柱内射孔、测井。水平井连续油管测试主要采用电子存储式测井。

(二)工艺技术

1. 工艺原理

利用连续油管所具有的刚度和柔性挠度、井口易控制等特性，携带测井仪器在大斜度井、水平井进行测井、找堵水等作业。实现带压测井、产液剖面测井等，也可用于稠油井的试井、测压、工程测井施工。

2. 管柱结构

连续油管钻塞工具串由连续油管、连接器、双活瓣单流阀、液压丢手、循环阀、测井仪器组成。

3. 技术参数

连续油管参数：CT－90 连续油管外径 ϕ44.45mm、壁厚 3.96～5.18mm、屈服载 331.46～433.63kN。

(三)施工步骤

①模拟分析：依据工程设计提供的井史数据，用 JTAS 软件分析连续油管入井不会发生自锁和屈服，且作业安全系数 >1.25。

②井筒准备：下模拟通井管柱至射孔层以下 5～10m，在测试井段以仪器上提下放速度进行模拟测试，为正式测试提供依据。

③测井仪器准备：检查电池仓，电池容量应满足施工及测井数据存储时间要求。

④配套地面检查：检查单流阀活瓣是否灵活，循环阀、丢手等入井工具性是否完好。

⑤连续油管试压试拉：连续油管内充满清水，对铆钉连接器连接部位进行试压，用试拉盘进行试拉，确认连接器与连续油管连接密封性和抗拉强度符合要求。

⑥工具串连接入井：依次连接单流阀、丢手、循环阀、测井仪器。

⑦缓慢下入油管至测试井段，初始下放速度 <5m/min；过井口 50m 后，直井段下放

速度≤20m/min；进入造斜段后速度≤10m/min。连续油管每下放300m进行1次上提下放测试，并做好悬重记录。

⑧按照设计深度和速度进行上提或下放测试。

⑨测试完成后，及时上提连续油管，读取仪器数据。

⑩测固井质量时，上提连续油管过程中及时向井内补液，满足测井需要。

⑪不同工作制度条件下产剖测试，应调整气嘴至产量稳定后，再进行测试施工，施工期间，不得调整气嘴直径，确保测试数据的可靠性。

(四)技术要求

①测试仪器以上具备循环通道。

②测试作业前，应进行模拟通井。

③测试过程上提下放速度应严格遵守测试仪器要求。

第五节　油管修复技术

油管修复是对井上回收的旧油管进行清洗、除垢通径、探伤、试压、螺纹车扣和更换接箍等工艺处理，使旧油管各项技术指标达到继续下井使用的要求。油管修复在技术、工艺和设备方面相对比较落后，存在劳动强度大、工作环境恶劣、生产效率低等问题。近些年随着科学技术的发展，有更多的新技术、新工艺被应用于油管修复，实现油管修复逐渐向自动化、智能化方向发展。

一、油管清洗

(一)技术背景

油管清洗主要有加热清洗(蒸汽车清洗，热煮池清洗，中、高频加热清洗等)、化学清洗(化学清洗剂浸泡、柴油浸泡等)、物理清洗(高压水射流清洗)等各种工艺方法，随着多年的应用实践和技术的发展，以上油管清洗工艺凸显出各自的缺点。

加热清洗主要是通过热煮清洗，其加热系统基本都是采用锅炉(天然气、油或电)将水加热为蒸汽，再通过管道将蒸汽通入热煮池加热水，对油管进行浸泡热煮。这种方式一是换热效率低，管道输送能量损失多，再加上热煮池为敞口式，能耗明显增加；二是热煮池为开放作业，大多数采用滑道和链条滚捞的方法，油管入池后常发生滑道上油管堆积或链条发生卡阻，需要清池处理，费时费力；三是人员常年在热煮池边工作，地面的原油不能彻底清理，工作环境很不安全。采用中、高频加热清洗方式，电能消耗极高，且破坏油管的金相组织，使油管的强度下降。

物理清洗设备主要是高压水射流清洗，存在的主要问题是原油随冬季气温的下降，与油管黏附力大幅度提高，需要更大的冲刺压力才能剥离油管上原油，设备运行成本增加，同时清洗油管的时间长，清洗效果差。

化学清洗主要是采用化学清洗剂浸泡、柴油浸泡等方法，清洗剂、柴油消耗大，成本高，且对油管造成腐蚀，增加环境污染风险等问题。

综上所述，封闭直燃加热清洗技术，具有清洗效果好、耗能低、环境污染小等优点，逐渐成为行业内主流油管杆清洗方式。

为了进一步降低工人劳动强度，提升油管清洗自动化性能，在油管清洗工艺之前增加油管自动排管上料和弯管自动识别装置，避免依靠人工排管、推管的重体力劳动，利用自动识别技术对弯管进行自动识别和分选，减少肉眼识别的误差和人工拖拽挑拣油管的工作量。

(二)工艺技术

油管清洗工艺包括油管自动排管上料、弯管识别、预清洗、清洗和箱体自动排污等内容，经过预清洗的油管经过缓冲料架进入清洗箱传输线进入清洗箱内清洗，清洗完成后从清洗出口进入外刷装置，经过外刷油管完成清洗，转入下一道工序。油管清洗工艺布局图如图 3－5－1 所示。

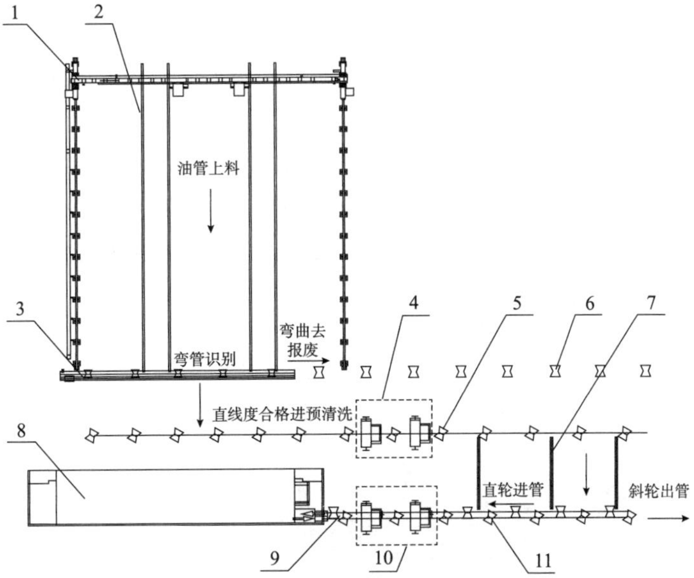

图 3－5－1 油管清洗工艺布局图

1—自动排管上料装置；2—油管上料架；3—弯管识别装置；4—预清洗装置；5—预清洗传输线；6—报废弯管传输线；7—缓冲料架；8—清洗箱；9—清洗进料传输线；10—外刷装置；11—清洗输出线

1. 油管自动排管上料技术

油管通过抓管机或行吊举升到台架上，由于油管外壁附有原油，相互粘连，油管之间都是无序互相叠放、横斜交叉的，需要人工使用撬棍或通过甩动等方法将成堆的油管摊开铺平，对倾斜的油管摆正，对长短不齐的油管推动平齐，向修复线机械手方向滚动油管，并逐根平铺压紧，才能顺利被机械手提升至进料传输线上，存在劳动强度高、工作效率低并且在操作过程中有被砸伤、挤伤的风险。因此需要一种油管自动排管上料装置，以替代人工高强度作业，实现操作自动化。

(1)设备组成

1)主机结构

油管自动排管上料机整体呈龙门架式，主机结构由横梁、支腿、行走大车、梳刀小车、梳刀小车驱动机构、梳刀机构等部分组成。油管自动排管上料机主机结构示意图如

图 3－5－2 所示。

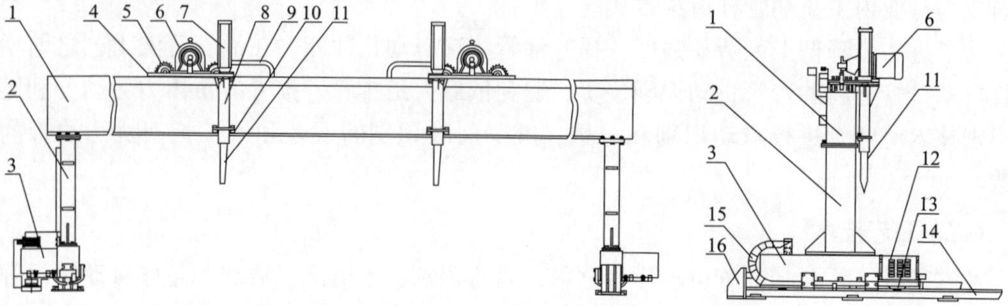

图 3－5－2 油管自动排管上料机主机结构示意图

1—横梁；2—支腿；3—行走大车；4—梳刀小车；5—梳刀小车驱动机构；6—电动减速机；7—梳刀气缸；8—梳刀外壳；9—梳刀小车电，气路拖链盒；10—梳刀行走滑轮；11—梳刀；12—行走大车电机；13—大车行走车轮；14—行走道轨；15—电缆拖链；16—机械上挡

2）梳刀机构

梳刀机构共有两组，安装在横梁的左右两侧，在梳刀驱动机构的驱动下，可以沿着横梁的水平方向同步向外或向内平移。梳刀机构上部是气缸，通过螺钉固定在梳刀小车上，气缸输出轴上连接着梳刀，梳刀为前端扁平长方体结构，梳刀外面是梳刀外壳，也是通过螺钉与梳刀小车固定，气缸收缩时，梳刀随着气缸杆收缩进入梳刀外壳内，气缸伸出时，梳刀随着气缸杆伸出向下伸出，气缸收缩、伸出幅度受上限位开关和下限位开关控制。油管自动排管梳刀机构示意图如图 3－5－3 所示。

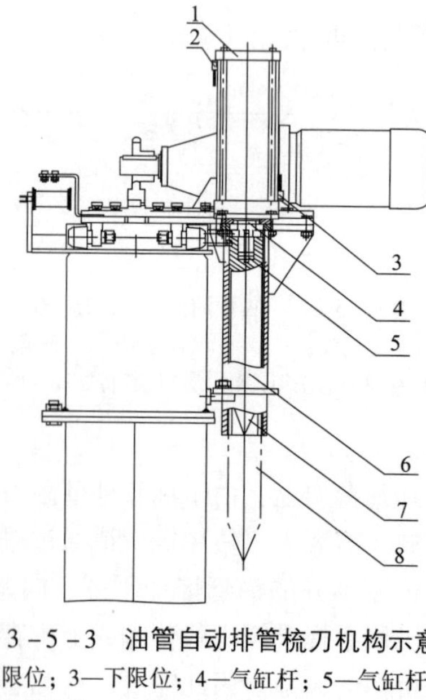

图 3－5－3 油管自动排管梳刀机构示意图

1—气缸；2—上限位；3—下限位；4—气缸杆；5—气缸杆与梳刀连接螺钉；6—梳刀外壳；7—梳刀收缩位置；8—梳刀伸出位置

3）梳刀小车驱动机构

梳刀小车驱动机构主要由梳刀小车、链轮、驱动电动减速机组成，电动减速机通过链条驱动两侧的链轮旋转，带动梳刀小车在横梁上向左或向右平移，固定在梳刀小车的梳刀机构也随着梳刀小车向左或向右平移。由于两组梳刀小车使用同一根链条驱动，而且驱动

电动减速机安装在相反的一侧，因此，两组梳刀是同步向横梁端部或向横梁中间平移的。油管自动排管梳刀小车驱动机构示意图如图 3 –5 –4 所示。

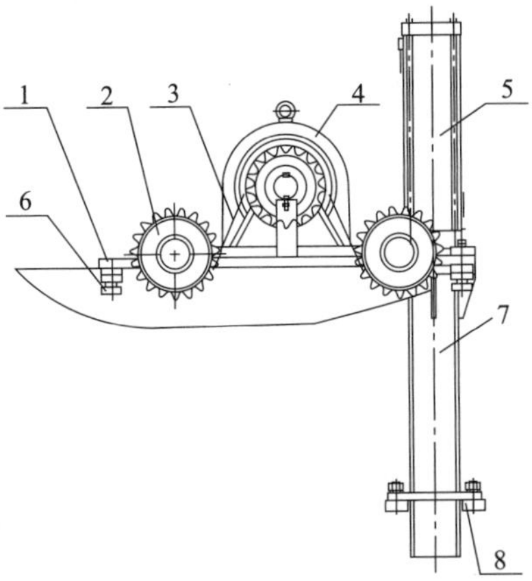

图 3 –5 –4　油管自动排管梳刀小车驱动机构示意图

1—梳刀小车；2—链轮；3—链条；4—电动减速机；5—梳刀气缸；6—梳刀小车滑轮；7—梳刀外壳；8—梳刀运行滑轮

(2)工艺原理

油管通过行吊或者抓管机上到料架后，自动排管机行走大车驱动设备运行至油管上方，梳刀机构被驱动到中间位置，梳刀在气缸的作用下伸出，梳刀的扁平尖部插入成堆的油管中，梳刀驱动机构驱动梳刀同时向两侧平移，使成堆油管中间出现连续的缝隙而散开，当两组梳刀运行到横梁极限位置后，行走大车行走，推动散开油管向修复线方向前行，当达到料架斜坡位置时，油管就自动滚动至清洗工艺上料翻板处，经上料翻板进入清洗设备。油管自动排管工作示意图如图 3 –5 –5 所示。

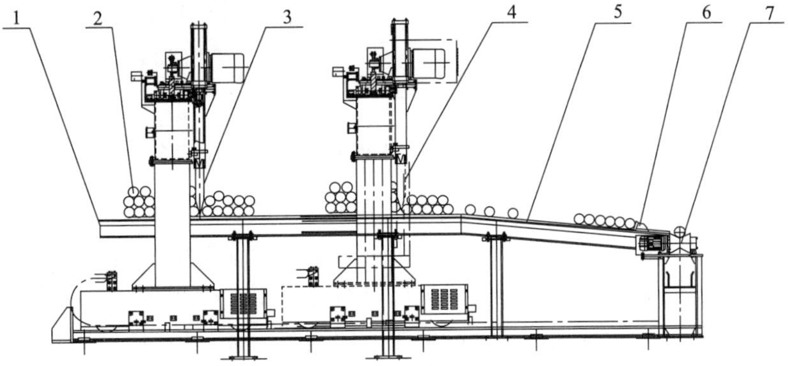

图 3 –5 –5　油管自动排管工作示意图

1—油管上料架；2—成堆油管；3—梳刀；4—梳刀前移位置；5—料架坡度；6—翻板；7—传输线

(3)设备操作

设备运行分为手动和自动两种模式。

1)手动操作

人工通过遥控器按钮，控制大车、小车和梳刀动作，所有动作为点动，即按钮按下时动作，松开时停止。通过大车、小车和梳刀的配合将油管平摊在管架上，确保油管高度和平行度符合自动上料需求。

2)自动操作

首先检查是否满足自动条件：小车停在后限位，大车停在前限位，梳刀气缸升到位。即限位传感器是否能检测到检测板，通过传感器指示灯来判断。

将手动/自动旋钮打到自动位置，开始自动上料排管。

排管结束或职工下班前，将手动/自动旋钮打到手动位置，将急停旋钮按下，切断整个系统电源。

2. 弯管自动识别分选技术

油管修复线设备众多，对进线油管的直线度有一定要求，不合格弯曲油管进入修复线，在传输过程中会发生撞击和振动，进入清洗、除垢等结构复杂的设备，容易发生卡阻造成生产停顿，甚至损坏设备。因此待修油管在进线之前，需要将弯曲度超过标准的不合格油管挑选出来，目前只是依靠人工目测，不但效率低，而且极易造成漏检，经过技术研究和攻关，研制出一种利用激光测距的方法自动识别弯曲油管，并能够将其从成堆油管中分选出来。

(1)设备组成

弯管识别装置由横梁、支腿、检测装置、伺服电机、同步轨道支撑架、钢丝绳和电缆小滑车等部分组成。弯管识别装置整体结构示意图如图3－5－6所示。

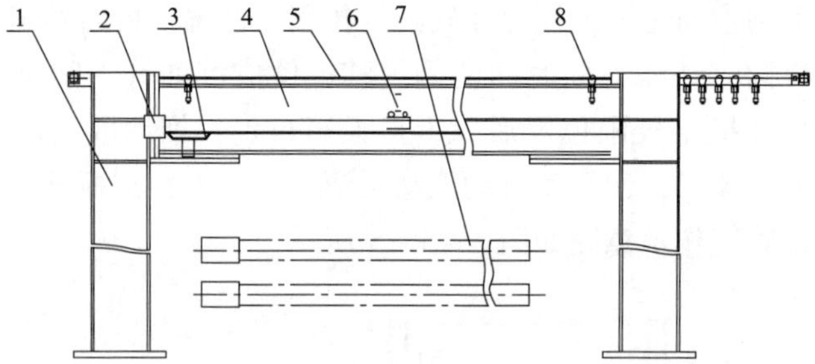

图3－5－6　弯管识别装置整体结构示意图

1—支腿；2—伺服电机；3—检测装置；4—横梁；5—钢丝绳；
6—同步轨道支撑架；7—待检测油管；8—电缆小滑车

弯管识别装置整体由支腿和横梁组成龙门结构，在横梁安装有同步运行轨道，并通过同步轨道支撑架与横梁连接，在同步运行轨道上安装有伺服电机和检测装置运行小车，检测装置运行小车底部安装有激光传感器，伺服电机可以驱动检测装置运行小车在同步运行轨道上左右平移，从而带动激光传感器沿横梁方向左右运移。伺服电机、激光传感器所使用电源及信号传输线缆通过挂在钢丝绳上的电缆滑轮跟随检测装置运行小车运行。在检测装置运行小车底部固定安装有防振托架，防止激光传感器在运行过程中发生上下振动。弯管识别装置检测部分示意图如图3－5－7所示。

(2)工艺原理

待测油管进入检测工位，弯管识别装置启动，伺服电机驱动激光传感器沿油管轴向移动，采用固定步距(可设定该步距数值)，检测油管表面距离激光测距传感器的距离，并根据伺服系统反馈的实时位置信息，确定每个检测点距离数据，该距离与基准值比较即可获取弯曲数据，将计算得到的弯曲数据数组各个元素与阈值比较后综合判定是否存在不合格，将不合格油管翻到报废台架上。激光传感器小车运行到横梁的一端停止，等待下一根油管进入，再向相反方向运行对油管检测。弯管识别装置检测工位示意图如图 3－5－8 所示。

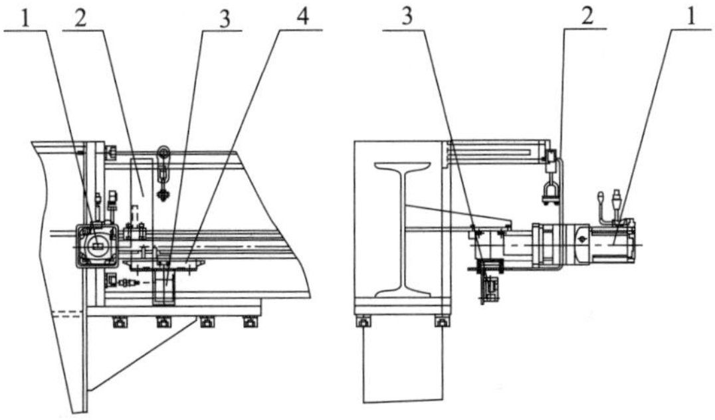

图 3－5－7　弯管识别装置检测部分示意图

1—伺服电机；2—激光传感器防振托架；3—激光传感器；4—激光传感器运行小车

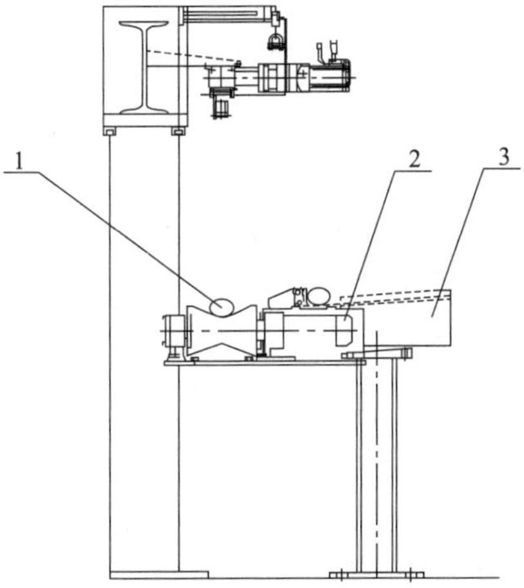

图 3－5－8　弯管识别装置检测工位示意图

1—待测油管；2—传输电机；3—翻料机构

(3) 设备操作

1) 手工操作

将远程/本地旋钮打到本地位置。在操作柱上，按分选辊道进料按钮，油管进入分选辊道。按分选辊道正转按钮，油管对齐基准。按正向测量按钮(测量传感器在对齐侧，否则按反向测量)。根据检测结果(正常或弯曲)，如检测正常，按分选辊道出料按钮，油管进入预清洗待料架；检测不合格，按分选辊道反转按钮，油管进入报废料架。

2) 自动操作

检查是否满足自动条件：伺服电机无故障，激光测距传感器数值正常；传感器无故障报警提示。设备处于正常待机状态，当集控系统发出一键启动指令，自动弯管识别设备进入自动运行状态。

3. 油管预清洗装置

油管预清洗装置是对井上回收的油管表面的泥土、锈渣和原油进行初步清洗，主要目的是防止大量固体颗粒进入清洗箱形成沉淀，覆盖箱体内底部的加热盘管，影响换热效率，并且给箱体内排污和清淤带来困难，因此在油管清洗工艺之前增加预清洗装置。

(1)设备组成

油管预清洗是通过水平对置的钢丝刷对油管表面进行刷洗。预清洗采用油管边传输边刷洗的通过式刷洗方式，传输线采用倾斜辊轮设计，使油管在传输前进中旋转，并采用两套刷洗串联，确保对油管外圆周全方位刷洗。油管预清洗装置示意图如图 3－5－9 所示。

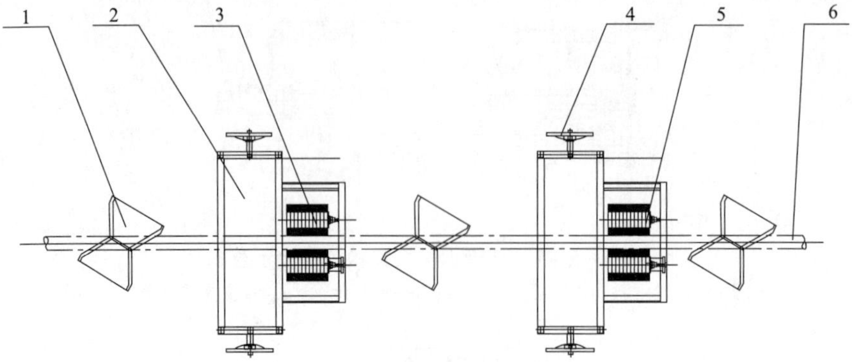

图 3－5－9　油管预清洗装置示意图

1—倾斜传输辊轮；2—驱动机构；3—钢丝刷 1；4—松紧调节手轮；5—钢丝刷 2；6—油管

(2)工作原理

油管旋转进入预清洗装置，分布在油管两边的两组钢丝刷在电机驱动下同时向着油管方向对油管表面进行外刷，在钢丝刷圆周部位通有水流，被刷除的泥土、锈渣通过钢丝刷的旋转离心力随着水流被甩向预清洗装置底部的收集斗内，再集中流向外部接油槽，通过接油槽流向污油池。因不同规格油管直径不同，或者钢丝刷磨损后，造成钢丝刷与待清洗油管间距的变化而影响清洗效果，为解决此问题，可以通过调节手轮来调整钢丝刷与油管的贴紧程度。

4. 油管直燃封闭式清洗技术

(1)设备组成

油管清洗设备主体采用封闭式箱体结构，箱体内安装有 2 组步进旋转的齿盘，油管经单辊轮传输线从箱体端面进入清洗箱体内，并逐根进入齿盘的管槽内，由中心旋转驱动系统带动齿盘旋转，油管有序地在滑道内做圆周运动。清洗箱体内下部加有水，配有四套燃气加热器和加热盘管，加热器和加热盘管将箱体内的水加热到 85～98℃，箱体两个端部分别安装有内、外洗水泵，从清洗箱中抽取热水对油管进行内外壁的冲洗。油管清洗箱内部结构图如图 3－5－10 所示。

(2)工艺原理

油管通过进料传输轮进入箱体内，并穿过两个齿盘相应的齿槽，碰触到进料限位开关后，齿盘驱动机构驱动齿盘步进旋转一个角度，等待下一根油管进入。油管进入清洗箱体后，逐步沿逆时针旋转，油管在箱体内先进行高温水蒸气蒸煮，软化管体的油污；随后随着齿盘转动逐渐进入箱体内的热水中，进行热水泡煮，彻底软化、剥落管壁上的油污。当油管旋转离开水面时，由内清洗泵从箱体内吸水，然后通过内冲洗枪先对油管内壁多次冲洗，将内壁的油污冲刷干净；当油管达到输出辊轮部位时，离开滑道，自然滚落到输出辊轮上，在箱体出口处设有环形喷枪，外洗泵泵出的热水通过环形喷枪对外壁进行冲刷，然后送出清洗箱体。

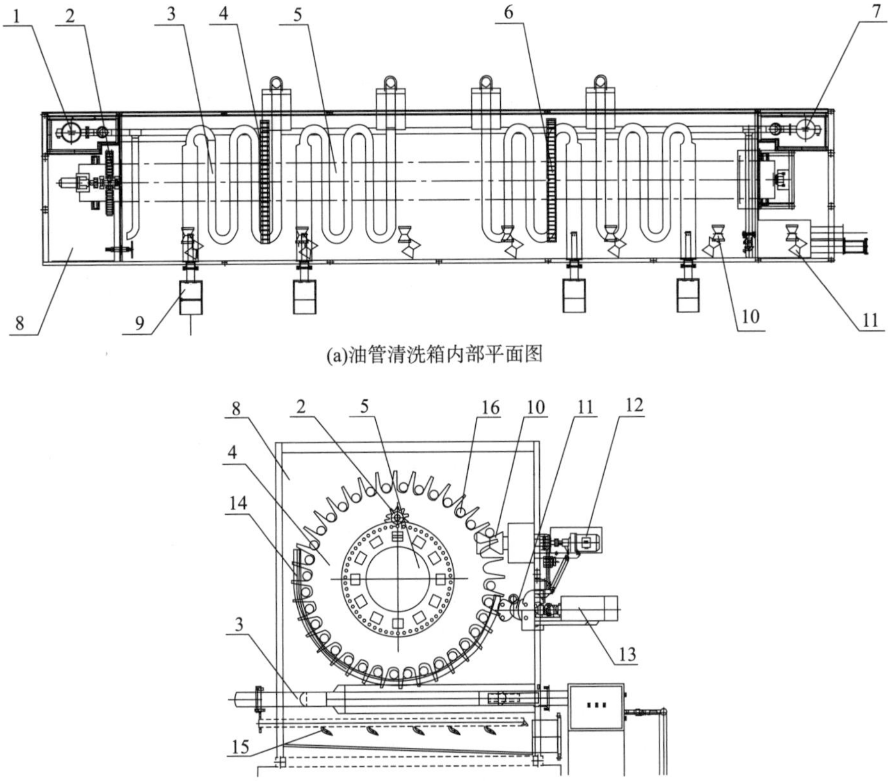

(a)油管清洗箱内部平面图

(b)油管清洗箱内部立面图

图 3-5-10　油管清洗箱内部结构图

1—外洗泵；2—齿盘驱动机构；3—加热盘管；4—齿盘 1；5—齿盘中心转轴；6—齿盘 2；7—内洗泵；8—清洗箱体；9—燃烧器；10—输入辊轮；11—输出辊轮；12—输入辊轮电机；13—输出辊轮电机；14—滑道；15—清污喷嘴；16—待洗油管

在箱体外设计有外刷装置，主要目的是刷除油管外表面残留的水污物，避免在清洗箱外产生滴落，污染周围环境，其结构和原理与预清洗装置完全相同，这里不再赘述。

5. 清洗箱自动排污技术

油管经过浸泡、冲洗产生的油泥停留在清洗箱内部并沉淀到底部，经过长时间淤积，占用较大箱体内空间，减少了箱体内存水量，而且清洗箱底部的淤泥覆盖加热盘管，造成清洗水温无法升高达到清洗要求的水温，增加能耗，严重影响清洗效果。因此，必须定期对清洗箱进行清淤，清淤时需要停止生产，人工进入箱体内使用工具清淤，劳动强度大、作业环境恶劣，通过技术研究，采用一种通过刺洗的方式实现油管清洗箱内自动排污功能。

(1)设备组成

油管杆清洗箱自动清污装置主要包括箱底屋脊式底面一、二、三级喷嘴横管，一、二、三级喷嘴控制阀，喷嘴、冲洗泵、冲洗管线、集污槽、排污口、电控排污阀等部分。油管清洗箱内部结构图如图 3-5-11 所示。

(2)工作原理

经油管清洗去除的油蜡成分密度比水小，漂浮在水面上，通过箱体的漂油口自动排出。

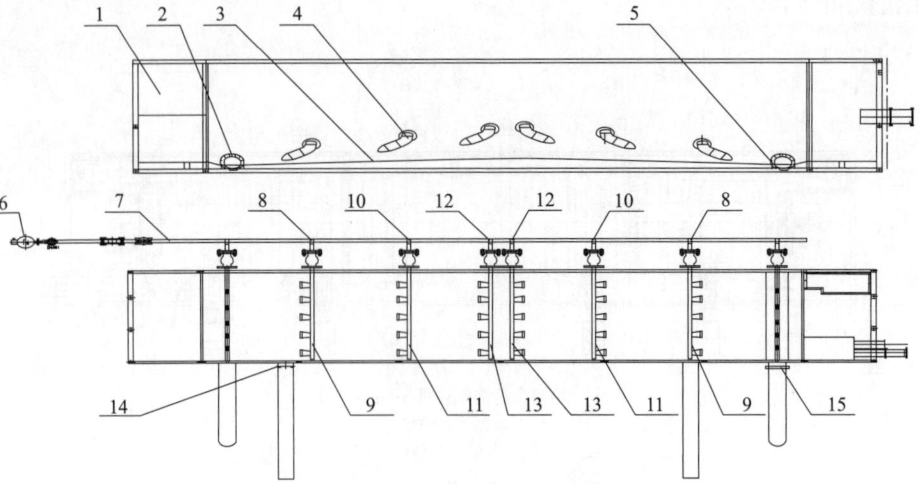

图 3－5－11　油管清洗箱内部结构图

1—清洗箱；2—排污口；3—屋脊式底面；4—喷嘴；5—集污槽；6—冲洗泵；7—冲洗管线；8—三级喷嘴控制阀；9—三级喷嘴横管；10—二级喷嘴控制阀；11—二级喷嘴横管；12—一级喷嘴控制阀；13—一级喷嘴横管；14—漂油口；15—电控排污阀

油管清洗产生的比水密度大的物质沉淀到清洗箱底，清洗箱底设计成中间高、两边低的倒“V”形结构，沿着屋脊式底面两侧对称的由高到低分别安装三层能够覆盖整个屋脊式排污斜面的喷嘴，喷嘴喷刺方向从高向低倾斜，喷嘴通过喷嘴横管、喷嘴控制阀与冲洗管汇相连，启动冲洗泵，高压水进入冲洗管汇，先打开一级喷嘴控制阀，一级喷嘴从最高处向下冲洗沉淀物，冲洗一段时间后，开启二级喷嘴控制阀，二级喷嘴继续向下冲刺，同理开启三级喷嘴控制阀，从高到低逐级喷刺，喷刺产生的含泥污水从屋脊式排污斜面向两侧的集污槽汇集，再经电控排污阀排出箱体外。从高向低逐级喷刺的好处就是防止喷嘴同时开启，位置低的喷嘴喷刺的沉淀物会被冲回到上面，水流会产生互相干扰的湍流而形成新的沉淀。

以上所有的控制阀和排污阀都采用电动阀，通过电脑设定清洗间隔和清洗时间，控制系统自动按预设的过程进行开关阀门和清洗泵进行排污清洗，清洗过程中可以开关不同数量和回路的清洗阀门，自由组合冲洗，不需要人为干预，实现自动化操作。

(三)技术指标

油管清洗设备主要技术指标见表 3－5－1。

表 3－5－1　油管清洗设备主要技术指标

项目		技术指标
清洗部分	油管直径/mm	60～89
	油管长度/mm	7600～10000
	清洗速度/(根/h)	90～120
	装机功率/kW	70
	热能发生器	低氮燃烧器 4 台
	平均耗气量/(m^3/h)	40～50

续表

项目		技术指标
清洗部分	天然气压力/Pa	4000～8000
	清洗泵排量/(m^3/h)	150
	箱体容量/m^3	70
	液体容量/m^3	30
	清洗质量	手触无原油堆积(可见金属本体)
排污部分	反冲洗喷嘴	不少于40个，全面覆盖箱体底部
	自动化	自动开关排污阀冲洗，实现冲洗排污全自动
	排污效果	完全避免人工进入箱内清理，设备运行期间自动进行油水分离

(四)操作步骤

清洗系统分为自动、手动操作模式。进料和分选功能。

1. 手动操作步骤

①确认模式，上料、下料模式(单步还是连续)。

②触摸屏上按下出料辊道正转按钮，启动出料传输线。

③触摸屏上按下进料辊道正转按钮，启动进料传输线。

④触摸屏上启动冲洗泵按钮，启动冲洗泵。

⑤触摸屏上按下分料辊道上料按钮，启动提升机构将油管提升到清洗箱进料传输线。

⑥油管传输进清洗箱到位并触碰到进料限位开关后，主轴旋转一个步进角，同时一根油管出料至出料传输线，感应开关检测到油管，出料传输线转动，油管传出清洗箱，经外刷后碰触限位开关下料(本步骤是依靠传感器检测信号执行下一步动作，不需要人工操作)。

2. 自动操作步骤

①将“自动/手动/调试”按钮旋至自动，清洗设备自动运行。

②操作者注意电脑监控界面和室外设备运行状况，遇到问题将“自动/手动/调试|按钮调至手动，结束对应动作，紧急情况时可拍下急停按钮。

3. 燃烧器点火和熄火操作

①点火操作：打开气体供应阀；设定温度调节装置；按下点火开关，负压风机运行，稍后点火针开始点火，若点火失败，自动切断燃烧器电源。

②熄火操作：燃烧器运行过程中再次按下点火开关使其停止运行；关闭气体管路阀门。

二、油管漏磁探伤

(一)技术背景

漏磁探伤是无损检测方法的一种，具有检测速度快、可靠性高、对环境无污染且对工件表面清洁度要求不高等优点，被广泛应用于油田所使用的油管、抽油杆的探伤，能有效检出腐蚀、偏磨、裂纹、孔洞、疲劳等细小缺陷。随着技术的进步，油管漏磁探伤过程逐步实现自动化，能够实时显示检测信号曲线、自动报警，根据检测结果对油管进行标识。

(二)工艺技术

1. 设备组成

油管漏磁探伤机包括：检测主机、流水线和控制台三大部分。检测主机由驱动装置、夹紧机构、激磁器、纵向探头、横向探头等部分组成，油管漏磁探伤主机如图 3－5－12 所示。

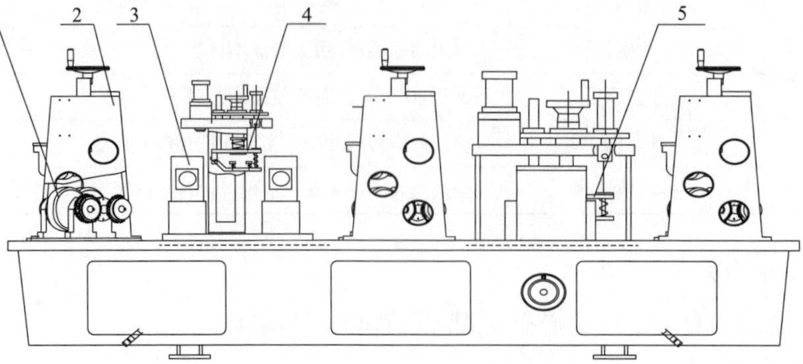

图 3－5－12　油管漏磁探伤主机

1—驱动装置；2—夹紧机构；3—激磁器；4—纵向探头；5—横向探头

驱动装置的传输轮采用倾斜对轮布置，实现油管传输过程中的旋转，夹紧机构是气缸驱动可以上下移动的压轮，在油管检测过程中，压轮下压，夹紧油管以保证传输平稳不产生振动。油管漏磁探伤压轮和辊轮如图 3－5－13 所示。

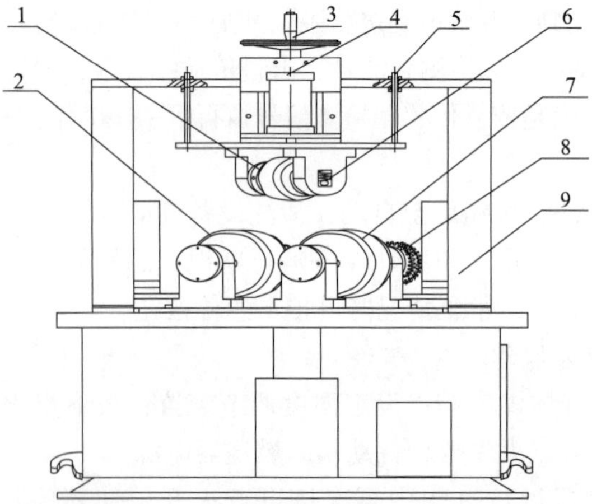

图 3－5－13　油管漏磁探伤压轮和辊轮

1—压轮；2—倾斜辊轮；3—压轮高度调整手轮；4—压轮气缸；5—扶正杆；
6—压轮弹簧；7—传输辊轮；8—传动链轮；9—机架

探头系统由探头伸缩气缸、激磁线圈、探头伸缩弹簧、探头缓冲弹簧和检测探头等部分组成。当没有油管进入时，探头伸缩气缸缩回，检测探头收回在顶部，当油管进入且油管接箍通过探头后，探头伸缩气缸伸出，将检测探头下压与被检测油管表面贴合进行检测。探头伸缩弹簧、探头缓冲弹簧的作用是减少传输振动对探头的影响。调整手轮可以调整探头整体的高度，以适应不同规格油管的检测需要。激磁器是对被测油管进行磁化，从而产生检测所需的磁场。油管漏磁探伤探头系统如图 3－5－14 所示。

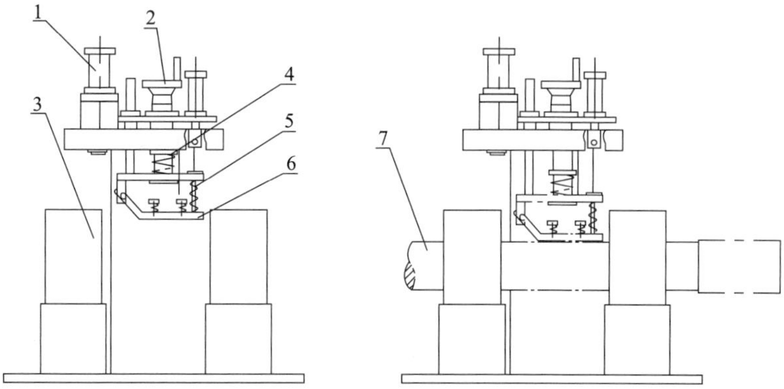

图 3－5－14　油管漏磁探伤探头系统

1—探头伸缩气缸；2—高度调节手轮；3—激磁线圈；4—探头伸缩弹簧；
5—探头缓冲弹簧；6—检测探头；7—被检油管

2. 检测工艺

油管漏磁检测工艺包括上料架、进料传输线、检测主机、出料传输线、合格品料架和报废品料架等部分。油管从上料架经翻料机械手进入进料传输线，在倾斜传输轮的驱动下旋转进入检测主机，经过检测无缺陷的油管经过退磁机构退磁，被翻入合格品料架进入下道工序，存在缺陷的油管被打上标记，翻入报废料架传输至报废管垛。油管漏磁探伤工艺如图 3－5－15 所示。

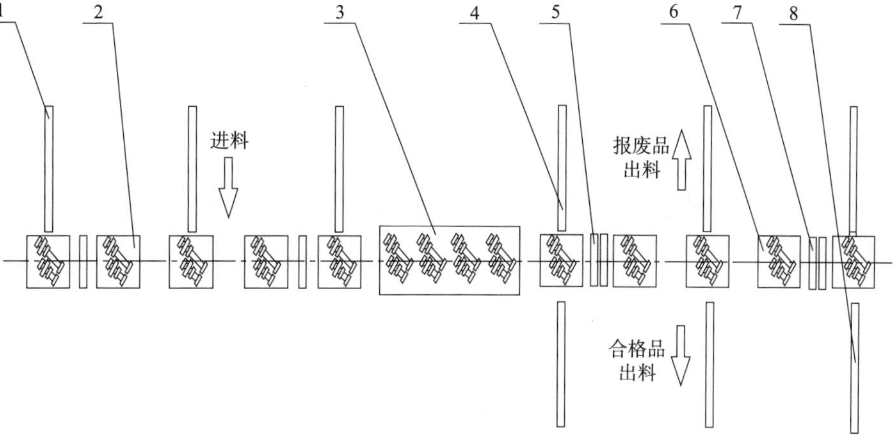

图 3－5－15　油管漏磁探伤工艺

1—上料架；2—进料传输线；3—检测主机；4—报废品料架；5—退磁机构；
6—出料传输线；7—打标机构；8—合格品料架

(三) 技术指标

油管漏磁探伤机主要技术指标见表 3－5－2。

表 3－5－2　油管漏磁探伤主要技术指标

项目	技术指标
适用油管规格/mm	60～89
适用油管长度/m	7500～10000

续表

项目	技术指标
检测速度/(m/min)	20～30
检测精度/%	壁厚偏差 ±0.1
检测盲区/mm	≤50
检测覆盖率/%	≥120
横、纵向检测灵敏度/mm	外表面槽深值最小为 0.3、内表面槽深值最小为 0.4
误报率	0
漏检率	0
退磁程度/Gs	5

(四)操作步骤

①合上动力控制柜空气开关，将“工作启动、停止”旋钮拨到启动状态，这时动力柜上的“电源指示”“单相指示”灯亮。

②依次将操作台上“启动”“手/自动”“上料左/右”旋钮拨到“启动”“自动”和“上料左或右”的位置。

③如果在本地操作，将操作台上的“远程/本地”旋钮拨到“本地”位置，如果远程操作，就将操作台上的“远程/本地”旋钮拨到“远程”位置，同时将中控室的“远程/本地”旋钮也拨到“远程”位置进行远程操作。

④打开电脑主机，计算机完成自检后，双击“AK. exe”检测软件，计算机界面进入“无损检测”界面。

⑤双击“进入”栏，输入用户设定密码，系统进入“自动检测”界面。

⑥打开放大器，激磁、退磁机电源，运行 5min 即可进行检测。

⑦点击触摸屏上的“运行监控”，点击“正转”探伤机上的电机启动，探伤机进入待测状态。

⑧点击触摸屏屏幕上的上料按钮，则探伤机进入自动上、下料，自动检测的工作状态。

三、油管试压

(一)技术背景

油管试压工艺是采用高压静水检验油管的承压和密封性能。主要有两种方式，一种是封堵式试压，将油管两端快速封堵，向油管内注入高压水，达到设定压力后，保压一段时间，不发生刺漏即为合格油管，这种方式的试压主要是检测油管管体的承压性能；另一种是上扣式试压，通过一定的力矩将试压接头分别旋入油管的公扣端和接箍端，再冲入高压水，达到设定压力后，管体没有刺漏、公扣端和接箍端不渗不漏即为合格油管，这种方式试压在检测油管管体承压能力的同时还可以检验油管两端螺纹的密封性能，在油管修复领域一般都采用上扣式油管试压机。

(二)工艺技术

油管试压工艺过程：生产线自动将待试压油管举升到前台架，取料机构将油管翻到试压工位，举管机构接住油管并放置在试压中心位置、夹具装置将油管夹紧，注水端、排气端试压小车分别前进到油管的公扣端和接箍端，自动对扣和旋转上扣，上扣扭矩达到设定值停止上扣，低压泵启动，通过注水阀从注水端向油管内注水，排气端排气阀打开将油管内空气排出，油管内水注满后关排气阀和注水阀，高压泵启动，并通过单向阀向油管内注入高压水，当压力增至设定值时，高压泵停止，单向阀封堵住油管内高压水，开始保压，并检测压降情况，将结果显示和存储。达到保压设定时间后，与油管内部连通的卸荷阀打开卸高压，两端自动卸扣，同时注水端、排气端小车后退，夹具打开，举管机构升起，将试压结束的油管送出试压机、进入控水工位控水，下料机构将油管送到后料架，对不合格钢管进行报警提示，并自动刷油漆做标记。油管试压工艺示意图如图 3－5－16 所示。

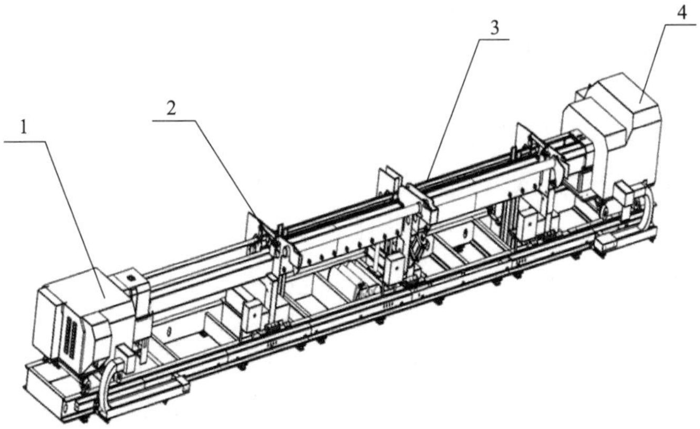

图 3－5－16　油管试压工艺示意图

1—注水端小车；2—上料机构；3—油管试压工位；4—排气端小车

(三)技术指标

油管试压机主要技术指标见表 3－5－3。

表 3－5－3　油管试压机主要技术指标

项目	技术指标
适用油管规格/mm	60～89
适用油管长度/m	7500～10000
压力范围/MPa	20～50
上扣扭矩/(N·m)	100～300
保压时间/s	0～60(可调)

(四)操作步骤

1. 手动操作

①将工作/停止旋钮打到工作位置，将自动/手动/调试旋钮打到手动位置。

②将规格选择开关打到相应位置($2\frac{3}{8}$in、$2\frac{7}{8}$in 或 $3\frac{1}{2}$in)。

③若试压台上无管，按动试压进出料按钮，将油管接到试压台上。

④按动夹具夹紧按钮，夹紧气缸将油管夹紧。

⑤按动1#小车进按钮，驱动1#小车前进，稍后按动1#上扣按钮，1#上扣机转动，开始连续上扣，上扣达到设定值时自动停止上扣，1#小车停止前进。

⑥当注水端上扣头挂上扣后，按动排气阀按钮和注水泵按钮，启动注水泵，往管内注入清水，当注水泵运行到设定时间后，注水泵自动关闭，排气阀延时关闭。

⑦按动2#小车进按钮和2#上扣按钮，2#小车前进，当检测到管端时排气端自动变速，当排气端上扣头挂扣后停止前进。当上扣达到设定值时自动停止上扣。

⑧按动高压泵按钮，启动高压泵，当压力升至设定压力时，高压泵自动停止并开始保压。当保压时间达到设定值时自动卸荷。若试压不合格，则报警。

⑨按动1#卸扣按钮，注水端开始卸扣，延时一段时间后，1#小车开始后退，当小车退到位后卸扣自动停止。

⑩按动2#卸扣按钮，排气端开始卸扣，延时一段时间后，2#小车开始后退，当小车退到位后卸扣自动停止。

⑪待1#小车、2#小车都退到位后，夹紧气缸自动松开。

⑫若试压不合格，需要重试，按动试压结果按钮，再从第④步开始操作。

⑬试压完成后，按动试压机进出料按钮，将管子翻到空水料架上，下管气缸自动复位。完成一个工作循环。

⑭按动空水按钮，开始空水；空水完成后自动复位；

⑮按动空水出管，油管被翻至后料架；

⑯试压结束或职工下班前，将工作/停止旋钮打到停止位置，分闸切断整个系统电源。

2. 自动操作

①满足以下条件，可以进入自动试压操作：

1#小车、2#小车都退到后限位(可以通过观察监控画面上的传感器指示来判断是否退到后限位)。试压台上有管等待试压或试压台上没有管而料台上有管等待试压。设置的参数与试压管型匹配。

②将“工作/停止”旋钮打到工作位置，将“自动/手动/调试”旋钮打到自动位置，开始自动试压。

③试压结束后，将“自动/手动/调试”旋钮打到手动位置，将“工作/停止”旋转打到停止位置。

四、油管修扣与换接箍

(一)技术背景

经过螺纹检测、试压分选出螺纹存在缺陷的油管，进入修扣与换接箍工艺，针对公螺纹缺陷进行修扣，接箍螺纹缺陷更换接箍。目前修扣主要使用的是数控管螺纹车床，这是一种装有程序控制系统的自动化机床。程序控制系统能够逻辑地处理具有控制编码或其他符号指令规定的程序，并将其译码，从而使机床动作并加工零件。数控机床与普通机床相比，具有加工精度高、质量稳定生产率高(一般为普通机床的3~5倍)、自动化程度高等特点。油管更换接箍使用的是全自动液压拧扣机，较传统液压拧扣机具有自动接箍拆卸、接箍拿取、对扣、预紧、拧紧功能，实现全程无人化自动操作。

(二)工艺技术

油管拧扣机是用于拆装油管接箍的一种机械设备，以前的工艺技术是操作人员在现场操控按钮，将油管翻到传输线上，通过传输线把油管传输到拆装工位，操作液压手柄进行油管接箍的拆卸或上扣。自动拧扣机可以实现自动上下料、自动定位、自动拿取、放置接箍和自动上卸扣的全自动操作。

1. 设备组成

油管自动拧扣机主体部件主要包括浮动式预紧机、预拧机抱紧夹钳、拧紧机主钳、拧紧机背钳、接箍输送装置、接箍取料机构等部分。自动拧扣机主机结构如图 3 - 5 - 17 所示。

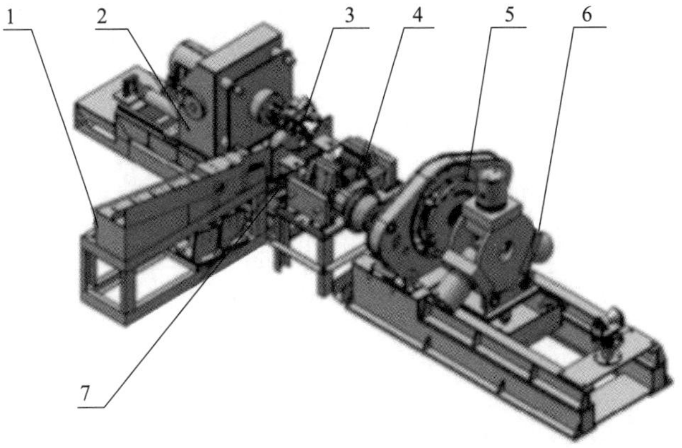

图 3 - 5 - 17　自动拧扣机主机结构图

1—接箍输送装置；2—浮动式预紧机；3—接箍卡爪；4—抱紧夹钳；5—拧紧机主钳；6—背钳；7—接箍取料机构

(1)浮动式预紧机

浮动式预紧机的主要作用是将油管接箍与油管螺纹对接上扣，再将油管接箍预拧到油管上。主要由卡盘总成、推进油缸、接箍取料机构、浮动机构、机架等组成。浮动式预紧机结构图如图 3 - 5 - 18 所示。

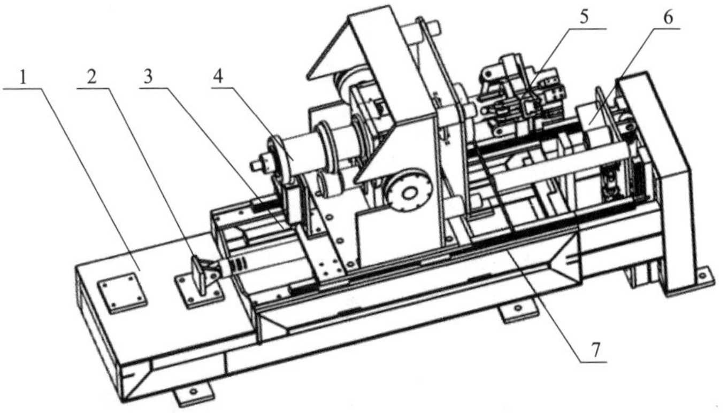

图 3 - 5 - 18　浮动式预紧机结构图

1—机架；2—推进油缸；3—浮动机构；4—夹紧油缸；5—卡盘总成；6—接箍取料机构；7—运行轨道

卡盘总成由抱紧钳、钳牙和推动杆等组成。抱紧钳为互成120°的三爪结构，钳口安装有钳牙，当推动杆向后时，钳口张开，拿取接箍，推动杆向前推，钳口合住将接箍抱紧。卡盘总成结构如图3－5－19所示。

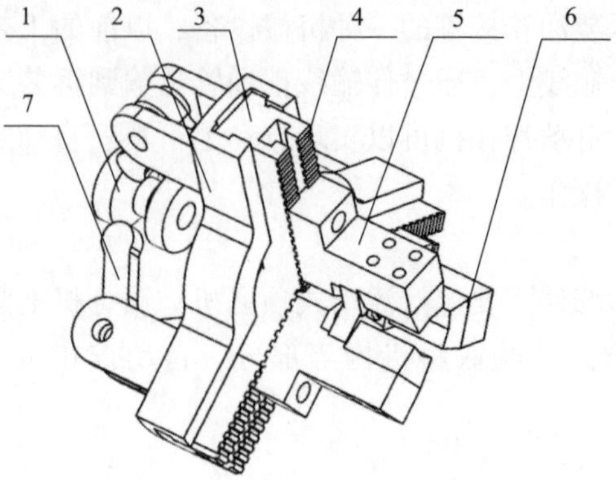

图3－5－19　卡盘总成结构图

1—推动杆；2—抱钳架；3—抱钳滑块；4—抱紧钳防退齿；5—抱紧钳；6—抱紧钳牙

(2)拧紧机主钳

拧紧机主钳是将经过预紧机预紧的接箍按照油管接箍上扣扭矩的要求对接箍进一步拧紧。主钳采用闭口式钳头夹持接箍，固定在机座上。主钳为双液压马达驱动，可正反向旋转。自动两档变速，自动上卸扣换向，实现上扣卸扣功能。拧紧机主钳结构如图3－5－20所示。

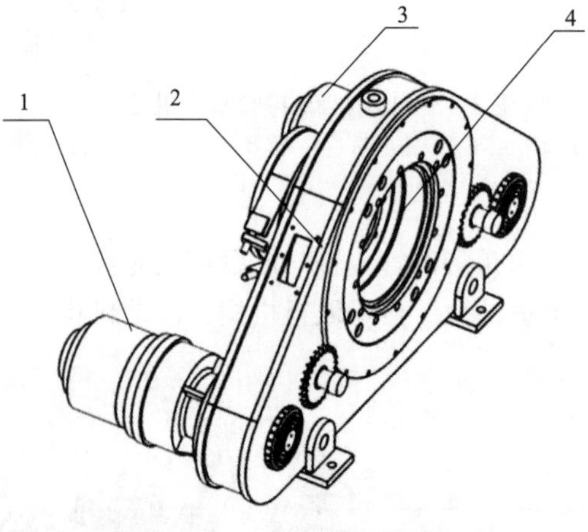

图3－5－20　拧紧机主钳结构图

1—1号液压马达；2—壳体；3—2号液压马达；4—钳口

(3)背钳

背钳是用来咬住油管管体，与主钳带动接箍而产生相对旋转力矩，从而进行接箍上扣和拆卸操作，主要由三个油缸夹持机构、背钳支座、拉压力传感器、钳牙、电动换向阀等部分组成。三油缸固定在背钳支座上，互成120°，油缸输出轴上固定有钳牙，工作时，液压系统向三个油缸内同时注入液压油，油缸推杆向外伸出带动钳牙向中心运移，从而咬住中心位置的油管；需要松开油管时，电动换向阀动作，油缸推杆向内收回松开钳牙，油管退出。拉压力传感器安装在背钳支座上，可测出上卸扣时的扭矩。背钳结构如图3－5－21所示。

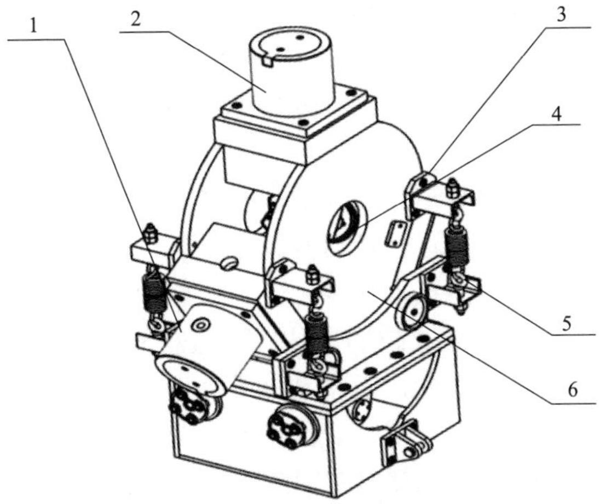

图 3－5－21　背钳结构图

1—1 号油缸；2—2 号油缸；3—3 号油缸；4—钳牙；5—拉压力传感器；6—背钳支座

(4)存料槽和取料机构

油管自动拧扣机设计有新接箍存料槽和自动取料机构，新接箍存料槽为一定倾角的长槽，油管接箍可以逐个紧贴存放，并可以顺着倾斜的方向自由向下滚动，在存料槽出口处设有上料和挡板机构，上料机构动作从料槽内举起一个接箍，挡板打开，接箍出料至取料机构，取料结构是有气缸驱动能左右偏转的 V 形槽，当新接箍从存料槽出来时，气缸上顶，使 V 形槽左偏，接箍自然滚落到 V 形槽内，气缸回落，V 形槽就能平稳托起接箍，当要放下报废接箍时，气缸向下，V 形槽右偏，旧接箍滚落至废料斗内。接箍 V 形槽结构如图 3－5－22 所示。

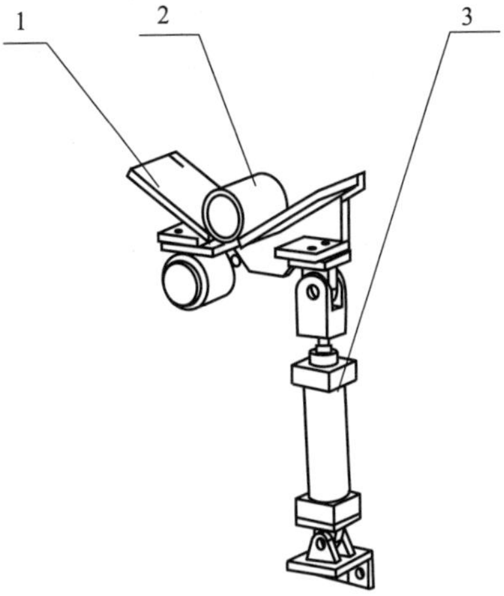

图 3－5－22　接箍 V 形槽结构图

1—V 形槽；2—油管接箍；3—气缸

2. 工作过程

(1)卸扣

待修油管通过辅机滚轮传输依次进入背钳、主钳，到达接触开关位置后停止，背钳夹紧、主钳夹紧，拧紧机逆时针旋转将接箍卸松，旋转一圈后停止，主钳、背钳松开，滚轮传输，油管向前移动将卸松接箍送入浮动式预紧钳中停止，预紧机动作，夹紧接箍，开始卸扣，卸扣完成预紧机后退，取料机构油缸上升，预紧机松开接箍，放到取料机构V形槽上，预紧机后退，取料机构油缸下降，V形槽左翻转，退出接箍到料框。

(2)上扣

V形槽复位向右翻转，接箍料道挡板放下，新接箍滚入V形槽，V形槽复位后升起，预紧机前进夹紧接箍，驱动机构启动，带动卡盘总成旋转，推进油缸慢速前进。当接箍与管螺纹联上后，卡盘继续旋转，将接箍拧接在管端，当预紧达到设定位置后，夹紧油缸松开，推进油缸快速退回，将卡盘总成拉回原位。卡盘总成拉回后，驱动马达自动旋转定位。预紧结束，预紧夹钳松开，滚轮后退带动油管后退，到位后，背钳夹紧，主钳上扣，到设定扭矩停止，主备钳依次松开，辅机滚轮反转带动油管退出完成一次循环。

浮动机构的作用是保证对扣、上扣时主轴能够浮动以便适应钢管的弯曲，主轴与箱体之间通过弹簧、摆轴、滚轮等连接，使之更好浮动，避免出现预紧过程的错扣或螺纹损伤。

(三)技术指标

油管自动拧扣机主要技术指标见表3-5-4。

表3-5-4 油管自动拧扣机主要技术指标

项目		技术指标
拧紧机	钳头通孔直径/mm	160
	钢管长度/mm	8000~9600
	最大扭矩/(N·m)	500
	最大拧接扭矩/(kN·m)	30
	压痕要求	压痕符合API要求
	控制方式	手动+自动控制
预紧机	最大预紧扭矩/(N·m)	500
	转速/(r/min)	40~100
	控制方式	手动+自动控制

(四)操作步骤

1. 手动操作步骤

①依次开启动力站电源、控制柜电源，启动工业电脑，启动油泵；打开供气阀，给供气，扭动拧扣手动/自动主令开关至手动位置。

②在上料架有管的情况下，按住翻料按钮，直到油管完全托起，松开翻料按钮，油管平稳落到拧扣机传送线上；扭动传送线主令开关方向为前进位置，传送前行，前行至拧扣机前光电感应开关位置开始计时，到达设置的时间，传送线自动停止，油管接箍位置处于主钳钳口位置。把传送线主令开关扭动到中位关闭位置。

③扭动拧扣机背钳夹紧按钮至夹紧方向，直到背钳钳牙完全夹紧油管管体，扭动背钳夹紧按钮至中位关闭位置，背钳夹紧完成。

④扭动拧扣机卸扣按钮，主钳开始反向慢速旋转，行星爪出来后，抱紧油管接箍，卸

扣开始。5s后主钳开始快速旋转。直到接箍松开，点击停止拧扣按钮，主钳停止旋转。点击主钳张开按钮。

⑤扭动拧扣手动/自动主令开关至中位关闭位置，扭动预紧机手动/自动按钮至手动位置；扭动传送线主令开关方向为前进位置，传送前行，前行至预紧机前光电感应开关后开始计时，到达参数设置的预紧前行延时时间后停止，恢复传送线开关至中位关闭位置。

⑥扭动油管夹紧按钮至夹紧方向，预紧机背钳将油管抱紧；扭动预紧机前行按钮，预紧机前行至夹紧接箍位置，扭动接箍夹紧按钮，夹紧接箍；扭动预紧机上卸扣按钮至卸扣位，接箍开始卸扣旋转，当接箍完全脱离管体时，停止卸扣，扭动预紧机后退按钮，直到预紧机退回到设置位置。

⑦点击定位按钮，拧扣主钳定位旋转，直至遇到定位开关停止，定位完成；扭动预紧接箍托升起按钮，接箍托升起至预定位置，扭动接箍夹紧按钮至松开位，预紧机松开接箍；扭动预紧机后退按钮，预紧机后退至后位；扭动接箍托下降按钮，接箍托下降至下位，并将接箍放出，后回到中位。

⑧点击涂油按钮，预紧机完成一次涂油，扭动接箍下料按钮，将待料区涂好油的接箍上至接箍托，扭动接箍托升起按钮，接箍托升起至预定位置，扭动预紧机前行按钮，预紧机前行至取接箍设置的位置，扭动接箍夹紧按钮，夹紧接箍，扭动接箍托下降按钮，接箍托下降至下位。

⑨同时扭动预紧前行按钮和预紧机上卸扣按钮至上扣，预紧机开始上扣，直到上扣至预定位置，预紧机停止上扣，扭动接箍夹紧按钮至松开位，松开接箍，扭动预紧机后退按钮，预紧机后退至后位，扭动油管夹紧按钮至松开位，预紧机背钳打开。

⑩扭动传送线按钮至后退位，传送线开始后退至设置位置停止，此时油管接箍正好停在拧扣机主钳位置。

⑪扭动预紧手动/自动按钮至中位关闭，扭动拧扣手动/自动按钮至手动位置。

⑫扭动拧扣机背钳夹紧按钮，背钳开始夹紧，扭动拧扣机上卸扣按钮至上扣位，拧扣机开始上扣，直到扭矩到达设置扭矩，上扣停止，扭动拧扣机上卸扣按钮，打开主钳，扭动拧扣机背钳夹紧按钮至松开位，松开背钳，扭动传送线后退按钮，传送线后退至设定位置。

⑬上卸扣完成。

2. 自动操作

在上料架有管的情况下，扭动拧扣机手动/自动按钮至自动位置，拧紧机按照手动运行步骤自动运行；扭动预紧机手动/自动按钮至自动位置，预紧机即可自动运行，预紧机按照手动步骤自动运行。

五、油管修复线自动化

(一)技术背景

油管修复技术发展于20世纪80年代，从最初的化学药剂浸泡清洗、人工检测、简易封堵试压逐步发展到现在具有封闭清洗、漏磁探伤、上扣式试压、数控车扣、液压拧扣、内外壁除垢等工艺完善的全流程的油管检测和修复线，各工序单体设备基本上实现了自动化操作。随着科技的发展，实现油管修复线的整体自动化、智能化、消除人工烦琐和重体力劳动成为新的研究课题。

(二)工艺技术

1. 集成控制系统

实现油管修复线整线自动化需要对修复线进行整体统筹布局，将油管修复线各工序独立的基本控制系统，通过通信网络连接在一起、共享操作显示，实现对油管修复线各工序的集中远程监控管理，完成输入/输出监视和数据采集，历史数据记录和报警指示记录、数据归档，同时在人机界面上进行操作、显示的功能，建立集成控制系统。

(1)系统组成

集成控制系统主要包括：

①PLC 系统 1 套：含冗余 CPU、电源模块、通信模块，I/O 模板、串口服务器、机架、电缆等。PLC 系统包括 PCS 过程控制系统和 FGS 火气系统两部分，PCS 与 FGS 共用 1 套冗余控制器，PCS 与 FGS 的 I/O 模板分开设置。

②服务器 3 台：包括实时/历史数据服务器 2 台(互为冗余)；OPC 服务器 1 台。

③工作站 7 台：包括油管修复线操作员站 4 台、油杆修复线操作员站 2 台、工程师站 1 台(兼操作员站)。

④硬手操盘 1 面：包括按钮、指示灯等，主要用于油管杆修复线的远程紧急关停及状态指示。

⑤其他设备：包括交换机、路由器等网络设备。

油管修复线集成系统网络图如图 3－5－23 所示。

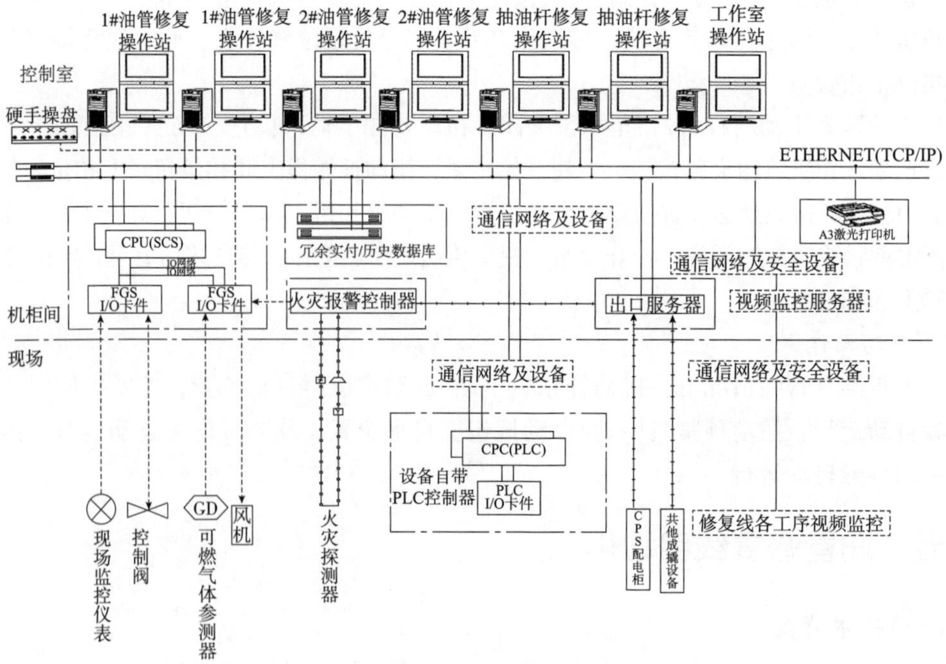

图 3－5－23　油管修复线集成系统网络图

(2)集成控制系统实现的功能

①一键自检功能：集成控制系统能够对油管修复线全部关联设备进行状态检测及集中

显示，对存在故障或异常等影响修复线正常生产运行的设备进行明确提示。

②一键启动功能：集成控制系统在完成一键自检，确保整个修复线具备启动条件后，根据油管修复线的业务流程及控制逻辑一键顺序控制相关设备的启动，并反馈启动状态。

③速度匹配功能：集成控制系统实现各工序的远程控制以及工序速度或节拍控制，优化各工序间的速度匹配，确保修复线运行平稳顺畅。

④智能巡检功能：集成控制系统实现全时段、全过程智能巡检，为操作人员提供快速掌握修复线运行情况、生产异常趋势预警、异常处置方案等界面，并提供同步推送给维护人员的数据接口，用于实现操作人员、维护人员巡检的协同功能，提升巡检处置效率，提高安全管控能力。

⑤一键停止功能：集成控制系统实现一键顺序停止功能，根据油管修复线业务流程及控制逻辑一键顺序控制相关设备停运，并反馈相关停运状态。

⑥数据采集功能：集成控制系统对生产装置及输入/输出进行监视和数据采集，生成历史数据记录和报表，记录报警指示，通过终端人机界面的显示器能够显示全厂工艺流程图及各种主要工艺参数，工艺变量的历史趋势，设备的启停状态，关键工序运行状态等，操作人员在操作站上可监视和操作任一控制回路。

⑦操作功能：系统提供工程师键盘、操作键盘、鼠标等操作功能，采用密码或键锁的方式，规定各操作站和操作员所管辖的范围，对不同级别的操作员、工程师、维修人员、经理所处理的数据范围加以限制。

2. 油管修复线自动化控制

为了实现油管修复线操作趋于无人化操作，整个修复线通过程序逻辑控制、油管到位判断、料架有无料判断和标识识别等来实现一键启停控制功能。

(1)开机自检

①自检设备无报警信息；如有报警及时处理，并复位报警信息。

②自检本设备柜、箱或触摸屏上按钮、旋钮状态(急停旋起、手动/自动旋转至自动侧)；未满足须旋转至要求位置。

③自检设备在初始状态，如不在初始状态，程序自检后会执行复位程序，将恢复至初始状态。

(2)启动

设备自检完成后，全部满足设备启动条件，且没有故障报警，各设备根据自动控制流程运行。自动生产过程中，遇到报警，根据报警等级及处理方法及时处理。集成控制系统也会根据联锁工艺和逻辑控制对设备进行自动分流操作。

(3)自动运行

油管修复线自动化工艺流程：油管通过天车上料至台架→自动排管→弯管识别→预清洗→清洗机→钻通除垢→管体探伤(颜色标记)→螺纹检测(颜色标记)→试压机(颜色标记)→通过颜色识别进入修复流程(锯切、车丝、拧扣机)→出线分选(颜色识别)→分管架收集。

(4)停机

一键停机按钮触发后，设备并非马上停机，而是在油管修复线的各设备完成当前自动步序后，再回到初始状态，实现油管修复线的停机，停机后将设备恢复至初始状态。

后　记

在油田教材编制委员会的统一领导下，组织编写了《油田企业强“三基”实战型培训系列教材》，本书是其中一本。在油田工程技术管理部组织协调下，本书经石油工程技术研究院、采油气工程服务中心等单位数十名专家一年多的艰苦努力，终于成稿付印。

本书集中了中原油田工程技术多年来的研究成果，是50年来油田工程技术人员智慧的结晶。内容涉及井况防治、增产增注、井下作业等工程技术，旨在提升中原油田(东濮、内蒙古油区)技术人员的油气工程技术能力。

本书重点阐述油气藏在开发过程中涉及的井筒工艺技术，共分三章，包括井况防治技术、增产增注技术、井下作业技术。参加第一章编写的人员有向俊科、宋胜利、扈殿奇、张凯、周晓奇、任刚伟、陈亚丽、张维汉、李宁、邹峰梅、孟令祥、李志刚、李赟；参加第二章编写的人员有曾浩、陈传东、徐海民、王栋、张雷、魏明军、周迅、魏美涛、刘红星、杨帅、黄鹂、张晓丹、杨风香；参加第三章编写的人员有唐本顺、魏世举、李金洪、柴志刚、王丰君、黄仕勇、侯军伟、吴楠楠、岳纪保、潘业鹏、龙学贵、张晓建、张月献、张伟。

本书由魏世举、魏瑞玲、魏风玲统稿，牛保伦、朱德智、龚险峰、李建雄审核，张庆生对终稿做最后审定。在编写过程中，得到了中原石油工程公司、中原测控公司、油田领导和同事们的大力支持和帮助。在此，向所有为本书的编写和出版作出贡献的个人和单位表示衷心的感谢。

本书编写委员会

2025年5月